高职高专教育“十二五”规划建设教材

果树栽培技术

（南方本）

许邦丽　主编

中国农业大学出版社
·北京·

内 容 简 介

本书是高职高专教育“十二五”规划建设教材。教材以培养能直接从事果树技术推广、生产和管理的应用型技术人才为指导，突出新技术、实用技术及无公害生产技术。全书分为共用技术和特色技术两大部分。共用技术包括果树栽培的基础知识、果树栽培的基本技术2章；特色技术包括柑橘、荔枝等10种南方主要果树及青枣、杨梅等10种特色果树的生产技术等11章。各章均含相应的实训，章后有复习思考题，教材注重栽培基本理论和技术的学习，突出实践教学和技能的培养。教材图文并茂，内容充实，适用于南方各省使用。

在采用本教材时，可以根据地区特点和专业特点，加以取舍。

图书在版编目(CIP)数据

果树栽培技术：南方本/许邦丽主编．—北京：中国农业大学出版社，2011.7(2019.12重印)

ISBN 978-7-5655-0314-6

Ⅰ.①果…　Ⅱ.①许…　Ⅲ.①果树园艺　Ⅳ.①S66

中国版本图书馆CIP数据核字(2011)第107041号

书　名　果树栽培技术(南方本)

作　者　许邦丽　主编

策划编辑　郭建鑫　姚慧敏　　**责任编辑**　梁爱荣

封面设计　郑　川　　**责任校对**　王晓凤　陈　莹

出版发行　中国农业大学出版社

社　址　北京市海淀区圆明园西路2号　　**邮政编码**　100193

电　话　发行部 010-62818525,8625　　读者服务部 010-62732336

编辑部 010-62732617,2618　　出　版　部 010-62733440

网　址　http://www.cau.edu.cn/caup　　**e-mail** cbsszs@cau.edu.cn

经　销　新华书店

印　刷　涿州市星河印刷有限公司

版　次　2011年7月第1版　2019年12月第4次印刷

规　格　787×980　16开本　21.25印张　388千字

定　价　43.00元

编写人员

主　编　许邦丽（云南农业职业技术学院）

副主编　张学才（福建农业职业技术学院）
王海华（广西农业职业技术学院）

参　编　娄晓鸣（苏州农业职业技术学院）
陈志远（云南农业职业技术学院）
李一源（云南农业职业技术学院）

前　言

本书是根据《教育部关于加强高职高专教育人才培养工作的意见》及《关于加强高职高专教育教材建设的若干意见》的文件精神，在中国农业大学出版社的精心策划和组织下编写的，可供高职高专园艺、农学、生物技术、农艺等相关专业使用。

作为一门实践性强的应用型专业课程，本书编写从高等职业教育人才培养目标和教学改革的实际出发，教学内容翔实、新颖，知识结构科学、合理。编写中参考了国内外同类教材的经验，同时吸收了一些新知识、新技术；突出了教材内容和生产实际的结合，理论知识和实训的结合，形成了涵盖专业能力培养所应知应会的知识和技能体系。全书共分为13章，内容上由浅入深，循序渐进，着重加强学生智力开发和实践能力的培养，将高等职业教育"必需、够用、实用"的原则贯穿于教材编写的全过程。在知识阐述和内容结构上力求通俗易懂、简明扼要、条理清晰，突出实际应用，使教材尽量能反映出高等职业教育的特点。

参加本书编写的人员都是各院校从事本门课程教学多年的骨干教师，大家集思广益，结合教学实践，共同研究编写大纲，对编写的内容进行悉心的构思，力求使教材更好地适应高职高专人才培养层次的教学需要。教材编写的具体分工是：许邦丽编写第一章、第二章、第十三章的第二节；张学才编写第四章、第五章、第九章及第十三章的第一节；王海华编写第六章、第七章、第八章及第十三章的第三节、第四节；娄晓鸣编写第十章、第十三章的第五节、第六节、第九节；陈志远编写第十一章、第十三章的第八节；李一源编写第三章、第十二章、第十三章的第七节、第十节。全书由许邦丽统稿。

本书的编写得到了各位编者所在单位的大力支持，编写中参阅了许多国内外的文献、资料，在此一并致以衷心的感谢。

由于编者水平有限，书中难免存在缺点和错误，恳请各校师生批评指正。

编　者

2011年1月

目　录

第一章　果树生产的基础知识

知识目标

- 理解果树生产的意义。
- 掌握果树分类、果树生长周期与生长发育特点及果树栽培的适宜环境。

技能目标

- 能够运用果树分类的方法对当地果树进行正确的分类。
- 会灵活运用果树生长周期的基本理论。
- 熟练掌握果树生长发育的特点及果树栽培的适宜环境。

基本理论

第一节　果树生产概述

果树栽培是研究果树生长发育规律与环境条件的关系，运用栽培技术措施来协调果树与环境、生长与结果之间的关系，从而达到果树生产的优质、稳产、高产、低耗、高效。

一、果树生产的意义

果树是农业生产的一个重要组成部分，是农村经济收入的重要来源。能增加农业产值，增加外汇收益，同时还有绿化美化环境的作用。因此，果树栽培具有重要的经济意义。

果品含有丰富的营养物质，对人体健康有重要作用。一般果品含糖量可达12%～15%，并含有蛋白质、脂肪、矿物质、维生素、有机酸及其人体所必需的营养物质;果实中的果酸、单宁、芳香物等,可刺激胃腺的分泌,增进食欲,帮助消化。国外营养学家认为,一个人每年吃 70～80 kg 水果才能满足人体健康的需要。果实除鲜食外,可制成加工品,如果脯、果酱、果汁、蜜饯、果干等,深受广大消费者喜爱。

很多果品具有医疗作用。如香蕉有清热、润肠、解毒、滋阴、降压的作用;苹果适用于消化不良、口干舌燥、便秘、高血压等;桃仁可配制成止咳药等;红枣、龙眼、荔枝等是良好的滋补品;有的果品还可治疗糖尿病、贫血、降低胆固醇等。

果品也是重要的出口物资,可以换取外汇。如苹果、梨、桃、荔枝等果品,每年都有大量出口,促进了经济的发展。同时,充分利用山地、河滩及城郊种植果树,既可获得一定经济收益,又可绿化美化环境、防风固沙、保持水土、调节小气候、保持优良的生态环境。

二、果树生产的历史、现状和发展趋势

我国是果树起源最早、种类最多的国家之一,栽培历史悠久。原产我国的桃、李、杏、梅、枣、栗、榛等多种果树在《诗经》中已有记载。据《史记》和《博物志》记载,2 000 多年前,我国从中亚引进葡萄、核桃、石榴等;1 000 多年前,从波斯、地中海沿岸和小亚细亚引进无花果、扁桃、阿月浑子等。极大地丰富了我国果树种类与资源。我们的祖先在长期的生产实践中对果树分类、品种选育、繁殖方法、栽培管理、病虫害防治、自然灾害预防及果品加工利用等方面积累了丰富的经验,在《齐民要术》中有较为详细、全面的记载。

据联合国粮农组织统计,2004 年世界水果面积 5 207.15 万 hm^2,产量 4.97 亿 t。其中苹果面积 528.06 万 hm^2,产量 5 905.91 万 t;梨面积 175.80 万 hm^2,产量 1 790.95 万 t;葡萄面积 767.42 万 hm^2,产量 6 548.62 万 t;桃和油桃面积 142.23 万 hm^2,产量 1 556.12 万 t。2004 年我国水果面积 1 029.9 万 hm^2,产量 7 822.81 万 t。其中苹果面积 210.06 万 hm^2,产量 2 050.3 万 t;梨面积 120.85 万 hm^2,产量 1 012 万 t;葡萄面积 42.31 万 hm^2,产量 534.25 万 t;桃和油桃面积 61.27 万 hm^2,产量 578.2 万 t。到 2006 年我国水果生产面积达 1 004.23 万 hm^2,总产量达 9 599.2 万 t,居世界首位。虽然我国是果树生产大国,但水果及加工品在国际贸易市场上的占有份额比较小,价格低。与世界果树生产发达的国家相比仍存在差距,主要是:果树生产区域化、机械化程度低,栽培技术落后,单产低,品质差,在国际市场上竞争力弱,国内市场价格低;树种、品种结构不合理,如苹果、梨、柑橘和香蕉等树种比例过大,适宜于加工的品种少;果品采后商品化处理水平低,包装、运输、贮藏及加工条件落后;产、供、销的社会服务体系尚未形成。

结合世界上果树生产的特点,我国果树生产将呈现以下发展趋势:

(1)结构优化,区域布局。依据"适地适树"的区域布局原则,实施果树生产区域化。进行树种、品种结构的优化,增加特、名、优及加工型的树种和品种,早、中、晚熟品种合理配置。发展设施果树生产,以扩大果树生产区域,可达到提质增效。

(2)建立良种繁育体系,以实现良种苗木规范化、规模化、无病毒化生产。

(3)推行无公害和绿色果品标准化生产技术体系。按照无公害果品生产技术规程,生产出优质、安全的果品,以促进生态环境改善和保护人类健康。

(4)完善采后产业链,提高果树生产效益。加强采后商品化处理,提高果品的商品率;提高果品贮藏加工技术,提高果品的附加值;加强水果市场的开发;以果品企业为龙头,提高果树生产的产业化和组织化程度。

第二节 果树分类

果树的种类繁多,全世界的果树共有 2 792 种,分属于 134 科,659 属。其中较重要的果树约有 300 种,主要栽培的约有 70 种。为方便栽培管理和研究利用,需对果树进行分类。常用的果树分类法有以下几种。

一、植物学分类

裸子植物门(Gymnospermae)

(1)银杏科(Ginkgoaceae) 银杏。

(2)紫杉科(Taxaceae) 香榧。

(3)松科(Pinaceae) 海松、华山松。

被子植物门(Angiospermae)双子叶植物(Dicotyledoneae)

(4)蔷薇科(Rosaceae) 苹果、梨、桃、李、梅、樱桃、扁桃、山楂、枇杷、树莓、草莓、山定子、沙果、木瓜等。

(5)芸香科(Rutaceae) 柑、橘、橙、柚、柠檬、黄皮、枳等。

(6)无患子科(Sapindaceae) 荔枝、龙眼、文冠果、红毛丹(韶子)等。

(7)葡萄科(Vitaceae) 欧洲葡萄、美洲葡萄、山葡萄、刺葡萄等。

(8)杨梅科(Myricaceae) 杨梅。

(9)核桃科(Juglandaceae) 核桃、山核桃、长山核桃等。

(10)山毛榉科(Fagaceae) 板栗、锥栗等。

(11)石榴科(Punicaceae) 石榴。

(12)桃金娘科(Myrtaceae) 番石榴、蒲桃、桃金娘。

(13)猕猴桃科(Actinidiaceae) 中华猕猴桃、软枣猕猴桃等。

(14)番木瓜科(Caricaceae) 番木瓜。

(15)橄榄科(Burseraceae) 橄榄等。

(16)鼠李科(Rhamnaceae) 枣、酸枣等。

(17)梧桐科(Sterculiaceae) 苹婆(凤眼果)。

(18)漆树科(Anacardiaceae) 芒果、人面子、腰果、阿月浑子。

(19)酢浆草科(Oxalidaceae) 杨桃。

(20)锦葵科(Malvaceae) 玫瑰茄。

(21)木锦科(Bombaceae) 榴莲等。

(22)西番莲科(Passifloraceae) 西番莲。

(23)山榄科(Sapotaceae) 人心果、神秘果、星苹果等。

(24)桑科(Moraceae) 果桑、无花果、树菠萝、面包果等。

(25)番荔枝科(Anonaceae) 番荔枝、牛心果。

(26)樟科(Lauraceae) 油梨。

(27)木通科(Lardizablaceae) 木通、三叶木通。

(28)山龙眼科(Proteaceae) 澳洲坚果。

(29)醋栗科(Grossulariaceae) 醋栗、穗醋栗。

(30)藤黄科(Guttiferae) 山竹子。

(31)胡颓子科(Elaeagnaceae) 沙枣、胡颓子。

(32)杜鹃花科(Ericaceae) 越橘等。

(33)柿树科(Ebenaceae) 柿、油柿、君迁子。

(34)木犀科(Oleaceae) 油橄榄。

(35)大戟科(Euphorbiaceae) 油柑。

(36)榛科(Corylaceae) 榛、华榛、欧洲榛等。

被子植物门(Angiospermae)单子叶植物(Monocotyledone)

(37)凤梨科(Bromeliaceae) 菠萝。

(38)芭蕉科(Musaceae) 香蕉、大蕉、粉蕉。

(39)棕榈科(Palmae) 椰子、椰枣。

二、栽培学分类

把果树的生物学特性和栽培管理措施大体相似的归为一类，以便于指导果树生产。

1. 木本落叶果树

(1)仁果类。苹果、花红、梨、山楂、木瓜等。

(2)核果类。桃、李、梅、杏、樱桃等。

(3)浆果类。葡萄、石榴、猕猴桃、树莓、无花果等。

(4)坚果类。核桃、山核桃、板栗、扁桃、银杏等。

(5)柿枣类。柿、枣、君迁子等。

2. 木本常绿果树

(1)柑橘类。柑、橘、橙、柚、柠檬等。

(2)其他亚热带、热带果树。荔枝、龙眼、杨桃、番石榴、枇杷、杨梅、油梨、番荔枝、榴莲、橄榄、莲雾、蒲桃等。

3. 多年生草本果树

香蕉、菠萝、番木瓜、草莓等。

三、生态适应性分类

根据栽培地区的气候条件来进行分类。

1. 温带果树

(1)耐寒果树。山葡萄、秋子梨、山定子、醋栗、树莓、蒙古杏、榛等。

(2)一般温带果树。苹果、梨、桃、李、梅、杏、樱桃、山楂、板栗、枣、核桃、葡萄等。

2. 亚热带果树

(1)落叶果树。扁桃、柿、长山核桃、无花果、石榴、枳等。

(2)常绿果树。柑橘类、荔枝、龙眼、杨梅、枇杷、油梨、杨桃、橄榄、黄皮等。

3. 热带果树

(1)一般热带果树。菠萝、香蕉类、番木瓜、树菠萝、椰子、番荔枝、番石榴、蒲桃等。

(2)真正热带果树。面包果、山竹子、腰果、榴莲、槟榔、巴西坚果、神秘果等。

第三节 果树生长发育特点

一、果树树体结构

果树树体结构在栽培上分为地上部和地下部两大部分。地上部包括主干和树冠,地下部为根系。地上部与地下部交界处为根颈。主干是指从根颈到第一个主枝之间的部分，它起支撑树冠和输导作用。树冠由骨干枝、枝组和叶幕组成。

骨干枝由中心干、主枝、侧枝（副主枝）等永久性枝构成，是树体的骨架，支撑着全部的枝叶和果实。中心干是指由主干向上延伸生长的大枝；主枝是指着生在中心干上的大枝；侧枝是指着生在主枝上的大枝。骨干枝依分枝顺序排列级次，主枝是一级枝，副主枝是二级枝，依此类推。不同级次的枝，相互间形成主从关系。着生在骨干枝先端的领头一年生枝称为延长枝，树冠的向外扩大是由延长枝向外延伸而实现的（图 1-1）。

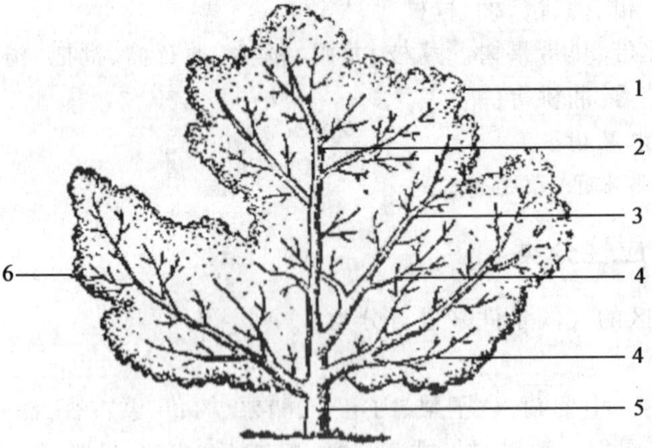

1.树冠　2.中心干　3.主枝　4.副主枝（侧枝）　5.主干　6.枝组

图 1-1　果树树体结构

辅养枝是幼树期的果树上的临时性枝，它可以加速幼树的生长发育，促进树体的早成形，早结果。

枝组是着生在各级骨干枝上的枝群，是构成树冠、叶幕和生长结果的基本单位，是生长叶片、形成花芽，开花、结果的部分。

二、根系

1.根系的类型

果树根系因发生和来源不同分为实生根系、茎源根系和根蘖根系三种类型（图 1-2）。

（1）实生根系。从种子胚根发育而来的根系称为实生根系。其主根发达，根系分布较深，生活力强，对外界条件有较强的适应能力，个体间差异较大。

（2）茎源根系。果树枝条通过扦插、压条等方法繁殖形成的根系称为茎源根

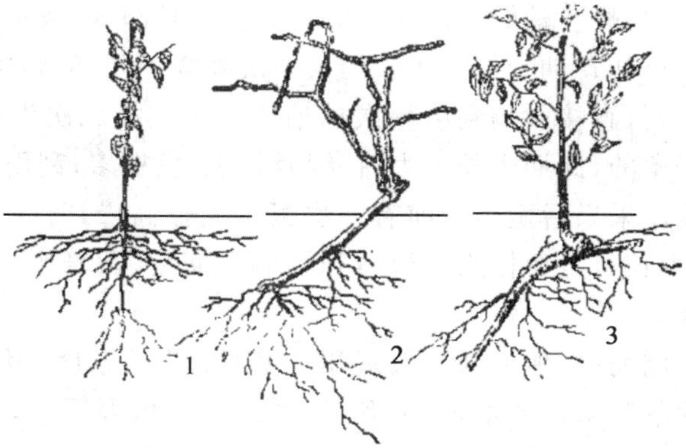

1. 实生根系　2. 茎源根系　3. 根蘖根系

图 1-2　果树根系的类型

系。其根系源于茎上的不定根。其特点是主根不明显，根系分布浅，生活力较弱，但个体差异较小。

(3)根蘖根系。有些果树在根上能发生不定芽并形成根蘖，与母株分离后能成为独立的个体，其根系为根蘖根系。如石榴、枣、樱桃等的分株繁殖个体。其特点与茎源根系相似。

2. 根系的分布

果树根系在土壤中的分布有明显的层次，一般为 2～3 层。最上层根群角较大，分枝性强，易受环境条件影响；下层的根群角较小，分枝性弱，距地面较远，受环境条件的影响较小。与地面近于平行生长的根称为水平根；与地面近于垂直生长的根称为垂直根。水平根与垂直根的综合配置构成根系外貌。

水平根的分布范围一般为树冠冠幅的 1.5～3 倍，有的可达到 6 倍。水平根分枝多，着生细根多，是构成土壤中根系分布的主要部分。垂直根的分布深度一般小于树高。根系的深浅，随树种、品种、砧木、土层厚度、理化性状、栽培措施等不同而异。如桃、杏、李、无花果、香蕉、菠萝、石榴等根系分布较浅，属于浅根性果树；苹果、梨、核桃、柿、板栗、枣等根系分布深，属深根性果树；乔化砧比矮化砧的根系分布深而广；在土壤疏松、土层深厚、通气良好、肥沃的土壤中根系分布广而深。加深土壤耕作层，提高土壤肥力，使根系向深层生长，可以提高果树对干旱、高温、寒冷等不良环境条件的抵抗能力。

3. 根系生长

只要土壤温度和含水量等适合，果树的根系便可周年生长。一般在年周期内根系有2～3次生长高峰。幼树和旺树一般有3次生长高峰，成年树一般只有两次生长高峰。萌芽前至初花期为根系生长的第一次高峰，利用的是树体的贮藏营养，生长量不大但很重要，直接影响到第一次抽梢的好坏。第二次生长高峰是在新梢生长即将停止时开始的，此期生长量大，持续时间长，发根多，利用的是当年叶片光合作用产生的营养。采果后至落叶前有一次根系生长高峰，时间短但须根的生命力很强，对来年的生长有重要作用。树体到了盛果期后，营养生长减弱，前两次生长高峰合并为一次。

在根系生长年周期中，地上部与根系开始生长的先后顺序，因树因地而异。一般原产温带寒地的落叶果树如苹果、梨等，根系能在较低温度下，先于枝芽开始活动。柑橘等亚热带果树，根系活动要求更高温度，所以在地温较高的地区先发根，而在地温较低的地区则先萌芽。

在不同深度土层中，根系生长有交替生长现象。这与土壤温度、水分和通气状况有关。春季上层土温上升快，上层根系活动早。到夏季上层土温过高，根系生长缓慢或停止，中、下层土温上升到最适温度，中、下层根系进入旺盛生长期。秋季上层根系的生长又加强，以后随着土温的下降，根系生长也由上层向中层逐渐减弱。

根系在一昼夜内的生长动态，根据对李和葡萄的观察显示，夜间根的生长量和发根数多于白天。

三、芽、枝、叶

（一）芽

芽是枝、叶、花等的原始体，是渡过不良环境的临时器官。

1.芽的种类

(1)依芽的着生位置分为顶芽和侧芽。顶芽着生在枝梢顶端。柑橘、柿等枝梢的顶芽常自然枯死，称为自剪，以侧芽代替顶芽位置，这种顶芽，称为假顶芽。侧芽着生在叶腋内，又称为腋芽。

顶芽和侧芽统称为定芽。发生位置不定的芽称为不定芽。在愈伤组织上或根上发生的芽是不定芽。有些果树的根上易发生不定芽，形成根蘖，如梨、李、枣、石榴、樱桃等。

(2)依芽的性质分为叶芽和花芽。叶芽内具有叶原基，萌发后形成新梢。花芽又可分为纯花芽和混合芽，纯花芽内只含花原基，萌发后只开花不长枝叶，如桃、李、梅、杨梅等；混合芽内有叶原基和花原基，萌发后抽生枝叶又开花，如柑橘、龙眼、荔枝、仁果类、柿、葡萄等。

(3)依芽的结构分为鳞芽和裸芽。多数落叶果树的芽是鳞芽，外被覆鳞片。芽鳞是叶的变态，木栓化或革质化，内外常具绒毛，起保护生长锥、防寒和防止蒸腾的作用。幼叶或芽内器官裸露的芽为裸芽，多数热带果树、部分亚热带常绿果树及少数温带落叶果树具有裸芽，如荔枝、柑橘、菠萝、葡萄的夏芽、核桃的雄花芽等。

(4)依同一叶腋芽的位置和形态分为主芽和副芽。着生在叶腋中央，芽体较大的为主芽。位于主芽上方或两侧，芽体较小的为副芽。葡萄有明显的副芽，而柑橘的副芽不明显。

(5)依同一节上芽的数量可分为单芽和复芽。同一节上只着生一个明显芽的称为单芽，如仁果类、杨梅、枇杷等；同一节上着生两个以上明显芽的称为复芽，如桃、李、梅、杏等。

(6)依芽的生理状态分为活动芽和潜伏芽。一般上一生长季形成的芽，第二季适时萌发的为活动芽，落叶果树一般一年一季，常绿果树多数一年数季。芽在形成的第二季或连续几季不萌发者为潜伏芽，也称隐芽。潜伏芽发育缓慢，但每年仍有微弱生长，条件适宜时可以萌发。果树进入衰老期或受损伤后，常由潜伏芽萌发长出强旺新梢，以更新树冠。潜伏芽多而寿命长的树种、品种更新容易，如苹果、葡萄、柑橘、梨等，反之更新不易，如桃、樱桃、李等。

2. 芽的特性

(1)芽的异质性。在芽的发育过程中，由于营养状况和外界环境条件的不同，使在同一枝条上处于不同节位的芽，其饱满度、萌发力及其后的生长势，都存在着明显的差异，称为芽的异质性。一般枝条基部的芽在早春形成，此时气温较低。叶片小，光合产物少，芽发育不好，常为潜伏芽。随着气温的升高，叶片增大，光合产物的逐渐增加，所形成的芽体质量逐步充实饱满。秋末形成的芽，发育时间短，气温低，也不能形成充实饱满的芽。

(2)芽的早熟性和晚熟性。在新梢上当年形成的芽当年就能萌发抽梢的，称为芽的早熟性，如桃、葡萄等，一年内可多次抽梢，有利于树冠快速成形。芽形成后，当年不萌发，要到次年才萌发的，称为芽的晚熟性。

(3)萌芽力和成枝力。萌芽力是指一年生枝上所有芽萌发的百分率。萌发率高的为萌芽力强，反之则弱。成枝力是指一年生枝上芽萌发抽生长枝的能力。形成的长枝多，则成枝力强，反之则弱(图 1-3)。

(4)芽的潜伏力。潜伏芽抽生新梢的能力称为芽的潜伏力。芽的潜伏力强的果树，如仁果类、柑橘、杨梅等，树冠易更新复壮；潜伏力弱的树种，如桃等，树冠易衰老。

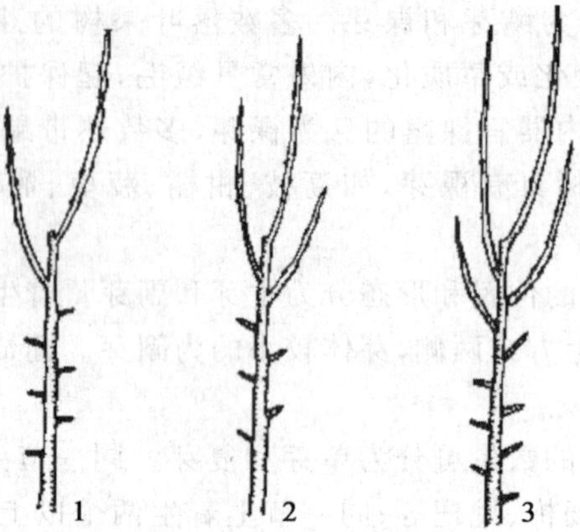

1. 萌芽力高、成枝力低　2. 萌芽力和成枝力均中等　3. 萌芽力和成枝力均高

图 1-3　萌芽力和成枝力

(二)枝

1. 枝的种类

(1)依枝条的性质分为生长枝、结果枝、结果母枝。

①生长枝。枝条上仅着生叶芽的称为生长枝,也称为发育枝、营养枝。生长枝又可分为普通生长枝、徒长枝、纤弱枝和叶丛枝。普通生长枝,生长中等,组织充实;徒长枝生长特别旺盛,长而粗,叶片大,节间长,节部突出不明显,组织很不充实;纤弱枝生长极弱,枝细,叶小;叶丛枝是指节间短,叶片密集,常成莲座状的短枝,长度为 1～3 cm。

②结果枝。枝条上直接着生花果的枝称结果枝。依年龄可分为两类:在抽生的当年开花结果的为一年生结果枝,是由结果母枝上混合芽抽生的,如柑橘、苹果、梨、葡萄、柿、板栗、荔枝等;由上年的枝上直接开花结果的为二年生结果枝,如核果类、杨梅等。

依结果枝的长度可分为长果枝、中果枝、短果枝。桃、李、樱桃等,还有花束状果枝,其节间极短,侧芽一般都是花芽,排列很密,只有顶芽是叶芽。果树种类和品种不同,适宜于结果的结果枝长短不同。如桃树一般以长果枝、中果枝结果为主,李树则以花束状果枝结果为主。

③结果母枝。枝条上着生混合芽,混合芽萌发后抽生结果枝而开花结果的称为结果母枝。如柑橘、苹果、梨、枇杷、荔枝、葡萄、柿等。其中苹果、梨等果树的结

果枝很短，像是结果母枝直接开花结果，因此，习惯上常把这种结果母枝称做“结果枝”，实质上不是。

(2)依枝条的年龄分为嫩梢、新梢、一年生枝、二年生枝等。落叶果树枝条上的叶芽，萌发后抽生的枝梢，未木质化时称为嫩梢；已木质化的在落叶以前称为新梢；落叶以后则称为一年生枝；次年，当一年生枝上的叶芽又抽生新梢，其母枝就成为二年生枝。常绿果树也有相应的一年生枝、二年生枝。

(3)依枝条抽生的季节分为春梢、夏梢、秋梢和冬梢。常绿果树如柑橘、荔枝、枇杷、杨梅等抽梢有明显的季节性，依其抽生季节不同，有春梢、夏梢、秋梢、冬梢之分。

(4)依枝条抽生的先后次序分一次枝、二次枝等。一些落叶果树的芽具有早熟性，一年内能多次抽梢，由越冬芽萌发抽生的枝条称为一次枝，自一次枝再抽生的枝条称为二次枝，依此类推。生长旺盛的桃树，一年内可抽梢3～4次。葡萄的一次枝称为主梢，由冬芽萌发抽生而来；而二次枝一般由新梢的夏芽萌发抽生，常称为副梢，但也可促使冬芽萌发抽生二次枝。生长旺盛的葡萄，一年内可以多次抽生副梢。

2. 枝的特性

(1)顶端优势。同一枝条上由顶端或上部的芽抽生的枝梢生长势最强，向下依次减弱的现象，称为顶端优势。表现为枝条上部的芽抽生的枝条生长较旺，而下部的较弱或不萌发。顶端优势的强度同枝条着生的角度有关，枝条愈直立，顶端优势表现越强，反之则弱。

(2)垂直优势。树冠内枝条生长势的强弱，还与其着生的姿态有关，一般是直立枝生长最旺，斜生枝次之，水平枝再次之，下垂枝生长最弱，这种现象称为垂直优势。形成垂直优势的原因除与外界环境有关外，与激素含量的差异也有关，枝条开张角度越大，乙烯含量越高，可抑制IAA的产生和转移，削弱顶端优势与新梢生长量，从而有利于营养物质的积累、根系生长和花芽形成。根据这个特点，可以通过改变枝芽生长方向来调节枝条的生长势及促进成花。

(3)干性和层性。中心干的强弱和维持时间的长短称为干性。顶端优势明显的果树，中心干强而维持时间长，如苹果、梨、枇杷、银杏等干性较强，即枝干的中轴部分较侧生部分具有明显的相对优势。

树冠的层性是顶端优势和芽的异质性共同作用的结果，使树干上的主枝成层分布，形成明显的层次，称为层性。一般顶端优势明显，成枝力弱的树种、品种层性明显，如枇杷、苹果、梨、核桃、柿等。顶端优势不明显，成枝力强的树种、品种则层性不明显，如柑橘、桃、枣等(图 1-4)。

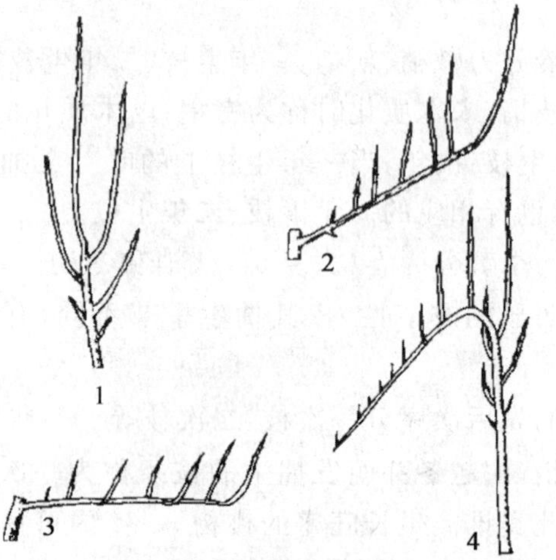

1. 直立枝顶端萌发多数旺枝，越下越弱　2、3. 斜生枝、水平枝顶端位置改变，垂直优势削弱，生长势力分散，多萌发中、短枝
4. 向下弯曲枝，顶端优势位移，垂直优势明显

图 1-4　顶端优势与垂直优势

3. 枝的生长

枝梢的生长包括加长生长和加粗生长。

(1)加长生长。枝条的加长生长是顶端分生组织活动和节间细胞伸长的结果。新梢生长分三个时期：①开始生长期。从萌芽到第一片真叶分离。主要依靠上一年树体贮藏的养分。②旺盛生长期。枝条明显伸长，叶片增多，叶面积增大。主要依靠当年叶片制造的养分。③缓慢生长期和停止生长期。由于外界条件的变化和树体内在因素(果实、花芽、根系)的影响，细胞分裂和生长速度逐渐降低和停止，转入成熟阶段。

(2)加粗生长。枝干和枝条的加粗生长，是形成层细胞分裂、分化和增大的结果。加粗生长晚于加长生长，其停长也稍晚。初始加粗生长依赖于上年的贮藏养分，当叶面积达到最大面积的 70%左右时，养分可外运供加粗生长。故枝条上叶片的健壮程度和大小对加粗生长有影响。多年生枝的加粗生长则取决于其上的长梢数量和健壮程度。

新梢加长生长和加粗生长一年内达到的长度和粗度称为生长量；在一定时间内加长和加粗的快慢称为生长势。

(三)叶

果树叶片依其形态特征可以分为:单叶,如仁果类、核果类、香蕉、葡萄等;复叶,如荔枝、龙眼、核桃等;单身复叶,如柑橘。

叶幕是指树冠内全部叶片构成的具有一定形状和体积的集合体。适当的叶幕厚度和间距是合理利用光能的基础。研究表明,主干疏层形的树冠第一二层叶幕厚度 50～60 cm,叶幕间距 80 cm,叶幕外缘呈波浪形是较好的丰产结构。

叶幕的厚薄是衡量果树叶面积多少的一种方法,但不够精确,叶面积指数能比较准确地说明单位面积的叶面积数。叶面积系数高则表明叶片多,反之则少。一般果树叶面积系数以 4～6 较合适,耐阴树种可以稍高一些。但叶面积系数太高,叶片过多相互遮阴,功能叶比率降低,果实品质下降;低于 3 的,一般表现为低产。

四、花芽分化

花芽分化是果树年周期中的一个重要的物候期。由叶芽状态开始转化为花芽状态的过程称花芽分化。花芽的数量和质量对果树产量和果实品质有直接影响,因此,研究和掌握花芽分化的规律非常重要。

(一)花芽分化过程

果树的花芽分化过程包括生理分化期、形态分化期和性细胞形成期。花芽出现形态分化之前,生长点内部由叶芽的生理状态转向形成花芽的生理状态的过程称生理分化。生理分化期即花芽分化临界期,在此期生长点原生质处于不稳定状态,对内外因素有高度敏感性,是易于改变代谢方向的时期,因此,是控制花芽分化的关键时期。

由叶芽生长点的细胞组织形态转化为花芽生长点的细胞组织形态的过程(逐步分化出萼片、花瓣、雌雄蕊的过程)称形态分化。

性细胞形成期是指花芽形态分化后,到花芽萌发前,性细胞进行分化,形成花粉和胚囊,以及雌雄配子的过程(图 1-5)。

(二)花芽分化时期

主要是指花芽的生理分化期。不同种类的果树,花芽分化时期不同,可以归纳为以下四种类型。

(1)夏秋分化型。如仁果类、核果类的大部分温带落叶果树,它们多在夏、秋新梢生长减缓后开始分化,通过冬季休眠,雌雄蕊才正常发育成熟,于春季开花。

(2)冬春分化型。如柑橘、荔枝、龙眼、黄皮等多数常绿果树,它们是冬、春进行花芽分化,并连续进行花器官各部分的分化与发育,不需经过休眠就能开花。

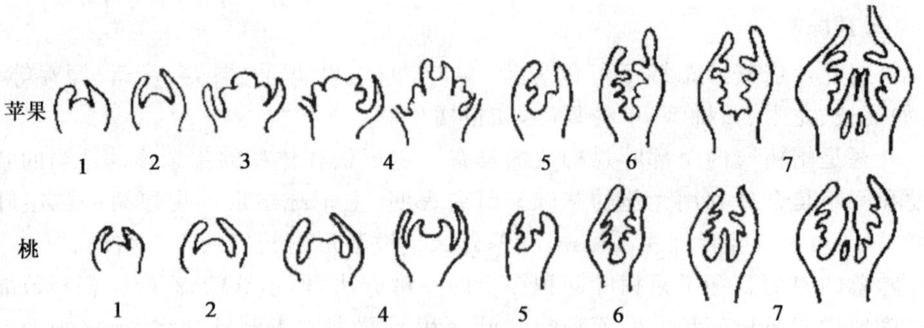

1.叶芽期 2.分化初期 3.花蕾形成 4.萼片形成
5.花瓣形成 6.雄蕊形成 7.雌蕊形成

图 1-5 花芽分化过程模式图

(3)多次分化型。如柠檬、金柑、杨桃、番石榴等,一年内能多次分化花芽,多次开花结果。

(4)不定期分化型。如香蕉、菠萝等果树的植株,一年仅分化花芽一次,可以在一年中的任何时候进行,其主要决定因素是植株大小和叶片多少。如香蕉一般抽生 20～24 片大叶时分化花芽。

(三)花芽分化的条件

1.花芽分化的内部条件

(1)芽内生长点细胞必须处在缓慢分裂状态。芽内生长点必须处在生理活跃状态,并且细胞进行缓慢分裂才能分化。进入休眠的芽、停止细胞分裂的芽都不能分化。旺长的新梢,由于生长点细胞分裂迅速,也不能转化为花芽,而只能继续延长生长。

(2)营养物质是花芽形成的物质基础。树体的营养生理状况与花芽形成密切相关,营养物质的种类、含量、相互比例以及物质的代谢方向都能影响花芽形成。碳水化合物、氨基酸、蛋白质、有机磷、钾、锌等是花芽形成所必需的物质基础。树体良好的枝叶生长,才能满足根系、枝干以及花果等对光合产物的需求,才能形成正常的花芽。过分的营养生长是不可能积累足够的营养物质而形成花芽的。

(3)内源激素平衡。果树花芽分化是在多种激素的相互作用下发生的,脱落酸(ABA)、细胞分裂素(CTK)、乙烯等能促进花芽的形成,而赤霉素(GA)等能抑制花芽的形成。花芽的形成取决于这两类激素的平衡。

(4)遗传物质。如脱氧核糖核酸(DNA)和核糖核酸(RNA)等,它们是代谢方式和发育方向的决定者。

2. 花芽分化的外界条件

(1)光照。光是影响花芽分化最重要的因子。良好的光照有利于营养物质的合成和积累,利于内源激素的平衡,从而促进花芽形成。光照不足不易形成花芽。

(2)温度。各种果树的花芽分化,要求一定的温度条件,过高过低不利于花芽分化。落叶果树一般都在高温下进行花芽分化,如苹果花芽分化适温为 20℃左右;多数常绿果树是在较低的温度下分化,如柑橘花芽分化适温为 13℃以下。

(3)水分。水分对花芽分化有非常密切的关系。在花芽分化临界期前,适当控制水分供应,可抑制新梢生长,利于光合产物的积累和花芽分化。土壤湿度为田间持水量的 60%～70%为宜。

(四)花芽分化的调控措施

(1)合理的肥水管理。花芽分化前适当控水,以促进新梢及时停长;在临界期合理增施铵态氮肥、磷、钾肥等能有效地增加花芽数量。

(2)合理的修剪和产量控制。合理修剪改善果园内及树冠内光照条件;对幼树进行轻剪长放、开张角度等可缓和生长势,促进成花;对于旺长树采用拉枝、摘心、环剥等可促进花芽分化;对大年树疏花疏果,可减少养分消耗,利于花芽形成。

(3)正确使用植物生长调节剂。在果树花芽生理分化前期喷 B_9、多效唑、矮壮素等生长调节剂,使枝梢生长缓和,从而促进成花。

五、开花结果

(一)开花

1. 开花期

花期是指树体上从花出现到花落。花期一般分为四个时期:①初花期,全树有5%的花开始开花。②盛花期,25%以上的花开放为盛花初期,50%的花开放为盛花期,75%以上的花开放为盛花末期。③终花期,全部花已开放,并有部分花瓣开始脱落。④谢花期,大量落花至落花完毕。

果树开花的迟早与延续时间的长短因树种、品种和气候条件不同而异。梅最早,樱桃、杏、李、桃开花较早,梨、苹果、杨梅、柑橘次之,葡萄、枣、柿、栗等再次之,枇杷最迟。同一树体通常短果枝先开,长果枝和腋花芽后开。苹果、桃、梨等树种花期较短;柿、板栗、枣等花期长。树体营养水平高,则开花整齐,花期长,坐果率高。高温干燥时花期缩短。冷凉湿润则花期延长。落叶果树开花期要求的温度一般为 10～20℃,而热带、亚热带果树要求更高,一般为 18～25℃。

2.授粉受精

(1)自花授粉和异花授粉。果树中凡用同品种的花粉授粉受精结实的称为自花授粉。用异品种的花粉授粉受精结实的称为异花授粉。

(2)自花结实和自花不实。自花授粉后能得到生产要求产量的称为自花结实。如多数桃和杏的品种。但自花结实的品种,异花授粉后产量会更高。

自花授粉后不能达到生产要求产量的称为自花不实。如大部分苹果、梨及全部的甜樱桃品种等,需要实行异花授粉才能提高结实率。自花不实的原因主要有:①雌雄异株,如银杏、杨梅等;②花粉无生活力,如桃的某些品种;③雌雄异熟,花粉散发过早或过晚,不能适时授粉,如核桃、板栗等;④自交不亲和,如欧洲李、甜樱桃和扁桃等。

凡栽培自花不实的品种,果园内必须配置花粉量多、花期一致、亲和力强的品种用为授粉树,创造异花授粉的条件。

(3)单性结实与无融合生殖。未经过受精而形成果实的称为单性结实,通常没有种子。不须任何刺激就能单性结实的称为自发单性结实。如香蕉、菠萝、无花果等。要有花粉或其他刺激才能单性结实的,称为刺激性单性结实。如黄魁苹果的花粉可使洋梨 Seckel 品种单性结实。不经授粉受精,果实和种子都能发育,且种子具有发芽力,称为无融合生殖。如湖北海棠、变叶海棠和锡金海棠等。

(二)果实发育

1.坐果和落花落果

经授粉受精后,子房或子房及其附属部分膨大发育成为果实,在生产上称为坐果(或着果)。坐果数与开花数的百分比,称为坐果率。从花蕾出现到果实成熟采收,会出现花、果脱落现象,称为落花落果。落花是指未经授粉受精的子房脱落,所以又称“子房脱落”。落果是指授粉受精后,一部分幼果因未经授粉受精、营养不良或其他原因而脱落。果实在成熟之前,有些品种也有落果现象,称为采前落果。

落花落果是果树在系统发育过程中为适应不良环境而形成的一种自疏现象,也是一种自身的调节。果树的落花落果现象大多数是因为生理上的原因引起的,故又称“生理落果”。

果树落花落果时期因树种、品种而异。仁果类和核果类一般有三次落果高峰。第一次在开花后,未见子房膨大,花即脱落;第二次在第一次落花后 2 周左右;第三次在第二次落果后 1 个月,即开花后 6 周,这次落果多在 6 月份发生,又称为 6 月落果。引起落花落果的原因:第一二次主要是花器发育不完全、授粉受精不充分引起,树体贮藏养分不足也是第二次落果的主要原因之一;第三次主要是营养不良引起。此外,外界条件如早春低温、多湿、光照不足、干旱、水涝、风害、病虫危害等也能引起落花落果。

2. 果实发育的时间

果实发育需要时间的长短因树种、品种而异。草莓只需 3 周,樱桃需 40～50 d,柑橘需 120～240 d,荔枝需 90～100 d,需时最长的为香榧,长达一年半。

3. 果实发育时期

各种果实发育都要经过细胞分裂、种胚发育、细胞膨大和细胞内营养物质大量积累和转化的过程。从开花以后,将果实的体积、直径或鲜重在不同时期的积累增长量画成曲线,可以得到两类图形。①S 形:如苹果、梨、枇杷、草莓、菠萝、香蕉、扁桃、板栗、核桃等,其果实发育可分为缓慢增重期(第一生长期)、快速增重期(第二生长期)及生长缓慢期(第三生长期)等三个时期;②双 S 形:如桃、李、杏、樱桃、葡萄、无花果、树莓、山楂、枣、柿、猕猴桃等,其果实发育可分为迅速生长期、硬核期(生长缓慢期)和迅速膨大期三个时期(图 1-6)。

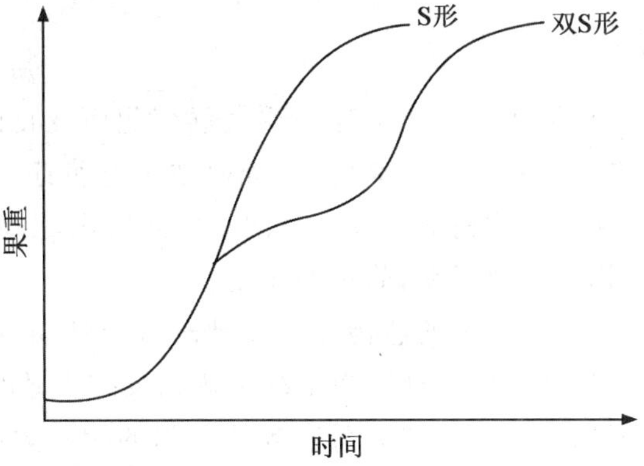

图 1-6 果实生长曲线

(三)果实成熟及果实品质

1. 果实成熟

是指果实达到该品种固有的形状、质地、风味和营养物质等的综合变化过程。随着果实成熟,淀粉转化为糖,有机酸参与呼吸作用而氧化分解,单宁被氧化,原果胶在果胶酶的作用下转化成可溶性的果胶,高级醇、脂肪酸在酶的作用下转化成酯。因此,果肉变松、脆或软且具芳香味。此外,随果实的成熟叶绿素分解,绿色消失,类胡萝卜素、花青素等色素的颜色显现出来。

2. 果实品质

果实的品质由外观品质和内在品质构成。

外观品质包括形状、大小、整齐度和色泽等。果实色泽因种类、品种而异。决定色泽的主要物质是叶绿素、胡萝卜素、花青素和黄酮素等。糖的积累、温度、光照条件是色泽形成的重要因子。生产上可通过果实套袋、树冠下铺反光膜等措施来提高果实着色和品质。

内在品质包括风味、质地、香味和营养成分等。果实中糖、酸含量和糖酸比是衡量果实品质的主要指标。环境条件影响着果实的糖酸含量及其比值。如高温、光照强、土壤中磷和钾丰富时糖酸比高,低温、阴雨、氮肥过多则糖酸比低。

第四节　果树生长周期

一、果树的年周期

果树的年周期是指果树在一年中随四季气候变化而变化的生命活动过程,也称为年生长周期。果树随着季节的变化,有规律地进行萌芽、抽梢、开花、结果、落叶、休眠等生长发育活动。果树的这种随着四季气候变化,出现有规律的树体器官的变化时期,称为生物气候学时期,简称物候期。

果树的物候期与树种、品种的遗传特性及地理气候环境等有关。落叶果树的物候期明显地分为生长期和休眠期。而常绿果树则没有明显的休眠期。了解果树的物候期有助于认识果树与环境的关系和各器官间的相互关系,是制定栽培措施的重要依据。

(一)果树的生长期

果树地下部的根系没有自然休眠期,只要土壤温度等条件适宜,根仍可以生长。只有在环境条件不适的情况下有被迫休眠现象。

果树地上部各器官对气候变化的反映,在形态和生理上表现出显著的特征,即物候规律。一般果树的物候期,可分为:根系活动期、芽膨大期、萌芽期、新梢生长期、开花期、生理落果期、果实迅速生长期、果实成熟期、花芽分化期等。落叶果树还有落叶期,葡萄在萌芽以前,还有树液流动期。物候期具有一定的顺序性,同时也具有重叠交错及重演性。如同一株金柑树上有开花、抽梢、结果、花芽分化等几个物候期重叠交错出现;葡萄的一年多次开花结果体现了物候期的重演性。

(二)果树的休眠期

果树的休眠是树体为适应不良环境而表现的一种特性。树体在休眠期中生命活动并没有停止,树体内部仍进行着各种微弱的生理活动,如呼吸、蒸腾、根的吸收合成、芽的进一步分化及树体内养分转化等。整个休眠期可分为两个阶段,即自然休眠和被迫休眠。自然休眠是由树种、品种特性所决定的,要求在一定的低温条件下才能进入和通过休眠。自然休眠状态下的树体即使在适宜的生长条件下也不能生长。被迫休眠是由于外界条件不能满足果树萌芽生长的要求时形成的,是暂时的休眠状态。

不同树龄的果树进入休眠期的早晚不同。幼树进入休眠期晚于成年树,而且解除休眠也迟。果树的不同器官和组织进入休眠期的早晚也不同。一般细弱枝、小枝比主干、主枝休眠早,根颈进入休眠最晚,但解除休眠最早,故易受冻害。同一枝条的不同组织进入休眠期的时间不同,皮层和木质部较早,形成层最迟。所以,初冬时节的严寒低温,形成层易受冻。而当进入休眠后,形成层比木质部和皮层抗寒,在深冬时,冻害多发生在木质部。

二、果树的生命周期

果树的生命周期是指树体在个体发育中,都要经历生长、结果、衰老和死亡的过程,也称为果树年龄时期。研究这个过程的规律,对控制树体的提早结果、高产、稳产和延长经济寿命具有十分重要的意义。

果树因繁殖方法的不同,有两种不同的生命周期,即有性繁殖(实生树)果树和无性(营养)繁殖果树。

(一)有性繁殖果树(实生树)的生命周期

有性繁殖的果树是由种子萌发生长而成的个体。其生命周期可以划分明显的两个阶段:幼年阶段和成年阶段。

幼年阶段是指从种子萌发到具有开花潜能的阶段,也称为童期。此期只进行营养生长,不能形成花芽。在童期的树体形态特征是:芽小、枝密、多针刺枝、叶小而薄。童期的长短与树种、品种、栽培环境、栽培技术等有关。良好的栽培环境与栽培技术,可促进树体的快速生长和营养积累,缩短童期,可使实生树提早结果。成年阶段是指实生树已具备了开花潜能,在适宜的条件下可开花结果。

(二)无性繁殖果树的生命周期

无性繁殖果树是指采用扦插、压条、嫁接、分株和组织培养等方法培育的植株。

其繁殖用的材料取自成年阶段的优良母树，是母树枝芽发育的继续，已具备开花能力，只要条件适当，便能开花结果。通常把其生命周期划分为幼树期、初果期、盛果期、衰老期四个阶段，各阶段的长短都与树种、品种、砧木、环境条件和栽培技术有关。

1. 幼树期

果树从苗木定植到第一次结果为幼树期。其特点为：根系和树冠迅速扩大，逐步形成树体骨架，枝条生长势强，呈直立状态，树冠多呈圆锥形或长圆形，新梢生长量大，年生长期长，具有两次或多次生长，长枝多，生长停长晚，枝条发育不充实，冬季易受冻害。幼树期的长短因树种品种而异，同时与栽培技术有关，如苹果、梨为3～4年；柑橘3～5年；荔枝4～10年。在这一时期的栽培技术措施为：深翻扩穴，增施有机肥；合理整形，轻剪多留，增加枝量，培养树骨架等可以缩短幼树期。

2. 初果期

果树从初次结果到大量结果前为初果期。此期的特点为：营养生长仍占优势，分枝大量增加，树冠继续扩大，继续形成树体骨架，根系继续扩展，须根大量形成。中、短果枝的比例增加，长果枝比例减少。树体结构此时期已经建成，营养生长从占绝对优势逐步向与生殖生长趋于平衡状态过渡。在此期栽培技术措施为：继续深耕熟化土壤，合理水肥管理；合理整形，完成树体骨架建造，培养与更新结果枝组。

3. 盛果期

果树从开始出现丰产到产量开始下降为止，称为盛果期。此期为果树一生中历时最长、产量和经济效益最高的时期。其特点为：根系和树冠已扩大到最大生长限度，枝叶生长量逐渐降低，发育枝减少，结果枝大量增加，产量达到高峰。同时，骨干枝上光照不良的结果枝，有枯死的现象，结果部位外移，树冠内部光秃现象加重，发生明显的局部交替结果现象。此期栽培技术措施为：加强肥水管理，以满足果树大量结果对肥水的需求；合理修剪，及时更新结果枝组和骨干枝，改善树体光照条件，控制树体的负载量，以防止发生“大小年”结果现象。

4. 衰老期

从产量开始下降到主枝开始枯死为衰老期。其特点为：新梢数量明显减少，骨干枝末端开始枯死，结果枝大量衰老死亡，产量渐减，树冠体积缩小，树冠内发生大量徒长枝。后期部分骨干枝开始枯死，主枝上出现更新枝，骨干根也有大量死亡。老枝上花芽虽多，但落花落果严重，果实小，品质差，产量低，树体抗逆性也显著减弱。这一时期栽培技术措施为：加强土肥水管理；进行树体的更新复壮，培养更新枝，形成新树冠，恢复树势，保持经济产量。

第五节 果树生产环境

果树在其系统发育过程中，与环境条件构成了相互联系、相互制约的统一体。环境影响着果树的生长、发育和分布，反之果树的生长也不断地改变着环境。

一、温度

温度决定着果树的地理分布，其中主要是年平均温度、生长期的积温和冬季最低温度。温度制约着果树的生长发育，影响着果树体内的一切生理、生化活动和变化。

(一)生长季的温度变化与果树的关系

对果树来说，在综合外界条件下能使果树萌芽的日平均温度为生物学零度，即生物学有效温度的起点。一般落叶果树的生物学有效温度的起点为 6～10℃，常绿果树为 10～15℃。生长季是指不同地区能保证生物学有效温度的时期。生长季中生物学有效温度的累积值为生物学有效积温(简称积温)。不同果树在整个生育期内，要求不同的积温总量，如柑橘需要 2 500℃以上，葡萄 3 000℃以上。积温是影响果树各个生长发育期的重要因素，直接促进或推迟物候期，是确定果树经济栽培区的重要依据。

各种果树在生长期内对热量要求不同，这与原产地温度有关，如原产于热带、亚热带的香蕉、菠萝、荔枝等要求相对较高的温度。同一树种不同品种对热量要求不同。一般营养生长期开始早的品种，对夏季热量要求较低。根据果树同化、异化作用的特点及其与温度的关系，可将果树分为三类：①需要相对较低温度(7～13℃)的果树，包括苹果、梨、山楂、樱桃、草莓、猕猴桃、李、树莓等；②需要中等温度(13～18℃)的果树，包括桃、葡萄、枇杷、无花果、石榴、板栗、核桃、枣等；③需要较高温度(18～24℃)的果树，包括柑橘、香蕉、菠萝、荔枝、龙眼、番木瓜、橄榄等。同一品种在不同地区也有差异，在温度较高地区，各物候期通过的时间相对缩短，温度低则相对延长。

(二)温度与果树生长发育的关系

温度影响着果树的生长发育过程。早春气温上升快，则萌芽、开花提早，花期缩短，花粉发芽适温为 20～25℃，过低发芽受到抑制，高于 27℃时花粉发芽率显著下降。温度对果实品质、色泽和成熟期有较大的影响。温度较高时,果实含糖量高,成熟较早,但色泽稍差,含酸量低。

生长期温度高达 30～35℃时,一般落叶果树的生理过程受到抑制,升高到 50～55℃时,树体受到严重伤害。常绿果树较耐高温,但高达 50℃时也会引起严重伤害。夏季热量过多,果实成熟推迟,果小色差,耐贮性差;高温会发生日烧。秋冬温度过高,落叶果树不能及时进入休眠或按时结束休眠。

低温和突然的低温对果树的危害比高温更严重。低温常常使果树生理机能受到破坏,造成叶落枝枯及死亡(表 1-1)。果树一般以枝梢、花芽、根颈易受冻害。同一树种的不同生育期对低温的忍受力不同。

表 1-1 主要果树的适栽年平均温度、打破休眠所需的温度、有效积温以及受冻温度

树种	年平均温度/℃	需冷量/h	有效积温/℃		受冻温度/℃	
			开花期	果实成熟期	枝梢受冻温度	整株冻死温度
苹果	7～13	1 200～1 500	419	1 099	−25～−30	−30～−45
杏	6～14	700～1 000	357	649	−25～−30	−30～−45
李	3～22	800～1 200(欧洲李) 700～1 000(日本李)	370	954	—	—
葡萄	5～18	1 000 左右	—	2 100～3 700	−15～−16	−18～−25
草莓	6～16	0～800	144	275	—	—
柑橘	16～18			3 000～3 500	−5～−6(橙柚)	−8～−9(橙柚)
荔枝	20～23				−2～−3	−5～−7
香蕉	24				0	−3～−5
菠萝	24～27				0	−3～−5
枇杷	16～17				−9～−10	−14～−15

注:需冷量是打破果树休眠所需低于 7.2℃的低温时数。

二、光照

光是果树生存的重要因子,是果树制造有机养分的能源,满足果树对光的要求,提高光能利用率,可以有效地提果树产量和果实品质。

(一)光与果树生长发育的关系

1.果树的受光量

果树对光的利用率决定于树冠大小和叶面积多少。稀植树空间大,受光量小,光能利用率低。在一定范围内,果树密植比稀植的叶面积指数大,光能利用率高。但密度不是越大越好,当超过一定限度时,会引起严重荫蔽,有效叶面积反而减少,光能利用率降低。

光照强度与树体的同化量有关，光强减弱时，同化量下降。如阴雨天葡萄叶的同化量为晴天的 1/9～1/2。

2.光照与果树营养生长的关系

光照强度对果树的地上部和根系都有明显影响。光照强时，易形成密集短枝，削弱顶芽枝向上生长，而增强侧生生长点的生长，树姿呈现开张。光照不足时，枝梢细长，直立生长势强，呈现徒长，同时根的生长量减少，新根发生数少，甚至停止生长。光照良好，在一定程度上能抑制病菌活动。日照充足的山地果园，果树病害明显减少，但光照过强常引起枝干和果实日烧。

3.光照与果树生殖生长的关系

光照与果树花芽分化、花器的发育、生理落果、果实产量、色泽、品质等都有密切关系。光照充足，同化产物多，营养积累快，有利于花芽分化，且花器发育完全。光照不足，会引起结果不良，坐果率低，果实发育中途停止而落果。

生长期间日照时间长，则果实的糖分和维生素含量增加，果实品质提高。果实成熟期受光良好，则着色美观，日照对果实糖分的增高有直接作用，通常果实阳面的含糖量较阴面高。套袋的果实糖分含量均较不套袋的少。直射光充足，果皮较紧密，有利于提高果实的耐贮运能力。

(二)果树的需光度和对光照的反应

果树对光的需要程度，与各树种、品种原产地的地理位置和长期适应的自然条件有关。生长在我国南部低纬度、多雨地区的热带、亚热带树种，对光的要求低于原产我国北部高纬度、干旱地区的落叶树种。原生在森林边缘和空旷山地的果树，绝大部分都是喜光树种。

果树需光度是相对而言的，一般果树比森林树种喜光；成年树比幼树喜光；同一植株，生殖器官比营养器官需光较多，如花芽分化、果实发育比萌芽、枝叶生长需光较多，休眠期需光最少。

在果树中，以桃、扁桃、枣、杏、椰子、香蕉最喜光；苹果、梨、李、樱桃、葡萄、柿、板栗、荔枝、龙眼次之；核桃、山楂、无花果、石榴、猕猴桃、杨梅、枇杷、柑橘等较耐阴。

三、水分

水是果树生存的重要生态因子，是组成树体的重要成分，果树枝叶含水量为 50%～70%，果实含水量达 80%～90%。水是果树生命活动中不可缺少的重要介质，营养物质的吸收、运输和合成转化等生理过程，都必须在有水的条件下才能正常进行。

(一)果树对水分的生态反应

果树对土壤水分和空气湿度的适应力与树种有关。起源于夏季多雨地区的果树需水量大,也较耐湿;起源于夏季干旱地区的树种则耐旱怕湿。果树依抗旱力的强弱可分为三类:抗旱力强的树种,如葡萄、枣、石榴、板栗、无花果、菠萝、龙眼、荔枝、橄榄等;抗旱力中等的树种,如桃、樱桃、苹果、梨、柿、梅等;抗旱力弱的树种,如柑橘、枇杷、香蕉、杨梅等。

各种果树的耐涝性也不同,按其强弱可分为三类:耐涝性强的树种,如葡萄、梨、荔枝、柿、枣等;耐涝性中等的树种,如苹果、柑橘、香蕉、李、梅、杏等;耐涝性弱的树种,如桃、无花果、菠萝等。

(二)果树的需水量

需水量是指生产 1 g 干物质所需的水量。一般为 125～500 g。不同种类、品种、砧木的果树需水量不同。如甜橙的需水量比温州蜜柑高,酸橙砧比枳砧高。植株 T/R(地上部与根系重量之比)高的比低的需水量高。

果树在年周期中,不同的生长发育时期需水量不同。落叶果树在春季萌芽前,树体需要一定的水分才能发芽,若水分不足,常延迟萌芽或萌芽不整齐,影响新梢生长。花期干旱或水分过多,常引起落花落果。新梢生长期气温逐渐上升,枝叶生长旺盛,需水量最多,对缺水反应敏感,此期为需水临界期。如此期供水不足,则新梢生长削弱或提早停长。果实发育也需要一定水分,水分过多或不足,会引起落果。

四、土壤

(一)土壤温度

土温直接影响果树根系活动,如高温季节,地表最高温度可达 40～50℃,常有细根枯死,粗根受伤的现象;冬季土温达 0℃以下,吸收根受冻。土温影响土壤理化特性、微生物活动及有机质的分解和养分的转化。土温升高,土壤中有效养分释放增多,有利于微生物活动,促进根系吸收。

(二)土壤水分

果树正常生长结果最适土壤含水量一般为田间持水量的 60%～80%,过高过低都不利于果树生长发育。如土壤含水量在 5%～12%时叶片会凋萎。土壤水分过多,会使土壤空气减少,根系呼吸减弱,甚至根系缺氧并产生有毒物质,导致生长不良或死亡。

(三)土壤通气

果树根系的正常活动必须有足够的空气,一般土壤空气的含氧量不低于15%时,根系才能正常生长吸收,不低于12%时才能发生新根。土壤中空气多少取决于土壤的孔隙度等,土壤疏松、水分适度时,土壤空气含量大,氧气充足。

(四)土壤酸碱度

土壤酸碱度直接影响着土壤的理化特性、营养元素的分解及存在形态,以及土壤微生物活动,从而影响根系的吸收机能。各种果树对酸碱度要求不同(表1-2)。

表1-2 主要果树对酸碱度的适应范围(pH)及耐盐情况

树种	酸碱度的适应范围(pH)		土壤中总盐量/%	
	适应范围	最适范围	正常生长	受害极限
苹果	5.3~8.2	5.4~6.8	0.13~0.16	0.28以上
梨	5.4~8.5	5.6~7.2	0.14~0.20	0.30
桃	5.0~8.2	5.2~6.8	0.08~0.10	0.40
葡萄	7.5~8.3	5.8~7.5	0.14~0.29	0.32~0.40
枣	5.0~8.5	5.2~8.0	0.14~0.23	0.35以上
板栗	7.5~8.3	5.8~7.5	0.12~0.14	0.20
柑橘	5.5~8.5	5.5~6.5	0.07~0.13	0.40

土壤中有害盐类含量是影响和限制果树生长、结果的重要因素。盐碱土的主要盐类是碳酸钠、氯化钠和硫酸钠,其中以碳酸钠危害最大。各种果树的耐盐能力不同(表1-2)。

实践技能

实训1-1 主要果树树种识别

一、实训目的

通过实训使学生学会从植物形态学识别主要果树树种,培养学生识别主要果树树种的能力。

二、材料与工具

当地常见的主要果树植株或标本、钢卷尺、刀、托盘天平、放大镜等。

三、实训内容

观察各种果树的主要特征：树性（含乔木、灌木、藤本等）、树形（含圆球形、圆锥形等）、树干、叶、花、果实、种子等。掌握各树种的主要特征。

四、实训报告

将观察到的主要特征记录于下表中：

果树树种主要特征表

树种	树性	树形	树干	叶	花	果实	种子

五、考核标准

成绩按100分计：实训态度10分；实训过程40分；实训报告50分。

实训1-2 主要果树物候期的观察

一、实训目的

通过实训使学生熟悉物候期观察的项目和方法，并掌握当地几种主要果树的年周期发育规律。

二、材料与工具

当地有代表性的树种品种植株、钢卷尺、放大镜、卡尺等。

三、实训内容

（一）物候期观察项目及标准

1. 柑橘

物候期记载项目见下表。

物候期的标准介绍如下。

萌芽期：以树冠外围枝梢顶部的芽为标准，当芽开始膨大、幼叶露出时。

现蕾期：幼蕾出现时。

露白期：萼片开裂，出现白色花瓣。

柑橘物候期记录表

日期 项目 品种	萌芽期	现蕾期	露白期	花瓣全露期	初花期	盛花期	谢花期	生理落果期	新梢生长期	新根生长期	花芽分化期	果实生长期	果实成熟期

花瓣全露期：花蕾膨大伸长，花瓣全露。

初花期：5%～15%花开时。

盛花期：25%～75%花开时。

谢花期：75%～95%花谢落时。

生理落果期：第一次落果是幼果连果柄脱落时；第二次落果是幼果从蜜盘处脱落时。

新梢生长期：选树冠东、南、西、北四方 8～12 个延长枝为标准，萌芽后第一片叶展开时为新梢生长始期。

新根生长期：可用根系观察箱(室)进行观察。当观察箱的玻璃面上开始出现白色幼根时为始期。

花芽分化期：每 10 d 取春梢母枝的顶部芽 15 个左右，固定后进行制片观察，取样时间可从 10 月上、中旬至翌年萌芽前。

果实生长期：选树冠外围健壮春梢母枝上的果实 20 个，每两周在同一果上用卡尺测其纵横径。

果实成熟期：选择树冠外围的果实观察。当果实 3/4 以上着色时为成熟期。

2. 苹果、梨

物候记载项目见下表。

苹果或梨物候期记录表

日期 项目 品种	萌芽期	现蕾期	花蕾分离期	初花期	盛花期	谢花期	生理落果期	新梢生长期	新根生长期	花芽分化期	果实生长期	果实成熟期	落叶初期	落叶盛期	落叶终期

物候期的标准介绍如下。

萌芽期：延长枝的顶芽鳞片开始裂开，叶苞出现时。

现蕾期：以短果枝为标准，花芽鳞片开裂，花蕾露出时。

花蕾分离期：花蕾伸出后，小花分离时。

初花期：5%～15%花开时。

盛花期：25%～75%花开时。

谢花期：75%～95%花谢落时。

生理落果期：第一次落果是幼果如豌豆大时脱落；第二次是幼果如算盘珠大时脱落。

新梢生长期：选树冠东、南、西、北四方4个延长枝为标准，萌芽后第一片叶展开时为新梢生长始期。

新根生长期：可用根系观察箱（室）进行观察。当观察箱的玻璃面上开始出现白色幼根时为始期。

花芽分化期：6～10月每10 d选取已经停长的强壮短枝上的顶芽15个左右固定后，进行切片观察。

果实生长期：选粗壮短果枝上的果实10～20个，每两周在同一果上用卡尺测其纵横径。

果实成熟期：选树冠外围果实，当果实充分表现品种性状，易从果台上脱离时。

落叶初期：全树5%～15%的叶片脱落。

落叶盛期：全树50%～75%的叶片脱落。

落叶终期：全树除顶梢上有叶片外全部叶片已脱落。

3. 葡萄

记载项目和标准大致与仁果类相同。但需增加伤流期、新梢开始成熟期。增加记载标准如下。

伤流期：春季萌芽前树液开始流动时，此时新剪口或伤口有液体流出。

新梢开始成熟期：当年新梢第四节以下的部分表皮已呈黄褐色。

（二）物候期观察应注意下列事项

（1）物候期观察记载项目的繁简，应根据具体要求确定。专题物候期研究须详细调查，一般只记载主要物候期。本实训按一般物候期调查。

（2）根据物候期的进程速度和记载繁简，确定观察间隔时间。萌芽到开花期一般每隔2～3 d观察一次，生产季的其他时间则可5～7 d或更长时间观察一次，开花期进程较快，在有些地区需每天观察。

（3）在详细物候期观察中，有些项目的完成必须配合定期测量，如枝条的加长、加粗生长，果实体积的增加，叶片生长等就应每隔3～7 d测量一次，画出曲线图，才能看出生长高、低峰的节奏。有些项目的完成须定期取样观察，有些项目需要统计数量等。

(4)物候期观测取样要注意地点、树龄、生长状况等方面的代表性,一般应选生长健壮的结果树,植株在果园中的位置能代表全园情况,观察株数可根据具体情况决定,一般每品种3～5株,进行测定和统计的内容应选择典型部位,挂牌标记,定期进行。

四、实训报告

选几个主要树种和品种进行物候期记载,最后要整理出物候期观察结果。

五、考核标准

成绩按100分计:实训态度10分;实训过程40分;实训报告50分。

实训1-3 主要果树树体结构与枝芽特性观察

一、实训目的

通过实训,使学生明确果树树体结构及各部分的名称,了解树体各部分的主要特性和功能。熟悉果树的枝芽类型和特点。

二、材料与工具

选择当地主栽果树的植株、皮尺、钢卷尺等。

三、实训内容

(1)观察梨、苹果、柑橘等果树地上部的基本结构:主干、中心干、主枝、侧枝、骨干枝、延长枝和结果枝组。

(2)观察枝和芽的类型,明确嫩梢、新梢、一年生枝、二年生枝,生长枝、结果枝、结果母枝,春梢、夏梢、秋梢和冬梢,顶芽和侧芽,叶芽和花芽等。

(3)观察枝芽的特性,明确干性、层性、分枝角度,成枝力、萌芽力等。

四、实训报告

绘所观察到的树体结构图。

五、考核标准

成绩按100分计:实训态度10分;实训过程40分;实训报告50分。

- 本章小结
  - 基本理论
    - 1. 概述
      - 果树的栽培意义、历史、现状及发展趋势
    - 2. 果树分类
      - 植物学分类
      - 栽培学分类
      - 生态适应性分类
    - 3. 果树生长周期
      - 果树的年周期
      - 果树的生命周期
    - 4. 果树生长发育特点
      - 树体结构、根系、枝、芽、叶、花芽分化、开花结果
    - 5. 果树的栽培环境
      - 温度、光照、水分、土壤
  - 实践技能
    - 主要果树树种识别
    - 主要果树物候期观察
    - 主要果树树体结构与枝芽特性观察

复习思考题

1. 试述果树的生命周期的特点及控制。
2. 列表对果树的枝条、芽进行分类。
3. 试述果树花芽分化的时期和条件。
4. 谈谈落花落果的时期和产生原因,如何提高果树坐果率?
5. 试说明环境因子对果树的综合影响。

第二章　果树生产的基本技术

知识目标

- 理解建园、品种选择的依据，以及果树矮化栽培、产期调控及设施栽培的发展前景。
- 掌握果树育苗、土肥水管理、整形修剪及花果管理技术。

技能目标

- 能够运用果树修剪及花果管理的基本方法。
- 会灵活运用土壤管理、施肥、灌水的方法。
- 熟练运用苗木繁殖的各种方法。

基本理论

第一节　育苗

一、实生苗的培育

（一）实生苗的特点和利用

凡用种子繁殖的苗木称为实生苗。其特点是繁殖简单，繁殖系数高，根系发达，对环境适应力强，生长迅速，寿命长，产量高，但变异大，结果迟。因此，实生苗多用作嫁接苗的砧木。有的树种难用无性繁殖的，如椰子、番木瓜等可用实生苗作果苗栽植。

(二)实生苗的培育

1. 采种

选择品种纯正、生长健壮、丰产稳产、品质优良、无病虫害的成年树作为采种树,或对野生树种进行采种。采集的种子必须在充分成熟时采收。南方常见砧木采种、贮藏及播种情况见表 2-1。

2. 种子贮藏

大多数果树的种子从果实中取出后,需适当干燥,贮藏时才不会发霉。通常将种子薄摊于阴凉通风处晾干,不宜暴晒。种子晾干后应进行精选、除杂,使种子纯净度达到 95%以上,用布袋等装并贮藏在冷凉干燥的环境中。另外,甜樱桃、银杏和大多数常绿果树的种子,在采收后必须立即播种或用湿沙贮藏,才能保持种子的生活力。

3. 种子休眠与种子层积

种子休眠是指有生活力的种子在适宜的水分、温度和通气的条件下也不能发芽的现象。大多数落叶果树的种子具有休眠特性,而常绿果树的种子一般没有休眠期或休眠期很短,采后可立即播种。

大多数落叶果树种子采后处于休眠状态,要经过一段时间的低温、湿润处理才能发芽,这种处理称为种子的层积处理。一般需要温度为 2～7℃,30～300 d。因果树种类不同而不同(表 2-1)。

层积方法:先对层积用的容器或场地、河沙、种子进行清洗和消毒等。首先,把种子倒入清水中,搅拌静置,去除浮于水面的秕子,将饱满的种子取出晾干水气,然后用 500 倍硫酸铜液或 250 倍福尔马林液浸泡 2～4 h,或用 1 000 倍高锰酸钾液浸泡 0.5 h,取出种子,用清水漂洗二次,再用清水浸泡 2～3 d,每天换水一次,当种子吸足水分后,可捞出种子拌沙层积。以上药液可用于容器、场地等的消毒,对于河沙则可采用加热消毒法进行,即将沙置于锅中翻炒消毒,待凉后使用。

用清洁、湿润的河沙与种子分层或混合均匀堆放。沙的湿度以手握成团不滴水,放开后沙成团,轻碰即散,沙用量为种子的 3～4 倍。种子量少时可用木箱、花盆等层积,种子量大时,可直接在室外选背阴、高燥处,先将地面铺 10 cm 厚的湿沙,然后分层或将拌好湿沙的种子堆放,厚度在 40 cm 左右,最后在其上盖一层约 10 cm 厚的湿沙,再盖湿草席或薄膜。层积后每隔 7～10 d,进行一次翻检以换气、捡出霉烂种子并检查沙的湿度。在播前 1 周左右,进行升温催芽。

表 2-1 南方常见树种或砧木贮藏及播种情况表

（引自《果树栽培》，蔡冬元，2001）

树种	采种期/月	贮藏或层积要求	每千克粒数	播种量/（kg/hm^2）	播种期/月	盖土厚度/cm	备注
枳壳	9～10	沙藏	4 400～6 000	450～600	2～3	不见种子	7月中旬播嫩子
豆梨	8～9	0～5℃下 50～80 d	8 000～9 000	15	2～3	2	
砂梨	8～9	0～5℃	20 000～40 000	22～30	2～3	2	
毛桃	8	沙藏 80～100 d	400～600	450～600	10～11，2～3	4～5	缝合线立放
板栗	9～10	0～5℃下 100～120 d	120～300	1 500～2 250	2～3	3～4	种子平放
荔枝	6～7	沙藏催芽	320～400	1 800～3 000	随采随播	2	种子平放
龙眼	7～9	沙藏催芽	500～600	1 100～1 500	随采随播	1～2	
枇杷	5～6	沙藏催芽	500～540	750～1 125	随采随播	1～2	
杨梅	5～6	沙藏 100～150 d	1 000～2 000	2 200～3 700	10，2～3	盖草	
核桃	9～10	沙藏 60～90 d	60～100	1 500～3 000	随采随播	5～8	缝合线立放
石榴	8～9	沙藏		50～80	3	0.5～1.0	
芒果	5～8	沙床催芽后移栽		10万～12万个	随采随播		种脐向下

4.播种

播种一般以春、秋播种为宜,在热带地区则全年可以播种。常用的播种方法有撒播、条播和点播。大粒种子常用点播,小粒种子多用条播和撒播。一般条播及点播株行距是(10～15) cm×(20～30) cm,播后及时盖土浇水,覆盖增温或遮阴。

二、嫁接苗的培育

(一)嫁接苗的特点和利用

将植株的芽或枝接在另一植株上,使其愈合长成新植株的方法称为嫁接。其培育的苗木称为嫁接苗。用于嫁接的芽或枝称接穗,承受接穗的部分称为砧木。其特点是:能保持母本树的优良性状;早结;繁殖系数高;可利用砧木的抗性,扩大栽植范围;可利用矮化砧来调节树势。此外,高接换种可有效地进行大树品种更新,在育种上可用以保存营养系变异(芽变、枝变)等。

(二)嫁接愈合的原理

嫁接时,在砧木和接穗削面的愈伤激素的作用下,使伤口周围的细胞生长和分裂,形成层细胞也加强活动,形成了愈伤组织,砧木和接穗愈伤组织的薄壁细胞相互连接。愈伤组织细胞进一步分化,将砧木与接穗的形成层连接起来,逐渐分化,向内形成新的木质部,向外形成新的韧皮部,这样连通二者的输导组织,并愈合形成一新植株。

(三)影响嫁接成活的因素

(1)砧穗亲和力。亲和力是指砧穗嫁接后在内部组织结构、生理和遗传特性方面差异程度的大小。其亲和力与亲缘关系的远近有关。同品种或同种间的亲和力最强,嫁接最容易成活。如毛桃嫁接桃。同属异种间的嫁接亲和力,因果树种类而异。如海棠、山定子等嫁接苹果,酸橘嫁接甜橙,都有很好的亲和力。同科异属的亲和力较小,能成活并在生产上应用的如柑橘接于枳。不同科亲和力差。

(2)树种与品种。不同树种、品种,嫁接成活难易不同。单宁物含量多的树种、会出现伤流的树种、髓部较大的树种等嫁接时成活比较低。

(3)砧木和接穗的质量。砧穗生长充实的,营养物质含量高的,有利于愈合,嫁接成活率高。

(4)环境条件。一般温度在 20～25℃,空气湿度高的条件下成活率高。过高或过低的温度、干旱、阴雨等都不利于成活。

(5)嫁接技术。选择适宜时期、方法进行嫁接可有效提高嫁接成活,砧穗切面深浅适宜、平滑、形成层对齐、包扎紧、操作迅速的成活率高。

(四)砧穗选择

(1)砧木选择。选择的原则是就地取材,结合外地引种。选择的依据是:与接穗的亲和力强;对接穗生长结果影响良好;对栽培地区的条件适应能力强;易于繁殖;具有矮化或乔化性状;对病虫害的抵抗力强。

(2)接穗选择。选择品种纯正、生长健壮、无病虫害的植株作为采穗植株。选取树冠外围中上部生长充实、芽体饱满的当年生或一年生发育枝作接穗。春季嫁接用的接穗,最好结合冬季修剪采集,采后以 100 条捆成一捆,标明品种。用湿沙贮藏。生长季嫁接的,一般随采随接,采下立即剪除叶片仅留叶柄,以 50～100 条捆成一捆,标明品种及采集日期,如暂时不用,应用苔藓、湿布将接穗保湿。

(五)嫁接方法

果树常用的嫁接方法有芽接、枝接、根接。

1. 芽接法

嫁接时间长,操作简单,节省材料,成活率高。最适宜的嫁接时期一般在6～10 月。

(1)T 形芽接。此法应用很普遍,采用 1～2 年生的砧木成活率高,具体操作步骤如下:先取一接穗枝条,用刀从芽的下方 1.5 cm 处削入木质部纵切长 2.5 cm,再从芽的上方 1 cm 左右处横切一刀,取下芽片;随即在砧木距地面 5～10 cm 处选择光滑处,切一 T 字形切口,用刀将接口挑开,将芽片插入,使芽片的上边与砧木横切口对齐,然后用塑料薄膜绑紧(图 2-1)。

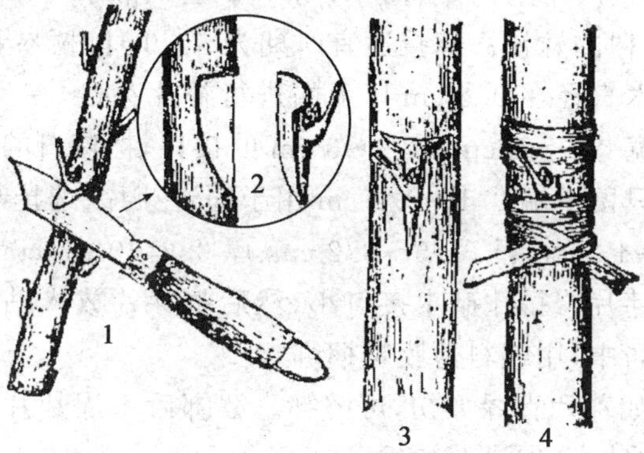

.削取芽片 2.取下的芽片 3.插入芽片 4.绑缚

图 2-1 T 形芽接

(2)嵌芽接。适用于枝梢具有棱角或沟纹的树种,如栗、枣等,桃、苹果、柑橘等果树也可用此法。具体操作步骤如下：先在接穗的芽上方 0.8～1 cm 处向下竖削一刀，深入木质部，长 2 cm 左右，然后在芽的下方稍斜切入木质部，长约 0.6 cm，取下芽片；砧木切口的削法与削接芽相似，但比接芽稍长。将芽片插入砧木切口中，注意芽片上端须露出一些砧木皮层，以利愈合，然后用塑料薄膜包扎紧(图 2-2)。

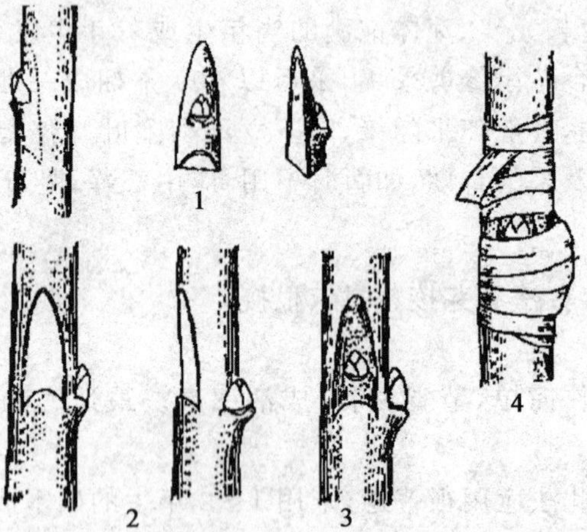

1. 削接穗　2. 削砧木　3. 插入接穗　4. 绑缚

图 2-2　嵌芽接

(3)补片芽接。补片芽接方法简单，易于掌握。常于芒果、荔枝、龙眼、番荔枝等热带和亚热带果树的嫁接。嫁接适宜时期为 3～9 月，树易剥皮时进行。其操作步骤如下：选择砧木直径在 0.6 cm 以上的进行补片芽接，在离地面 5～20 cm 处，选一光滑面，开一宽 0.6～1 cm、长 2～3 cm 的接口，把接口的树皮全剥开，切去砧木树皮的大部分，只留下端 0.1～0.2 cm 用于固定芽片；选择与砧木粗细相近的接穗，削一个宽 0.8～1.2 cm、长 2.5～3.2 cm、厚 0.2～0.25 cm 的芽片，将芽片中的木质部剥离，并将芽片修得比砧木接口小；然后将芽片放入砧木接口，芽片下部紧贴接口底部，两边居中，用塑料薄膜带捆绑。

嫁接后 30 d，如芽片青绿如初，可解绑。解绑后 1 周芽片仍正常，可在芽接位上 1～2 cm 处剪断砧木，促进芽片发芽。

2. 枝接法

成活后生长快，健壮整齐，但材料用量大，嫁接时间短。最适宜的嫁接时期在春季。

(1)切接。适用于柑橘、荔枝等多数果树的嫁接，其操作步骤如下：在砧木离地面约 10 cm 处光滑面进行截顶，在截口光滑的一侧垂直切一刀，深达 1.2～1.5 cm，并将削出的皮部截去 1/2～2/3；选与砧木粗度相近的接穗，具有 1～2 个饱满芽、长 3～4 cm 的枝段，在接穗下端削一个长 1.2～1.5 cm，深及木质部的平直削面，其削面背面削成 40°～45°的斜面；将接穗插入接面，对准一边的皮层(形成层对齐)，用塑料薄膜带捆绑(图 2-3)。

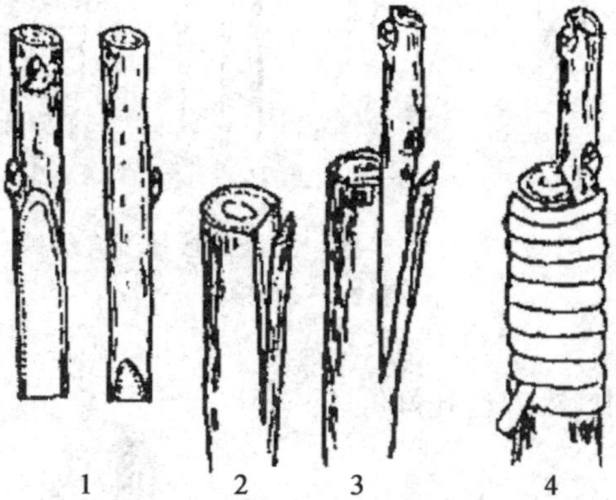

1. 削接穗　2. 削砧木　3. 插入接穗　4. 绑缚

图 2-3　切接

(2)劈接。适用于多数果树的嫁接，其操作步骤如下：在砧木离地面 10～20 cm 处，选光滑处截顶。在截口中心垂直切一刀，深 1.3～2.0 cm；选与砧木粗度相近的接穗，选带 1～3 个饱满芽且生长直而均匀，长度在 5 cm 以内的枝段，把基削成与接口等长的楔形。削面须平滑，渐尖；将接穗插入砧木切口，插入时要对准一侧形成层(皮层)，用塑料薄膜带捆绑(图 2-4)。

(3)腹接。接穗的削法与切接相似，砧木不必剪断，只在近基部一侧向下斜切近 30°的一切口，使与接穗削面的大小相近。将接穗插入，用塑料薄膜包扎紧。

(4)舌接。此法常用于葡萄嫁接。选砧木与接穗粗度大致相同的枝段，在砧木上端，接穗下端，先各削一斜面(最好接穗的腹面与砧木的沟面相对或转 180°，这样能利于愈合)，削面长度是粗度的 2 倍左右。再在两者斜削面上削成大小相等的接舌。其进刀位置在髓至皮层间 1/2 处，沿斜削面往下直削成舌形，削好后两者插合在一起，用塑料薄膜包扎好。然后放入装有湿锯末的木箱中进行愈合处理(图 2-5)。

(5)皮下接。适用于板栗、核桃等。在砧木断面光滑的一侧将皮层自上而下竖划一切缝，深达木质部，长 3 cm 左右，用刀将皮层挑开。接穗削成单面舌状削面。

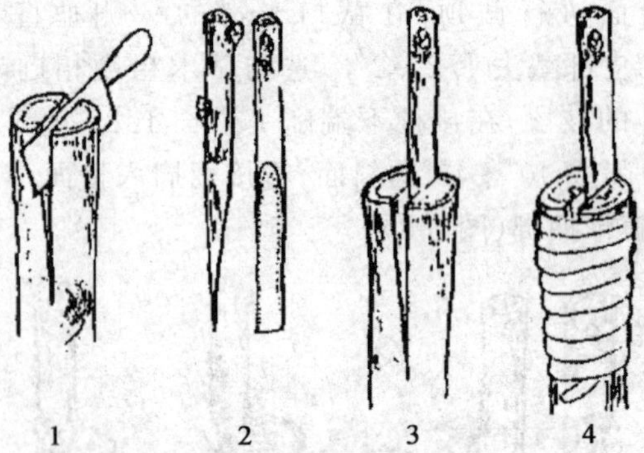

1. 削砧木　2. 削接穗　3. 插入接穗　4. 绑缚

图 2-4　劈接

将接穗插入砧木切口中，然后包扎好。

3. 根接法

是以果树的根系作砧木，在其上嫁接接穗，用作砧木的根系可以是整个根系或是一个根段，接穗一般用冬剪剪下的枝条，可用劈接、切接、腹接等方法嫁接。此法具有充分利用根段，嫁接时间长，成活率高等优点。

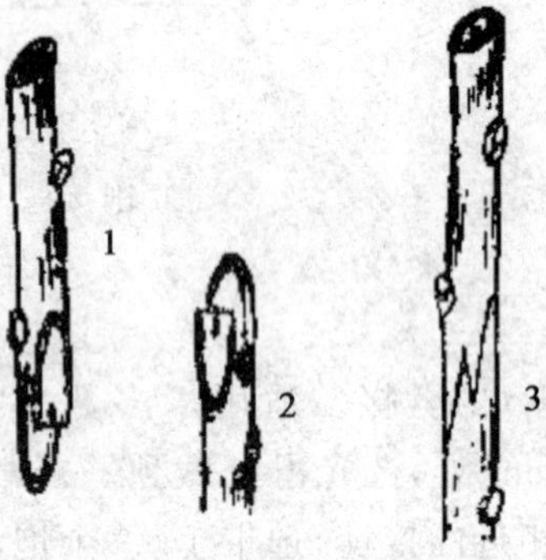

1. 削接穗　2. 削砧木　3. 插合

图 2-5　舌接

(六)嫁接后的管理

一般接后 15 d 左右检查是否成活，若成活需解除绑缚，若未能成活则需补接。据所培育的苗木情况，还需进行剪砧、除萌、摘心、扶正等管理，在苗木生长时期需加强肥水管理和防治病虫害。

三、自根苗的培育

自根苗是采用扦插、压条、分株等无性繁殖方法获得的苗木，又称无性繁殖苗或营养繁殖苗。其特点是能保持母本的性状、早结丰产，方法简易，但根系浅，寿命较短，抗性弱。

(一)影响生根的因素

1. 内部因素

(1)树种和品种。不同的树种和品种其发根、萌芽的难易不同。如葡萄、石榴、无花果、枳、柠檬等枝插生根容易，而桃、荔枝、柿等的枝条则生根困难。山葡萄生根较难。

(2)树龄和枝龄。树龄、枝龄越大，生根就越困难，一般生产上常用1～2年生枝进行扦插，成活率高。

(3)营养水平和内源激素状况。凡生长充实、营养水平高的枝则生根容易；凡含植物内源激素较多的树种，生根容易。

2.外部因素

(1)扦插基质。疏松透气、保水性能好的基质有利于生根，如沙壤土、河沙、泥炭、珍珠岩、炉渣灰等。

(2)湿度。枝条扦插在基质含水量为50%～60%、空气湿度为80%以上时成活率高。

(3)温度。一般白天气温在20～25℃、夜间在15℃左右可满足枝条的生根需要。

(4)光照。在强光下插条易出现失水干枯，不利于生根。故扦插时需遮阴。

(二)促进生根的方法

(1)机械处理。在选作插条的枝条基部进行环状剥皮、刻伤等处理，使营养物质和生长素在伤口以上部位积累；或在扦插时，在插条基部伤口附近的表层纵切几刀。均可以促进生根。

(2)加温处理。在冬季或早春扦插时，常因基质温度过低，生根困难，可通过覆盖地膜、电热加温、温室育苗等，来促进生根。

(3)药剂处理。可使用药剂处理，促进分生细胞的分裂而易生根。常采用的药剂有生根粉、吲哚乙酸、吲哚丁酸、萘乙酸等。

(三)扦插苗的培育

将果树的营养器官与母体植株分离，给予适宜的条件，促使其发育成一新植株。常用的扦插方法包括以下三种。

(1)硬枝扦插。是指以充分木质化的一年生枝条为插条进行扦插。常用在葡萄、无花果、石榴等果树上。在落叶后采集插条，采集插条的植株品种要纯正、优质丰产、无病虫害。插条采集后，每100条捆成一捆，标明品种，贮藏于湿沙中或假植阴凉湿润地。第二年春扦插时将枝条取出，剪成15～20 cm长的枝段，上端在剪口下1 cm处要有1个饱满芽，当土温稳定在10℃以上可进行扦插。

(2)绿枝扦插。又称嫩枝扦插、带叶扦插。是利用当年生尚未木质化或半木质化的新梢在生长期进行打插。葡萄、无花果等都可用此法。插条长5～15 cm，具有3～5节，保留上端1～2片叶，进行扦插。

(3)根插。插条是根段。对于苹果、枣、柿、梨、海棠果、核桃等根插成活率高，故选取根直径0.4～0.6 cm、长5～15 cm的根段，进行扦插，扦插后都要进行遮阴、浇水保湿，以保证成活。

(四)压条苗的培育

压条是在枝条不与母株分离的状态下压入土中，使压入部位生根，然后再剪离母株成为独立新植株的方法。对于扦插不易生根的树种可用此法。

(1)直立压条法。樱桃、李、石榴、无花果等均可采用此法繁殖。冬季或早春萌芽将母株基部离地面15～20 cm剪断，促使发生多数新梢，待新梢长到200 cm以上时，将基部环剥或刻伤，并培土使其生根。培土高度约为新梢高度的一半。当新梢长到40 cm左右时，进行第二次培土，一般两次培土即可。秋季扒开培土，分株起苗(图2-6)。

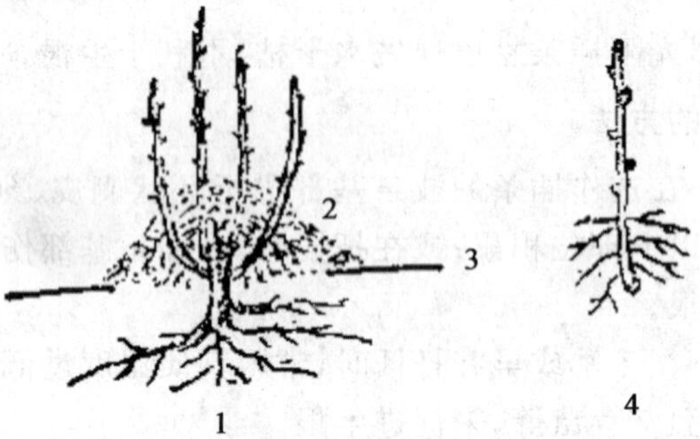

1. 培土压条的母株　2. 培土　3. 地表　4. 压条生根后分株

图2-6　直立压条法

(2)水平压条法。葡萄和苹果矮化砧繁殖多用此法。将枝蔓压入10 cm左右的浅沟内，用枝杈等固定，顶梢露出地面，待各节抽出新梢后，随新梢的增高分次培土，使新梢基部生根，然后切离母株(图2-7)。

(3)曲枝压条法。葡萄、樱桃、猕猴桃均可采用此法繁殖。这种繁殖方法是将母株枝梢先端一部分弯曲埋入土中，深10 cm左右，并用小枝杈等将其固定，在欲使其生根处刻伤，然后埋土，生根后与母株分离。

(4)空中压条法。又称高压法。此法用于不易弯曲埋土压条的果树繁殖。如荔枝、龙眼、柑橘、枇杷、石榴、人心果、油梨、树菠萝等。春季3～4月，选1～2年生枝条，在要使其生根的部位环剥或刻伤，然后用塑料布卷成筒套在刻伤部位，先将

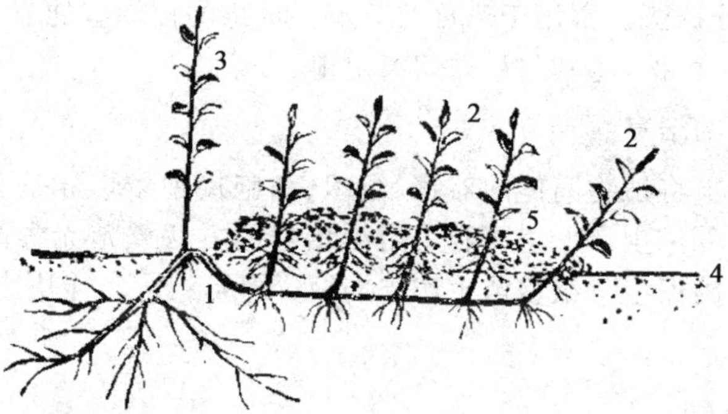

1.压枝　2.新培养的自根苗　3.供第二年压条的母株　4.地表　5.覆土

图 2-7　水平压条法

下端绑紧，筒内装入具有一定湿度松软的培养土，再将筒上端绑紧，待生根后与母株分离(图 2-8)。

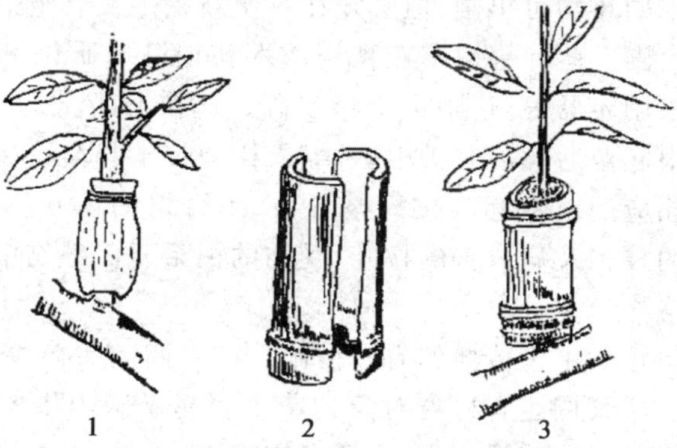

1.用塑料薄膜包土压条　2.用于空中压条的竹筒　3.用竹筒盛土压条

图 2-8　空中压条法

(五)分株苗的培育

利用果树的根蘖、吸芽、匍匐茎等生根后，分离栽植的苗称为分株苗。

(1)根蘖分株法。山楂、石榴、樱桃等易生根蘖的树种，可利用根蘖于休眠期分离栽植。

(2)吸芽分株法。香蕉、菠萝常用此法繁殖。如香蕉在生长期抽生的吸芽，将其与母株切离定植。取菠萝叶腋中产生的吸芽进行扦插。

(3)匍匐茎分株法。常用于草莓的繁殖。草莓的匍匐茎的节上发生叶簇和芽，下部生根，形成一植株，将其与母株切离定植。

(六)组培苗的培育

在无菌条件下将植物离体的器官、组织、细胞接种于培养基上，使其长成植株的方法称组织培养。生产上主要利用组织培养的方法繁殖无毒苗、迅速繁殖优稀种苗及优良品种的保存。组培苗生产周期短、繁殖系数高、能快速提供规格一致的优质脱毒苗。

四、苗木出圃

1. 出圃前的准备

苗木出圃前必须做好计划，并做好充分准备。出圃前应将苗木树种、品种、数量和质量进行统计，制订周密出圃计划和操作流程。在起苗前1周应进行灌水，以利于起苗。

2. 出圃时期、起苗、分级和修剪

常绿果树苗木周年均可出圃，但必须在每次新梢停长后至下次抽梢前进行，一般多在春秋两季出圃。落叶果树多在秋季苗木新梢已木质化、顶芽已形成并开始落叶时进行。如采用容器育苗，则可周年出圃。起苗分带土起苗和裸根起苗。一般落叶果树可裸根起苗后蘸泥浆护根，常绿果树须带土起苗以保证成活率。

起苗后根据相应的苗木标准按规格分级，不合格的苗木不能出圃继续培养。剪去生长不充实的枝梢及病虫害的枝叶，受伤的根系要剪平伤口。

3. 苗木检疫消毒

苗木检疫是防止病虫害传播的有效措施。苗木调运前必须通过检疫部门的检疫，并获得检疫证，严禁调运有检疫对象的苗木。属于国内果树病虫检疫对象有：柑橘黄龙病、葡萄根瘤蚜、苹果绵蚜、柑橘大实蝇等。

苗木要进行消毒，以控制一般性病虫害。

4. 苗木假植

起苗后，不立即外运和定植的苗应进行假植，假植地应选在包装场附近，避风、背阴或遮阴、平坦、排水良好的地块。按行株距30 cm×(20～30) cm行假植。

5. 苗木包装和运输

苗木调运时，要进行包装，以防出现干枯、腐烂、擦伤或压伤等。裸根起苗的苗木，每包50～100株，根部可用稻草或塑料薄膜包扎；带土起苗的苗木要用包装袋和包装绳将根系的土团包扎，避免根系土团散开。包装好后挂上标签和质量检验合格证，标签上要标明树种、品种、日期、生产单位等。

苗木运输过程要注意遮阴保湿降温，若运输时间长，要给苗木根部适当浇水，保持根部湿润。

第二节 建园

果树是多年生深根性植物，栽植后要在固定的地方生长十几年或几十年，因此，在建园前，必须对地形、土质、土层、水利条件等影响果树生长发育的重要条件加以选择，要选择有利于果树的各种条件。园地选择要因地制宜利用土地资源，适地适树，交通方便、易于管理。只有园地选择好，才能发挥果树的生产潜力，提高果实品质和产量，才能获得最大的经济效益。

一、园地规划设计

(一)园地调查与测绘

园地的调查内容包括当地的地况、气候、土壤、水利、植被情况及当地住户的分布和果树栽培的技术力量等。并绘制不小于1/1 000的土地利用现状图、地形图、土壤分布图、土层深度及水利图，供果园规划和设计参考。

(二)小区规划

合理划分小区有利于果园管理和有效落实生产措施。划分小区要遵循如下原则：同一小区内的土壤、气候、光照条件要大体一致；利于防止水土流失和风害；利于运输和机械化管理。

小区的形状和位置应据以下原则确定：小区应为长方形，长宽之比为2∶1至5∶1，以便于机械操作；小区的长边在平地与主风向垂直，山地与等高线平行；平地小区的长边应是南北向，并与果树行向一致。

一般小区的面积平地在3～5 hm^2，丘陵、山地1～2 hm^2。

(三)道路和防护林规划

道路和防护林是果园的通道和防护设施，又是小区的区界，在果园的范围确定后，先要确定道路和防护林。

果园道路由干路、支路和小路组成。干路与公路相通，贯穿全园的主要位置，平地干路要直，山地可呈S形或“之”字形，路宽6～8 m，能行汽车，便于肥料和果品进出运输。两边有排水沟。支路常设置在大区之内 、小区之间并与干路垂直，形成井字路。山地果园的支路可沿坡修建。路宽 3～4 m，能行走小型拖拉机。小区内需要设小路，路面宽 1～2 m，便于作业，山地果园可据需要顺坡修筑，多修在分水线上。

防护林的作用是降低风速和风害，旱季提高湿度，雨季减少水土流失，从而改善生态环境，促进果树生长发育。防护林可分为主林带和副林带。主林带应设置在较高的地方，并与常年主风向相垂直，每隔 200～300 m 设置一道，宽 8～10 m，株行距 1 m，呈三角形栽植。副林带与主林带相垂直，作为小区区界和道路的行道树，宽 2～3 m。防护林应采用树冠高大、直立、速生、常绿、寿命长、经济价值高，与果树无共同病虫害等的树种，如桉树、杉树、樟树、木麻黄、女贞、油茶、茶、桑等。

(四)灌排系统规划

果园灌溉方法有沟灌、喷灌、滴灌等。采用沟灌时，渠道应与道路、防护林相结合，建在道路、防护林两侧，渠道设计尽量短，质量要高，渗漏要最小。一般可以设置为排灌两用的水渠。

(五)建筑物规划

生活区、包装场、贮藏库、农机房等，本着少占地的原则，按照需要设置在最便于工作的地点。

二、树种品种选择与配置

(一)树种和品种选择

根据自然环境条件和市场需求，配置相适宜的树种和品种，做到因地制宜，适地适树。在同一果园内可配置早、中、晚熟品种，以延长鲜果供应期，但在同一小区最好配置一种树种，以便于管理。

(二)授粉树的选择与配置

对于雌雄异株的果树、自花不实的品种等，为保证正常授粉受精，应配置授粉树。

优良的授粉树应具有的条件是：与主栽品种树体寿命相同，能同时开花，花粉多而发芽率高，能互相授粉，高产优质，抗逆性强。

授粉树的配置方式有等量、差量和中心式配置。等量配置为 1∶1，差量配置为(3～4)∶1(即 3～4 行主栽品种，配一行授粉树)，中心式配置为每九株配置一株授粉树。为避免气候反常造成主栽品种与授粉品种花期不遇，故一个主栽品种应配 2～3 个授粉品种。

三、果树定植

(一)定植密度和方式

1.栽植密度

果树的栽植密度根据树种品种特性、环境条件和栽培技术而定。主要果树栽植密度见表 2-2。

表 2-2 主要果树栽植密度 株

树种	每公顷株数	树种	每公顷株数
苹果(乔化砧)	210～405	柿	210～660
苹果(半矮化砧)	660～1 665	枣	210～1 005
苹果(矮化砧)	1 245～2 250	柑橘	495～1 110
梨	405～660	荔枝	180～330
桃	405～840	黄皮	405～495
葡萄(篱架)	1 665～4 440	龙眼	180～330
葡萄(棚架)	1 245～2 220	杨梅	375～495
核桃	210～285	矮种香蕉	1 875～2 220
板栗	210～405	李	405～510

2.栽植方式

(1)长方形栽植。行距大于株距,通风透光良好,便于机械化作业。生产上最常用的栽植方式。

(2)正方形栽植。株行距相等。不易用于密植。

(3)三角形栽植。有等腰三角形和非等腰三角形栽植。可提高单位面积上的株数,但不便于管理,通风透光差。

(4)带状栽植。一般两行为一带,带距一般为行距的 3～4 倍。适合于密植栽培。

(5)等高栽植。适于梯田等采用。在等高栽植面上栽植。

(二)定植时期和方法

1.定植时期

果树栽植时期,应根据果树生长特性及当地气候条件来决定。常绿果树一般在春秋两季定植,夏季多雨地区,也可在春梢停长、夏梢萌发前进行。落叶果树定植多在落叶后至萌芽前进行,但在冬季较温暖地区,秋栽更利于根系恢复。

2. 定植方法

(1)确定定植点。山地以梯田走向为行向,选一具有代表性的坡段,由上而下,作一条垂直于各台梯田的基线,基线与各台梯田中线的交点即为这台梯田的一个栽植点(每台栽一行),然后逐台按已定株距,以该栽植点为准,向左右定点。平地可先在小区的长边和短边划相互垂直的基线各两条,再在各条基线上,按规定的行株距定出标记,然后按相对应的标记拉绳,其交叉点即为定植点。

(2)挖定植穴。定植穴的挖掘以栽前半年左右进行为宜,可使心土风化,改善土壤结构。穴深宽不应小于 1 m。挖穴时要把表土与底土分开放置。

(3)栽植。先将表土与肥料混拌好,填入坑内至坑深一半左右,呈馒头形踩实,将苗放入定植穴,把根系向四周自然展开,填土至略高于地表时,边填土边轻轻提动树苗,使根系展开,随后踩实,让根系与土密切接触,再用剩余底土以树为中心,直径与定植坑相近围成水盘,以便灌水。栽后立即灌水,灌足灌透。待水渗下后要求根颈与地平面齐或稍高于地面,然后封土保墒。也可在其树盘上覆盖地膜,以保持土壤水分。

3. 定植后管理

落叶果树定植后要定干。常绿果树苗木,定植后要剪掉生长不充实的新梢和少量叶片。在冬季严寒地区,要用稻草或草绳将苗木包裹防冻。春季要及时灌水,以提高成活率,促进幼树生长。

第三节 土肥水管理

果树在生长发育过程中,根系不断地从土壤中吸收养分、水分,供应果树生长和结果的需要。栽培中创造有利于根系生长的土壤环境,提高土壤肥力,及时供应果树需要的养分、水分,以利于果树的生长发育。

一、土壤管理

(一)土壤改良

1. 深翻熟化

果园深翻并结合深施有机肥,可以改善土壤理化性状,加快土壤熟化,提高土壤肥力,促进根系生长,有利于果树开花结果。深翻的时期应根据果树的根系生长规律,结合当地气候条件来决定。一般以秋季深翻为宜,深翻深度在 60～100 cm

为宜。深翻方式主要有以下三种。

(1)扩穴深翻。在幼树栽植后的前几年,自定植穴边缘开始,每年或隔年向外扩穴,穴宽 50～80 cm,深 60～100 cm,填入肥土、作物秸秆、有机肥等,如此逐年扩大,直到全园翻完为止。

(2)隔行或隔株深翻。平地果园可隔一行翻一行,次年进行另一行的深翻;山地果园,一层梯田一行果树,可隔两株深翻一个株间的土壤。这种方法,每次深翻只伤及半面根系,可防止伤根太多,有利于果树生长,深翻 50～60 cm。

(3)全园深翻。除树盘范围以外,全面深翻。这种方法一次翻完,便于机械化施工和平整土地,但伤根太多。多用于幼龄果园。

2. 开沟排水

海涂、沙滩和盐碱地果园,一般地下水位高,每年雨季土壤湿度常超过田间最大持水量,使下部根系的土层处于水浸状态,根系处于缺氧状态,产生许多有毒物质,致使树体梢枯叶黄,树势衰退,严重则死亡。开沟排水,降低地下水位,是这类果园土壤改良的关键。

3. 培土

果园培土具有增厚土层、保护根系、增加肥力、压碱改酸和改良土壤结构的作用。培土的方法是把土块均匀分布在全园,经晾晒打碎,通过耕作把所培的土与原来的土壤混合。土质黏重的应培含沙质较多的疏松肥土,含沙质多的可培塘泥、河泥等较黏重的肥土。培土厚度要适当,一般为 5～10 cm。南方多在干旱季节来临前或采果后冬季进行培土。

(二)幼龄果园的土壤管理

1. 树盘管理

树盘是指树冠垂直投影的范围,是根系分布较为集中的区域。

(1)树盘耕作。耕作可保持树盘土壤经常疏松无杂草,以利于根系生长。耕作次数依当地气候、土壤和生草情况而定,春、夏季浅耕(5～10 cm),秋季深耕,深度以不伤根为原则,一般近树干处要浅,向外逐渐加深到 20～25 cm。

(2)树盘覆盖。覆盖可保墒、防冻及稳定表土温度,防止杂草生长和改良土壤结构的作用。覆盖物多用秸秆等,厚度为 10 cm 左右。也可用地膜覆盖。

(3)树盘培土。在有土壤流失的园地,树盘培土,可保持水土和避免积水。培土一般在秋末冬初进行。缓坡地可隔 2～3 年培土一次,冲刷严重的则 1 年一次。培土不可过厚,一般为 5～10 cm。根外露时可厚些,但不要超过根颈。

2. 行间间作

幼树树体小,行间空地较多,进行合理间作,不仅可以增加收入,以短养长,还可以抑制杂草，改善果树群体环境，增强对不良环境的抵抗能力和改善土壤理化性状，有利于果树生长。丘陵坡地间作作物，还能起到覆盖作用，以减轻水土流失。

果园间作应“以果为主，主次分明，不影响果树生长，而且尽可能有利于果树生长”为原则。间作物的要求：间作植株要矮小，不影响果树的光照；避免与果树争夺养分、水分；能改良土壤结构，增加土壤养分；与果树没有共同的病虫害。适宜间作的作物种类很多，如豆科作物、蔬菜、花卉和牧草等，应根据具体情况选择。

(三)成龄果园的土壤管理

成龄果园土壤管理的任务是提高土壤肥力，以满足果树生长和结果所需的水分和营养物质。其土壤耕作主要有以下五种。

(1)清耕法。是指周年不种作物，随时中耕除草，使土壤长期保持无杂草状态。同时冬夏进行适当深度的耕翻，深度 15～20 cm。清耕法的优点是土壤疏松、地面清洁、土壤养分转化较好。缺点是长期清耕，土壤受冲刷，特别是山地果园冲刷更为严重，养分水分流失，有机质缺乏，影响果树生长发育。

(2)生草法。是指在果树行间种植豆科、禾本科等草种或自然生草的土壤管理方法。其优点是可防止土壤冲刷和风害，增加土壤有机质，改善土壤理化性状，土温变化小，省工。缺点是长期生草的果园易使表层土板结，易出现根系上浮，草与果树争夺养分，影响果树生长发育，增加对病虫防治的难度。

(3)清耕覆盖作物法。是指在果树需肥水最多的前期保持清耕，后期或雨季种植覆盖作物，待覆盖作物成长后期，适时翻入土壤作绿肥的方法。它是一种较好的土壤管理方法，兼有清耕和生草法的优点，在一定程度上克服了两者的缺点。

(4)覆盖法。是在树冠下或稍远处覆以杂草、秸秆等的土壤管理方法。一般覆草厚度约 10 cm 左右，覆草后逐年腐烂减少，要不断补充鲜草。覆盖可防止水土流失，抑制杂草生长，减少蒸发，土温变化小，增加有效态养分和土壤有机质，促进土壤团粒结构的形成。但长期覆盖，会导致根系上浮，病虫害难以防治。

(5)免耕法。是利用除草剂除杂草，土壤不进行耕作。这种做法具有保持土壤的自然结构、节省劳力、降低成本等优点。在土层深厚，土质好的果园采用，尤其是在潮湿多雨地区，刈草与耕作均有一定困难的应用除草剂除草最为有利。

二、施肥

(一)果树营养特点

果树在一年中对肥料的吸收是不间断的，但会出现几次需肥高峰。需肥高峰一般与果树的物候期相平行，所以，生产上常以物候期为参照进行施肥。一般果树在新梢生长期需氮量最高；需磷的高峰在开花、花芽形成及根系生长的高峰期；需钾高峰则在果实成熟期。不同果树对肥料的吸收也存在差异。

(二)施肥时期

1. 基肥

基肥是以有机肥为主，配合部分速效性化肥。一般在秋季施基肥，此时正值根系生长高峰期，有大量新根发生，有利于根系的吸收，提高树体的营养水平，有利于花芽发育、充实及满足春季发芽、开花、新梢生长的需要。

2. 追肥

追肥又叫补肥。在施基肥的基础上，根据果树各物候期需肥特点，在生长季分期施肥的方法。目的是既保证当年树壮、丰产、优质的需要，又给翌年生长结果打下基础。成年果树的追肥一般有以下四个时期。

(1)花前肥。又叫春肥、催芽肥。在早春萌芽前1～2周追施速效性氮肥，能促进树体萌芽、开花和新梢生长。对弱树、结果过多的树体，较大量的追施氮肥可使萌芽、开花整齐，提高坐果率，促进营养生长。若树势强旺，基肥数量又较充足，特别在南方多雨地区，不宜施花前肥。

(2)花后肥。又叫稳果肥。在谢花后追施。这时正值幼果、新梢迅速生长期，是果树需肥较多的时期。及时追施速效性氮肥，可提高坐果率，促进幼果发育，减少生理落果。但这次追肥必须根据树种、品种特性，看树施肥。若施用氮肥过多，会导致新梢生长过旺，加剧幼果因营养不良而脱落。

(3)果实膨大期肥。又叫壮果肥。是在生理落果后至果实开始迅速膨大期追施。以速效氮、钾为主，配合适量磷肥，以提高光合效能，促进养分积累，加速幼果膨大，提高产量和品质。仁果类、核果类果树部分新梢停长，花芽开始分化，及时追肥，为花芽分化供应充足的营养。这次追肥既保证当年产量，又为翌年结果打下基础，对克服大小年结果现象也有一定作用。

(4)果实生长后期肥。又叫采果肥。在果实开始着色至果实采收前后施。可促进果实生长，提高果实品质，促进花芽分化。对于早熟品种，此次追肥应在采果后施用，晚熟品种在采果前施用，中熟品种不施。

(三)施肥量

果树的施肥量因树种、品种、树龄、树势、结果量、肥料性质和土壤肥力等而异。一般柑橘、苹果、香蕉、葡萄等需肥较多，而菠萝、李、枣等需肥较少。幼树、旺树、结果少的树施肥量少；成年树、衰弱树、结果多的树施肥量多。山地、沙地果园需多施。确定果树施肥量的方法有经验施肥法、叶片分析法和田间肥料试验法。

(四)施肥方法

1.土壤施肥

即将肥料施在果树根系集中分布层,以利根系向深广扩展。土壤施肥是应用最普遍的施肥方法,果树的基肥和大部分追肥都采用此法。生产上常用的土壤施肥方法有:环状施肥、放射状沟施肥、条沟施肥、全园施肥。

2.根外追肥

(1)叶面追肥。又称叶面施肥。即将一定浓度的液肥喷到叶片或枝条上的施肥方法,其优点是:方法简单易行,用肥量小、肥效发挥快,肥料利用率高,节约劳力,降低成本。生产上常用叶面肥料见表 2-3。

表 2-3 果树叶面追肥的肥料浓度 %

肥料名称	浓度	肥料名称	浓度
尿素	0.3～0.5	硝酸钾	0.5
硝酸铵	0.1～0.3	硼砂	0.1～0.25
硫酸铵	0.1～0.3	硼酸	0.1～0.5
磷酸铵	0.3～0.5	硫酸亚铁	0.1～0.4
腐熟人粪尿	5～10	硫酸锌	0.1～0.5
过磷酸钙	1～3	柠檬酸铁	0.1～0.2
硫酸钾	0.3～0.5	钼酸铵	0.3
草木灰	1～5	硫酸铜	0.01～0.02
磷酸二氢钾	0.2～0.3	硫酸镁	0.1～0.2

(2)强力树干注射施肥。利用机具持续高压将果树所需要的肥料强行注入树体。此法具有肥料利用率高,用肥量少,见效快,持效长,不污染环境的优点。目前多用于注射铁肥,以防治果树失绿症,注射时间以春季芽萌动前和秋季果实采收后效果最好。

(五)配方施肥

配方施肥,是根据果树的需肥规律、土壤的供肥特性与肥料的效应,在施用有机肥为基础的条件下,通过分析测定树体和土壤的营养状况,提出氮、磷、钾以及微肥等元素适宜的比例和用量以及相应的施肥技术。配方施肥包括营养状况诊断、配方的提出、肥料配制或生产、施肥等过程。

1.配方施肥的作用

(1)增产效果明显。调肥增产,在不增加化肥投资,把各种化肥的施用比例调整合理而增产。减肥增产，在适当减少肥料施用量或取消土壤中含量丰富的某种养分的施用，以取得增产或平产；当土壤中某种养分含量相对缺乏，加大此种养分化肥施用比例，可大幅度增加产量。

(2)有利于保护生态，配方施肥养分全面且比例合理，可消除因某种土壤养分不足的状况而培肥地力，化肥在土壤中的残留既不会太多，又能与有机肥结合成有机态，避免了土壤板结和污染现象。

(3)提高果实品质。配方施肥因养分协调供给，既增产，又能提高果实的质量。

(4)减轻病虫害。配方施肥因养分齐全，比例适当，果树生长健壮，可防止出现生理病害，又能减轻病虫害为害。

2.配方施肥的方法

(1)地力差减法。用目标产量减去空白产量，其差值就是应通过施肥来获得的产量，计算公式如下：

$$肥料需要量=作物单位产量养分吸收量\times(目标产量-空白产量)\div肥料中养分含量\times肥料当季利用率$$

此法的优点是不用测试土壤，不考虑土壤养分状况，计算方便，误差小，缺点是空白产量不能现时得到，需通过实验确定。

(2)氮、磷、钾比例法。通过田间试验得出氮、磷、钾的最适用量，然后计算出三者的比例关系。这样只确定一种肥料的用量，就可以按比例关系，决定其他肥料的用量。此法的优点是减少了工作量，易掌握，方法简单；缺点是受地区和时间、季节的局限。所以应灵活掌握应用。

此外，还有养分平衡法、肥料效用函数法、养分中缺指标法等。因这些方法用起来都需要一定的设备，而计算方案繁杂，这里不再详述。

三、水分管理

(一)灌水

果树在不同物候期，需水量有不同的要求，结合土壤施肥，根据果树不同物候期进行果园灌水，一般在以下物候期，如土壤含水量低，必须进行灌溉。

(1)萌芽开花期。此期水分充足，可以加强新梢生长，加大叶面积，使开花坐果正常，为当年丰产打下良好基础。春季干旱地区，此期灌水更为重要。

(2)新梢生长和幼果膨大期。充足水分有利于幼果膨大，又有利于新梢生长，减少生理落果。

(3)果实迅速膨大期。对多数落叶果树来说，此期也是花芽大量分化期，及时灌水，可以满足果实膨大对水分的要求，同时可以促进花芽分化，为连年丰产创造条件。

(4)采果前后及休眠期。此期灌水可使土壤中贮备足够的水分，有利于肥料的分解，从而促进果树翌春的生长发育。柑橘等常绿果树，采收前后结合施肥进行灌水，利于树势的恢复及花芽分化。寒地果树在土壤封冻前灌水，对越冬比较有利。

果园灌水方法有：地面灌水、地下灌水、喷灌和滴灌。其中以滴灌最节水。

果园最适宜的灌水量，应在一次灌溉中，使果树根系分布范围内的土壤湿度达到田间最大持水量的60%～80%。常用的计算方法为：

灌水量＝灌溉面积×土壤浸湿深度×土壤容重×(田间持水量－灌溉前土壤湿度)

灌溉前的土壤湿度，每次灌水前均需测定，田间持水量、土壤容重、土壤浸湿深度等，可数年测一次。

(二)排水

按果园排水的不同要求，或迅速排除地面积水，或排除土壤积水，或降低地下水位。一般平地果园排水应做到园内外“三沟”配套，排水入河。丘陵山地果园则应在做好水土保持工程的基础上，采用迂回排水，降低流速，防止土壤冲刷。对已受涝的果树，先排水抢救，树盘适当深翻或将根颈部分的土壤扒开晾根，促使根系尽早恢复功能。

排水方法有明沟和暗沟排水两种。

第四节　整形修剪

一、整形修剪的作用、原则和依据

(一)整形修剪的作用

(1)提早结果，延长结果寿命。通过修剪加速树冠形成，有利于早结果。采用开张角度、轻剪等修剪措施可促进果树成花早结。合理的整形修剪，保持合适的主从关系，培养牢固的树冠骨架。通过修剪可延长树体的结果年限。

(2)提高产量，克服大小年。通过合理整形，促进果树立体结果。通过修剪调节生长势，促进或抑制花芽形成，调节生长枝与结果枝的比例，控制花芽数量等，都可以协调生长与结果，克服大小年，提高产量。

(3)改善树体通风透光,提高果实品质。通过修剪,剪除病虫枝、密生枝、重叠交叉枝等,使树冠枝条分布合理,通风及光照良好,可增进果实着色和风味,合理的结果量,可增大果形,提高品质。同时可减少病虫害。

(4)提高工作效率,降低成本。通过修剪控制树冠高度、大小等,有利于果园的多项管理工作,如打药、施肥灌水、采摘等的进行,提高劳动效率,降低生产成本、减少消耗。

(二)整形修剪的原则

整形的基本原则是"因树修剪,随枝作形,有形不死,无形不乱"。整形中要做到"长远规划,全面安排,平衡树势,主从分明"。既要重视树形基本骨架的建造,又要根据具体情况随枝就势诱导成形;既重视早结、早丰产,又要重视树体骨架的牢固性和后期丰产,做到整形结果两不误。

修剪的原则是"以轻为主,轻重结合,因树制宜"。这就是说,修剪量和修剪程度总的要轻,尤其是在盛果期以前,应做到"抑强扶弱,正确促控,合理用光,枝组健壮,高产优质"。轻剪固然有利于生长,缓和树势和结果,但为了骨架的建造,又必须对部分延长枝和辅养枝进行适当控制。轻重结合的具体运用,能有效地促进幼树向初果期、初果期向盛果期的转化,也有利于复壮树势,延长结果年限。

(三)整形修剪的依据

(1)树种、品种的特性。不同树种品种的生长结果习性不同,其整形修剪方法也不同。必须根据果树的生长结果特性,因势利导,进行修剪,才能取得良好效果。如以短果枝结果为主的果树(梨、苹果、李等),应长放以培养短果枝;以长果枝结果的果树(桃、柿等),应短截来培养长果枝。对成枝力强的,应多疏少截。

(2)环境条件和栽培技术。对同一树种和品种来说,环境条件和栽培技术不同则生长结果也不同。因此,整形修剪时必须考虑当地气候、土肥水条件、栽植密度、砧木种类、树体生长状况及机械管理等情况。如在生长季节长,高温多雨,或地势平坦,土层深厚,肥水充足的地方,果树生长旺,枝多冠大,宜采用大型树冠,定干可高些,修剪要轻。栽培水平高,应轻剪多留花芽。

(3)修剪反应。修剪反应是合理修剪的重要依据。修剪前要了解去年修剪后枝条生长情况和树体的表现,弄清修剪反应后才可能进行正确的修剪。

(4)经济效益。果树修剪还要考虑是否节省劳力,要尽可能地简易省工,降低消耗,提高经济效益。

二、果树整形

根据果树的生长发育规律,从果园的群体结构出发,培养良好的丰产优质的树体结构。总结各地整形经验和当前发展趋势，结合树种和品种特性，因地制宜确定丰产优质、便于管理的树形。现将生产上常用的主要树形介绍如下（图 2-9 和图 2-10）。

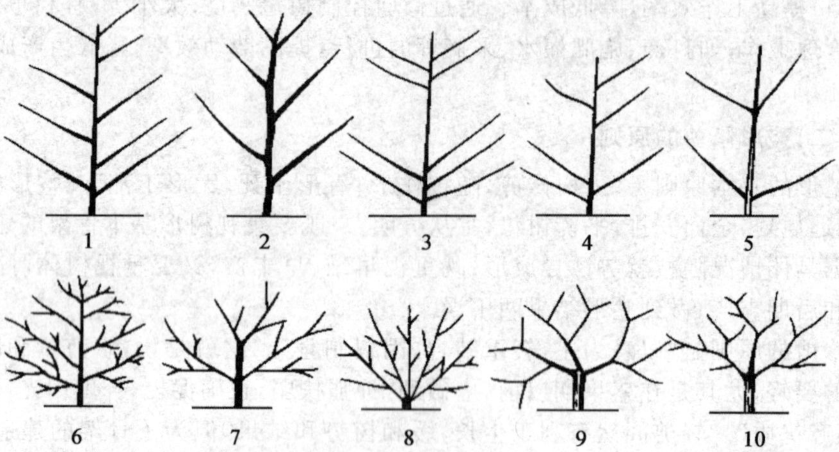

1. 主干形　2. 变则主干形　3. 层形　4. 疏散分层形　5. 十字形　6. 自然圆头形　7. 自然开心形　8. 丛状形　9. 杯状形　10. 自然杯状形

图 2-9　果树主要树形示意图(1)

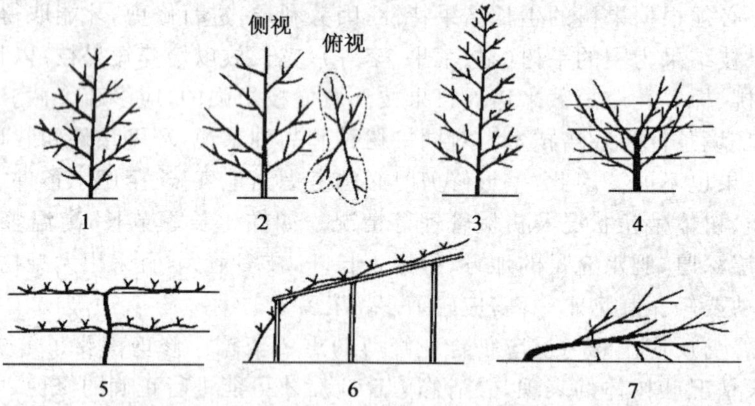

1. 纺锤形　2. 扇形　3. 圆锥形　4. 棕榈叶形　5. 篱架形　6. 棚架形　7. 匍匐形

图 2-10　果树主要树形示意图(2)

1. 有中心干形

适用于干性强的树种和品种，如苹果、梨、柿、板栗、核桃等，树形特点：保留中心干，主枝分布较多。常用的有：主干形、疏散分层形（主干疏层形）、多中心干形、十字形、圆柱形、纺锤灌木形等。

2. 无中心干形

适用于对光照要求高，干性较弱的树种和品种，如核果类、柑橘等。树形特点：无中心干，主枝少，分布较集中，树冠矮。常用的有：自然圆头形、自然开心形、多主枝自然形、主枝开心圆头形、丛状形等。

3. 篱架形

常用于蔓性果树、苹果和梨的矮化栽培。主要树形有：双层棚篱形、棕榈叶形、斜脉形等。

4. 树篱形

常用于矮化栽培。特点是：树冠株间相接，成绿篱状，行间较宽，有利于光照和果园操作。根据单株树体结构，可分为自然树篱形、扁纺锤形、自然扇形等。

5. 无骨干形

超密栽植时便于机械化操作的树形。全树只有一个枝组，没有骨干枝，栽后一二年就可收获大量果实。

三、果树修剪

（一）修剪时期

1. 休眠期修剪

休眠期修剪又称冬季修剪，落叶果树从秋季落叶后至春季萌芽前，常绿果树从秋冬果实采收后至春季萌芽前进行的修剪。落叶果树一般在休眠期间，一二年生枝梢内营养物质含量较少，此时修剪养分损失较少。常绿果树冬剪时期宜在春梢抽生前进行，因此时叶片中的氮、磷、钾含量较低，可减少养分损失。

2. 生长期修剪

生长期修剪又称夏季修剪，是指从春季萌芽至落叶果树秋冬落叶前或常绿果树晚秋梢停长前进行的修剪。生长期修剪可缓和树势，改善光照条件，促进开花结果。根据修剪内容和目的，可按果树年周期内不同物候期进行，如在萌芽后进行抹芽；在开花结果期可进行摘心、疏花疏果、疏梢等。

（二）修剪方法及反应

1. 短截

短截是剪掉一年生枝条的一部分。短截可分为轻短截、中短截、重短截、极重短截等(图 2-11)。

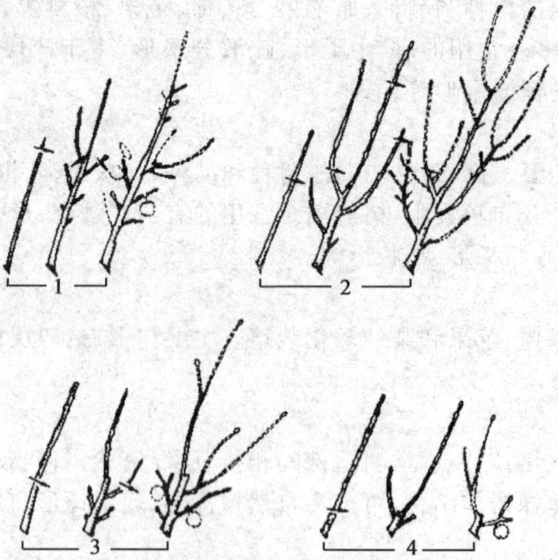

1. 轻短截　2. 中短截　3. 重短截　4. 极重短截

图 2-11　一年生枝短截反应

(1)轻短截。剪去枝条的 1/4～1/3。目的是削弱了枝条的顶端优势,截后易形成较多的中、短枝,单枝生长较弱,但总生长量大,母枝加粗生长快,能缓和生长势,利于花芽分化。

(2)中短截。剪去枝条的 1/3～1/2。截后多形成较多中、长枝,生长势强,枝条加粗生长快,有利于树冠延伸及恢复枝条生长势。一般多用于延长枝上和复壮枝势。

(3)重短截。剪去枝条的 2/3～3/4。截后对局部刺激大,萌发的侧枝少,但生长较旺,多用于缩小树体,培养枝组,改造徒长枝和竞争枝。

(4)极重短截。只保留基部 1～3 个不饱满芽,其余的剪掉。截后萌发 1～3 个弱枝,多用于处理竞争枝,降低枝位,或用于短枝型修剪。

2. 疏枝

疏枝又称疏剪,将枝条从基部全部剪掉称为疏枝。对剪口上部的枝条有削弱作用,而对剪口下的枝条有一定的促进作用。它对剪口附近母枝上的腋芽没有明显的刺激作用,也不会增加母枝上的分枝数,只能使分枝数减少。疏剪主要是疏去内膛过密枝，以减少树冠内枝条的数量，调节枝条均匀分布，为树冠创造良好的通风、透光条件，减少病虫害，避免树冠内部光腿现象，减少全树芽数，防止新梢抽生过多而消耗过多营养，利于花芽分化，此外应疏除竞争枝、徒长枝、根蘖枝、枯枝、病虫枝等。

3. 回缩

回缩又称缩剪，剪去多年生枝条的一部分称为回缩。修剪量大，对树体刺激大。它可降低顶端优势的位置，改善光照条件，使多年生枝基部更新复壮。在缩剪时常常因伤口影响下枝长势，需暂时留适当的保护桩；待母枝长粗后，再把桩疏掉。

4. 缓放

缓放又称长放、甩放。对一年生枝条不剪任其生长称为缓放。枝条缓放后，下部易发生中、短枝，停止生长早，利于花芽形成。缓放用于中庸枝、平生枝、斜生枝效果更好。对于幼树的骨干枝的延长枝或背生枝、徒长枝不能缓放。弱树也不宜多用缓放。

5. 摘心

在生长季摘去新梢的顶端幼嫩部分称为摘心。可抑制其继续生长，促使枝条木质化，促进分枝，同时削弱了顶端优势，有利于树冠形成。新梢旺盛生长期摘心可促生二次枝，有利于扩大树冠，对幼树可促其分枝，加快分枝级数，提早结果。葡萄花前花后摘心，可提高坐果率和促进果实膨大。

6. 抹芽、疏梢

抹去嫩芽称为抹芽或除萌，疏除过密的新梢称为疏梢。常用于柑橘、葡萄、桃、老树更新除萌蘖等。可选优去劣，节约养分，改善光照，提高留用枝的质量，促进枝梢生长。

7. 刻伤

包括目伤和纵伤。用刀横割枝条的皮层，深达木质部称刻伤。在枝芽上方刻伤，可以促进其生长；在其下方刻伤可以控制其生长，促进花芽形成，提高坐果率和充实枝条生长。其目的是调节骨干枝的长势和增加枝梢数量（图 2-12）。

8. 扭梢、拿枝和曲枝

扭梢是将旺梢向下扭曲或将其基部旋转扭伤。拿枝用手对旺梢自基部到顶部捋捋，伤及木质部，响而不折。扭梢和拿枝都可阻碍养分运输，缓和生长，提高萌芽率，促进中短枝和花芽形成，提高坐果率和促进果实生长。曲枝是改变枝条生长方向、空间位置，缓和枝条生长势的方法。是将直立的枝条，引向水平和其他方向的空间，可以加大枝条角度，扩大树冠，改善光照，充分利用空间。曲枝能

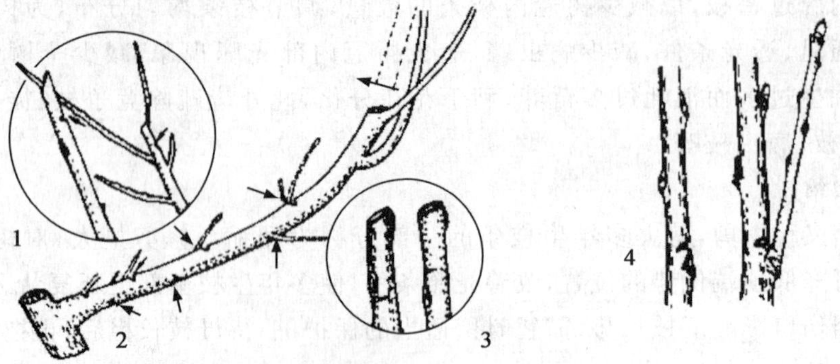

1. 里芽外蹬，抑制上芽　2. 光腿枝刻伤，以促发枝
3. 芽上芽下刻伤　4. 芽上刻伤及发枝状

图 2-12　刻伤及其应用

抑制枝条生长，促进花芽分化。曲枝后，应及时抹芽，以防枝下部抽生直立旺枝（图 2-13）。

9. 环剥

环剥是将枝干韧皮部剥去一环。主要是阻止了韧皮部的运输，使被剥枝条从上向下运输受阻，从而调节了被剥部以上枝条的生长，减缓了生长势，利于成花。具有类似作用的还有环割、绞缢、环状倒贴皮、大扒皮等。

图 2-13　扭梢

环剥的时间通常在春末夏初，新梢停止生长前后，已有一定的叶面积形成时进行，可有利于花芽分化；为促进基部萌发抽枝，则在萌动前高位环剥，使基部隐芽萌发。

环剥的程度是指环剥的宽度及深度。其宽度常以环剥处枝条直径的 1/10 的宽度。太宽，则不能愈合而至死亡，太窄，起不到削弱生长势的作用。而深度则以除去韧皮部而不能伤及木质部为宜，如伤及木质部，严重时会使环剥处以上整个枝条枯死。

进行环剥后，为了提高被剥枝梢上部枝叶中含氮量，应进行多次根外追肥。追肥以氮为主，可以提高其效果，并可防止叶片发黄和提早落叶。

(三)修剪技术的综合运用

(1)调节枝条角度。通过选留斜生枝、剪口芽留下芽、里芽外蹬、拉枝、拿枝、扭梢等方法加大枝条角度;反之,可减小枝条角度。

(2)调节花芽量。采用长放、拉枝、环剥、扭梢、轻短截、摘心等修剪方法可以增加花芽量;采用重短截、中短截、疏剪花芽等可减少花芽量。

(3)调节树体生长势。对于树势强的应冬轻夏重,延迟冬剪,采用长放、拉枝、扭梢、摘心等缓和生长势的修剪方法,多疏少截,去强留弱、去直留斜、多留果枝,抑制生长;反之,对于树势弱的可增强树势。

第五节 花果管理

一、保花保果

(一)加强土肥水管理

加强土肥水管理,提高果树营养水平,增强树势,是提高花芽质量、促进花器发育正常、减少落花落果的重要措施。实践证明,深翻改土、增施基肥、合理追肥、合理灌溉、适时中耕除草等措施,对提高坐果率和增加产量有显著效果。如春旱地区花前、花后进行追肥灌水,可减少落花落果。

(二)合理整形修剪

合理整形修剪,可改善通风透光条件,调整果树生长和结果的关系,提高树体营养水平,促进花芽分化,提高坐果率;利用冬剪和花前复剪,调整花量,保持适当的叶芽和花芽比例,减少养分消耗,有利于提高坐果率。如对桃、葡萄的夏季摘心;柑橘抹夏芽,环割或环剥、扭梢、曲枝等,可抑制营养生长。

(三)创造适宜授粉受精条件

(1)花期果园放蜂。大多数果树为虫媒花,故花期果园放蜂可明显地提高授粉率和增加坐果。一般每667 m^2 放蜂一群即可,蜂箱距离以不超过500 m为宜。在花期尽量不要喷药,以防蜂群中毒。在大风、低温阴雨,蜜蜂不能活动,则要进行人工辅助授粉。

(2)花期喷水。果树开花时,如气温高,空气干燥,可在果树盛花期喷水,使空气湿润,有利花粉发芽。同时可在水中加入少量蜂蜜,能招引蜜蜂。

(3)人工辅助授粉。人工辅助授粉，一般可提高坐果率70%～80%。首先，在授粉前2～3 d，从授粉亲和力高的品种树上，采花蕾或初开的花朵，置于室内清洁的纸上摊开，经1～2 d花药即开裂散出花粉，收取花粉备用。然后进行授粉。授粉方法有：①点授。用小毛笔、橡皮头等在花朵开放当天的上午柱头新鲜湿润时进行点授，如苹果、梨每一花序上点2～3朵即可。②喷雾。采用喷雾可提高人工授粉效率，是把花粉与糖、硼酸等配成水悬液，用喷雾器向花朵上喷洒。如梨树花粉溶液的配制比例：花粉50 g，蔗糖1 kg，水10 kg，硼酸10 g。最好随配随用。③喷粉。将花粉用填充剂(滑石粉等)稀释。花粉与填充剂的比例为1∶(50～250)。用喷粉器向花朵上喷撒。④挂花枝。在开花初期剪授粉品种的花枝，插在广口瓶、竹筒等中，挂在需要授粉的树上。

(四)应用生长调节剂和微量元素

落花落果的直接原因是离层的形成，而离层的形成与内源激素不足有关。在生理落果前和采收前是生长素最缺乏期，这时喷生长调节剂和微量元素可减少落果。植物生长调节剂的种类、用量及使用时期因果树种类、品种及气候条件而异。常用的保果激素有赤霉素、九二〇等，微量元素有硼酸、硫酸镁、硫酸亚铁等。

(五)防治病虫害

病虫害常直接或间接危害花芽、花或幼果，造成落花落果。因此，防治病虫害也是一项保花保果的重要措施。

二、疏花疏果技术

疏花疏果是疏去过多的花果，减少生理落果，维持生长与结果的平衡，保证树体健壮，防止大小年，达到优质、高产、稳产的目的。

(一)疏花疏果时期

为了节省营养，疏花疏果越早越好。冬剪时，可剪除过多的花芽，使留下的花芽营养状况得到改善，发育良好；疏花宜在果树盛花期进行；疏果一般从谢花后1周开始，在短期内完成。具体时间，要依据树种、品种、开花迟早和坐果多少先后分批完成。一般来说，开花早、易坐果、坐果多的品种可先疏，早定果；开花晚、不易坐果、坐果少的品种，要晚疏，晚定果。

(二)留果量的确定

留果量应根据树势、树的枝叶量、枝的强弱与果实的分布状况来决定。确定留果量方法有多种，可根据枝果比、叶果比，也可根据树冠体积留花留果。

(1)枝果比。果树上各类一年生枝条的数量与果实总个数的比值称枝果比。

如苹果、梨的枝果比一般为(3～4)∶1,弱树(4～5)∶1。

(2)叶果比。果树上叶片的总数(或总叶面积)与果实总个数的比值称叶果比。如一般苹果乔化砧(30～40)∶1,矮化砧(20～30)∶1;梨、柿(10～15)∶1;桃树为(30～40)∶1等。

(3)干周法及干截面积法。即每厘米干周或每平方厘米干截面积留果数。山东农学院在密植鸭梨园确定干周法的公式是:

$$单株留果量(个)=6\times0.08\times周长的平方(cm^2)\times1.2$$

(三)疏花疏果的方法

(1)人工疏花疏果。人工疏花疏果具有高度的灵活性和准确性,可以实现"看树定产"、"按枝定量"的疏果原则。"看树定产"就是看树龄、树势、品种特性及当年的花果量,确定适当负荷量。"按枝定量"就是根据枝条生长情况、着生部位和方向、枝组大小、副梢发生的强弱等来确定留果量。一般经验是强树、强枝多留,弱树、弱枝少留;树冠中下部多留,上部及外围枝少留。

疏花,对花序较多的果枝可隔一去一,或隔几去一,疏去花序上迟开的花,留下优质早开的花。疏果,先疏弱枝上的果、病虫果、畸形果,然后按负荷量疏过密过多的果。

(2)化学疏花疏果。人工疏花疏果效果较好,但需要较多劳力,成本高,工效低。目前国内外均在试用或应用化学药剂疏花疏果。常用的化学药剂有石硫合剂、萘乙酸、疏桃剂等。

三、果实套袋

在疏花疏果的同时,对果实进行套袋。套袋的作用是:一是能促进果面着色,防除果锈,保持果面光洁度及避免枝叶擦伤果皮,提高水果的外观质量;二是能减少尘土污染、能预防病、虫和鸟类的危害,减少农药残留量;三是提高果实贮藏性,提高商品价值,增加经济效益。但套袋后果实的含糖量降低、风味变淡。一般在果树疏果、定果后,细致喷施长效杀虫、杀菌剂,然后及时套袋。套袋可选用专门生产的果袋,也可自制报纸袋。套袋时先用手撑开袋口,将袋口对准幼果扣入袋中,并让果在袋内悬空,不可让果实接触袋纸,在果柄或母枝上呈折扇状收紧袋口,反转袋边用预埋扎丝扎紧袋口,再拉伸袋角,确保幼果在袋内悬空。

四、果实采收

果实采收,是果园管理中最后一个环节。如果采收不当,不仅造成减产且影响果实品质，甚至影响下年的产量，因此，对采收工作必须十分重视。

(一)确定果实采收期的依据

采收是否适宜，对果实产量、品质、贮藏性和经济收入都有很大影响。采收过早，产量低，品质差。

1.果实成熟度

根据果品用途、市场需要及贮运等情况，果实成熟度一般可分为3种。

(1)可采成熟度。果实已达到应有大小与重量，但香气、风味、色泽尚未充分表现品种特性，肉质还不够松脆。用于贮藏、加工蜜饯或因市场急需，或因长途运输，可于此时采收。

(2)食用成熟度。果实的风味品质都已表现出品种应有特点，在营养价值上也达到最高点，为食用最好时期。适于供应当地销售，不适于长途运输和长期贮藏。用作加工果酒、果酱、果汁的可在此期采收。

(3)生理成熟度。果实在生理上已达到充分成熟，果肉松软，种子充分成熟。水解作用增强，品质变差，果味转淡，营养价值下降，已失去鲜食价值，一般供采种用或用种子的，应在此时采收。如核桃、板栗、银杏等。

2.判断成熟度的方法

(1)根据果实生长日数。不同树种品种的果实，从盛花期到果实成熟的日数不同。如桃早熟品种为60 d左右，晚熟品种达200 d左右；柿160 d左右等。因此，可根据品种从开花到成熟所需天数推算采收期。

(2)果实色泽。由于果实成熟时色泽不一，可根据色泽的变化来确定采收时期。

(3)种子色泽。大多数果树都是种子成熟的色泽变化，种仁饱满与果实成熟相一致，可依此来判断成熟度。

(4)果肉硬度。果实在成熟过程中，原来不溶解的果胶变成可溶，硬度降低。硬度有一定参考价值，但准确度不高，不同年份，同一成熟度果肉硬度有一定变化，但在预先掌握其变化规律的基础上，根据果肉硬度确定采收期也是可行的。

(5)含糖量。果实成熟期间，果实内可溶物质的浓度逐渐增高，含酸量相对减少，糖酸比值增大，如甜橙果实成熟时其糖酸比值为8∶1，此时即使果皮未变色也可采收。

(6)果实脱落的难易。核果类和仁果类果实成熟时，果柄与果枝间形成了离层，稍加触动，即可脱落，可以判断成熟度。

以上判断果实采收期的方法，在生产上不应以单一项目来判断，更重要的还是以品尝来决定。

(二)采收

采收前要制订采收计划,安排劳力。准备好采收工具,包装用品,存放摊晾、分级包装场所和贮藏库。对采收人员进行培训,防止折断果枝,碰掉花芽和叶芽,采果顺序,应先下后上,先外后内,要保证轻摘、轻放、轻搬、轻运,尽量减少损伤。采下的果实及时运到晾果场摊晾散热,并及时运出或贮藏。采收方法有人工采收和机械采收。

(三)分级、包装和运输

分级是实现果品商品化、标准化、按级定价、优质优价的重要环节。果实采收后,按大小、成熟度、色泽等,依分级标准进行分级。

包装是对果实在运输途中和贮藏过程中采取的保护措施。包装可减少果实之间相互挤压、碰撞等,包装可用纸箱、木箱或筐,装果前,容器内要垫纸张等衬垫物,每个果实用纸或果袋包好再装箱。包装后要注明品种、等级、重量等。

运输要快装、快运、快卸,但要轻放轻搬,尽量减少损失。

第六节 果树矮化生产技术

矮化密植生产是现代果树发展的方向。矮化密植生产能充分利用空间和土地,提高果园覆盖率,树冠小,受光面大,光合效率高,加之运用了相应的栽培技术,则可以实现果树生产的优质、高产、高效。

一、矮化密植的生产效益

(1)早结果、早丰产。随着栽植密度增加,树冠缩小,骨干枝减少,早期修剪轻,枝量增加快,短枝比例高,有利于形成花芽,开始结果提前。栽植密度增加,树冠的覆盖率、单位面积枝量和叶面积系数增长较快,很早就可以达到丰产所需要的数量指标,当达到足够的覆盖率和枝量以后,即可促花。柑橘矮化密植通常 3～5 年就进入结果期,可提早收益。如采用超密植,则 2 年即丰收,比稀植提早 7～8 年。苹果矮化密植 2～3 年就开花结果,6～7 年即可达到高产。

(2)单位面积产量高,提高了土地利用率和经济效益。由于单位面积株数增加,单株树冠缩小,冠内光照条件改善,有效结果体积增加;且光合产物的分配,用于枝干的比例减少,用于果实的较多,因此可以提高单位面积产量和经济效益。

(3)成熟早、品质好。由于树体小,树冠内光照条件改善,有利于果实着色,提高果实品质。矮化栽培,枝条停止生长早,有利于营养的积累,更多地分配给果实,故可以提高果实质量。据报道,矮化密植苹果的果实,比乔砧稀植的着色早5～10 d,成熟早7～10 d,且果实较大而整齐,色泽鲜艳,含糖量较高,耐贮藏,商品率高。

(4)易于管理,适于机械化操作。矮化栽培的树冠小,树上管理简便,劳动效率显著提高,栽培技术容易掌握。行间可以充分利用机械进行土壤管理、施肥和喷药,有利于集约化栽培。

(5)盛果期相对延长,经济寿命长。由于较早进入结果期,减少了盛果期以前的年限,在生命周期中高产期限拉长,有经济效益的时期较长。

(6)经营周期短,有利于品种更新。果树优良品种不断出现,随着市场变化和提高果园经济效益,必须及时更新品种。矮化密植的果园周期短,有利于更新品种,并且在短期内投产,使新品种尽早商品化。

当然矮化密植栽培,管理不当,会出现树冠郁蔽、通风透光条件差、产量和品质迅速下降等问题。

二、矮化密植的途径

(一)选用矮生品种

选用矮生品种是果树矮化密植生产的一个重要途径。矮生品种树冠紧凑,矮生,节间短,分枝少,结果早,色泽鲜艳,高产稳产。嫁接在乔化砧上,能提高其适应性;接在矮化砧上树体更矮,可用于超密栽植。如苹果的矮生品种有新红星、首红、超红、金矮生、烟青等;柑橘的矮生品种有温州蜜柑中的松山、宫川、山田、金柑、北京柠檬,柚与香橼的杂交种均为矮生品种等。梨的矮生品种有矮香梨、临夏黄麻梨、锦香梨、晚三吉梨等。

(二)选用矮化砧

可以使嫁接品种的树冠小,生长势减弱,早结果的砧木,称为矮化砧木。矮化砧可以使栽培品种达到密植要求的树冠大小,其控冠技术简单。如苹果的矮化砧有M系和MM系砧木等;柑橘的矮化砧有枳、宜昌橙、香橙、黄皮橘、土柑、枳橙、佛手、四季橘等。

砧木矮化有真正矮化、病毒矮化和环境抑制之分。真正矮化无病毒存在,在任何环境条件都矮化;病毒矮化是砧木上某些病毒使接穗感染所致;环境抑制是砧木生长在一定环境条件下,不适应的表现。

目前生产上利用矮化砧的方式有自根砧和中间砧。用矮化砧自身的根系嫁接的树体，为自根砧。由于砧木是无性繁殖系，果园的整齐度高，矮化效应好。但是，矮化自根砧根系分布浅，生长弱，适应性较差，要求有较高的肥水条件。中间砧是先在实生或半乔化、乔化的自根砧上，嫁接一段矮化砧的茎段，再在矮化砧的茎上接栽培品种。它有利于利用基砧来提高适应性，又起矮化作用。在基砧为实生砧木时，果园整齐度较差，而且同一型号矮化的效应比其作为自根砧时，要差一些。有一些矮化砧木压条生根差，如河南海棠的无性系，可以用中间砧的方式来解决繁殖问题。

(三)生产技术致矮

可通过栽培技术措施来控制树体生长，达到矮化密植的目的。

1.应用生长调节剂控制树冠

利用生长抑制剂来控制树体大小，是最有效的方法。生产上常用的有 B_9、矮壮素、青鲜素、调节膦、乙烯利等都可明显抑制新梢生长，促进开花结果，致使树体矮化早结。

2.修剪控制树冠

修剪是控制树冠最直接的方法。国外多采用修剪来控制树冠。

(1)采用短枝型修剪。以重短截为主的修剪。苹果幼树冬剪时，剪去直立的延长枝，利用斜生枝代替延长枝，其余枝条留基部 2～3 芽重短截。夏剪时，对萌发的新梢再留基部 2～3 个叶片短截，促其形成短梢，形成短果枝或中果枝。如此反复进行，可获得短枝型枝组，并使树体矮化而结果。

(2)开张角度，抹芽放梢。通过开张树冠或枝条角度，可使其生长势减少，利于花芽形成。对于柑橘通过多次抹芽后放梢，则梢量多而整齐、充实，花量增加，坐果率提高。

(3)主干环剥。主干环剥有利营养积累，促进花芽形成，提早结果，以果压树，使树体矮化。

3.控制根系

我国柑橘产区，多利用水田地下水位来控制柑橘垂直根生长，抑制树冠。也可用瓦片、缸片垫根，阻止垂直根向下生长，促进侧根、吸收根发达，从而使树体生长不旺，有利矮化密植。

4.以结果控制树冠

乔砧密植树，冬剪时，一般不短截，对长枝一律甩放，并加大骨干枝角度，使其水平或下垂以减弱生长势，对辅养枝采取冬夏剪结合，并与环剥等措施结合，促花、保果，提高坐果率，以结果控制树冠。

三、矮化密植生产技术要点

(一)育苗特点

利用乔化砧和矮生品种建立密植园时,繁殖苗木与普通苗木相同。利用矮化砧繁殖苗木时,可分为矮化自根砧苗和矮化中间砧苗的培育。矮化自根砧苗一般是用压条、扦插等方法进行培育,用矮化砧枝条进行压条或扦插,成活生长后,在其上嫁接栽培品种。矮化中间砧苗,则要通过二次嫁接来培育,育苗时间较长,需2～3年才能出圃,既可先在乔化砧上芽接矮化砧,然后在接芽萌发的枝上接栽培品种;也可先在矮化砧枝条上分段芽接栽培品种,然后把带有栽培品种的矮化砧枝段枝接到乔化砧上。

(二)建园特点

矮化自根砧嫁接的果树地,根系较浅,固地性差,园地要选择土壤肥沃、理化性质良好、有灌溉条件的地方。栽植方式多采用长方形宽行密植,以利采光和机械化作业。栽植密度取决于栽培技术、生产水平、生态条件和品种特性。多采用栽植,沟深、宽各 1 m 左右,便于操作和深翻改土。

(三)密植园的管理特点

果树矮化密植的树形是矮干、小冠,骨干枝数少,树冠趋于扁平形。通过修剪来控冠促花,以果压树。同时,树体对肥水的要求量也比稀植果树的高。

第七节 果树的产期调控技术

果品生产的季节性和地区性很强,上市集中,形成明显的旺季和淡季。产期调控可使果实成熟期提早或延后,上市时间延长,效益增高。调节果树产期的关键在于控制其营养生长,使其进入生殖生长期开花结果。主要是从促进花芽分化的田间管理措施、调节产期来改进果品品质、植物生长调节剂的使用等。

一、果树的产期调控意义

(1)使果实成熟期提早或延后,延长果品供应期。通过产期调控技术,使果树物候期发生改变,控制物候期的进程,以使果实成熟时间提前或延后,从而使果品供应期延长。如葡萄通过产期调控技术,可提早 1 个月采收;而枇杷则可延迟到冬春季采收。

(2)避开不良气候,提高坐果率。菠萝主要上市在6～8月,由于高温、台风的影响会造成腐烂,通过产期调节,生产春果及秋果,避开了不良气候环境,提高坐果率。

(3)促进花芽分化,提高成花率。一些热带、亚热带果树,由于冬季的高温影响花芽分化,如龙眼,通过调花技术,促进花芽分化,提高成花率。

(4)提高果实品质及商品率。许多果树果实成熟期在高温多雨的季节,果实品质差,易产生裂果,不耐贮藏等,如葡萄、番石榴等,通过产期调节技术,生产冬春果,并可提高果实品质及商品率。

二、果树的产期调控技术

(一)控梢促花技术

果树控梢促花是南方荔枝、龙眼、芒果等生产的一个重要技术措施。由于南方冬季相对暖和与湿润,很容易萌发冬梢,而造成无花。通过控梢促花技术,可实现果树的产期控制。

不同树种品种的控梢促花方法不同。断根、环割、环剥及药物使用,有些措施可同时进行,有的需要间隔一定时间进行。

1.人工控梢

(1)露根与断根。枝梢充实老熟后,锄开树冠下表土,使根群裸露日晒。对树势较旺,芽饱满,有可能抽新梢或已抽新梢3 cm以下时,在根盘深锄15～20 cm,或在树冠外围土层挖深达20～50 cm的深沟,切断水平侧根(弱树不宜伤根过重),减少植株对水分的吸收,能有效地抑制新梢的萌发,提高树液浓度。如莲雾常在配合催花前20～30 d进行断根处理,以抑制营养生长。

采用此法,宜针对壮树进行,对于老弱树慎用,不宜一次伤根过重,否则不但不能成花,反而导致树势急剧衰退。有些果树的幼树、壮树断根仍未能控制新梢,可以断根加环割,效果较好。

(2)肥水管理、修剪。产期控制中,肥水管理非常重要,需根据不同时期进行合理的肥水控制,才能达到控梢促花的效果。

环剥。对树干或枝条进行环剥或环割,可在一定时间内减少光合产物下运,增加枝梢碳水化合物总量,为花芽分化和花器官形成提供更丰富的营养物质。同时减少对根的能量供应,削弱根群的活动机能,减少水分的吸收,提高树液浓度,从而起到控梢促花的作用。较旺盛的树,宜配合其他措施。对于老弱树一般不宜采用此法。在枝梢老熟后,新梢萌动前,在催花前进行环剥或环割。每年的环剥位置宜逐步上移，在新位置进行。

短截、摘心、扭梢、拉枝等方法的使用。在枇杷反季生产中，将果实成熟期调整到12月至次年1～4月采收，这就要求：①要控制早花，则需推迟花期，栽培上常运用水肥降低C/N比，配合摘心、短截等，延迟春梢抽发期，从而将停梢期推迟到5～6月，使其在8月下旬至10月开花；②促中、晚花，雨季开沟排水，增施P、K肥，少施N肥，断根、拉枝、扭梢和锯伤等方法提高C/N比，促中、晚花的花芽分化，即可实现冬春采收。

此外，在一定时期内，摘除全树的花穗、花、果的方法，也可延后芒果、番石榴等的开花结果期，以延迟产期。

2.药物控梢促花

化学药物能有效地控制果树枝梢萌发。植物生长调节剂，能杀除已抽生的嫩梢，并能延缓与控制营养生长，有利于积累养分，促进花芽分化，提高雌花比率，控制花穗长度，提高花质量及坐果率。控梢时间可根据果树的种类与收获季节来决定。目前在生产上使用的控梢促花药剂有很多，可据实际情况来选用。

(1)叶面喷施药剂催花。可采用多效唑、比久、乙烯利、青鲜素等来控梢、杀梢及催花，常用于菠萝、枇杷等常绿果树。不同树种品种、气候、季节及催花时间的不同，则选用的药剂、浓度也不同。草莓生产中常采用喷GA来促进生长，诱导花芽分化，打破休眠，调节产期。葡萄生产中一般用石灰氮来打破休眠，促进萌发生长开花，提早成熟，还可用GA处理其幼果，使其增大而提早成熟。

(2)根部施药控梢催花。目前主要用多效唑和氯酸钾。采用挖施药沟进行施药。施药量随气候、树体状况而异。

多效唑常用于芒果的产期调节。芒果施用多效唑后2.5～3个月开始花芽分化。如计划让芒果在春节前后上市，则7月施，当第二次梢伸长8～10 cm到新梢稳定期施药，9月下旬至10月中旬抽花穗，1～4月采收。

氯酸钾是反季节龙眼催花的特效药。一般3～11月都可以施药催花，而以3～4月和9～10月催花效果较好。原则上催花要避免花期遇上低温或多雨天气。施药后要保持土壤湿润。

(3)果树促花。当天气晴朗、气温较低，该抽花而未抽花序时可用药剂催花。常用的药剂及浓度为：3%～4%的硝酸钾液、2%的钾宝或佳宝液，同时加入少量硼酸和爱多收有促进开花整齐和提高坐果率的作用。

(二)设施促成栽培技术

设施促成栽培技术，是利用棚室设施并配合其他栽培措施来实现产期调节的技术，是樱桃、杏、桃、葡萄、草莓等果树生产上产期调控的重要措施。如可使樱桃果实在2～4月成熟;晚熟葡萄可在设施中延后30～60 d上市。

(三)夜间补光技术

多用于青枣、草莓生产上。对青枣进行产期调节常采用夜间补光,用日光灯在夜间照射发育良好、枝梢健壮,已形成花苞的树体,能刺激提早开花,增加花数,提高着果率,从而调节产期,提高产量。一般在5～6月间在树体上方1.5 m左右处,每亩架设40 W日光灯8～10盏,每晚开灯6～8 h,持续20～40 d。在草莓设施促成栽培中,为防止植株生长衰弱,从11月至次年2月进行夜间补光,以使植株健壮,果实能不断成熟。

第八节 设施栽培技术

果树设施栽培,是指利用温室、塑料大棚或其他设施,通过改变或控制果树生长发育的环境条件,对果树的生长结果进行人工调节,达到果实提早或延后成熟及高产优质高效的目的。目前,世界各国进行棚室栽培的果树已达35个树种,其中落叶果树12种,常绿果树23种。目前,我国设施栽培的果树主要有草莓、葡萄、桃、油桃、樱桃、柿、枣、无花果、梨、李、杏、香蕉、柑橘、枇杷、芒果、杨梅等。

一、果树设施栽培的意义

(1)提早或延后果实成熟,延长鲜果供应期。在果树设施栽培条件下,可以人为调控栽培环境条件,使果实成熟期提前或延后,供应水果淡季市场。如在人工控制条件下,可使樱桃、杏等果树的果实在2～4月成熟,桃在4～5月成熟;晚熟葡萄可在设施中延后30～60 d上市;草莓的四季结果,周年供应。

(2)果实鲜、质优、无污染。在设施中栽培果树,环境条件相对稳定,与外界比较隔绝,一些外界病虫害难以在其内传播蔓延。同时集约化经营,投入高,管理细致,使果树生长健壮,抗逆性增强,因而病虫害较少而轻。这样可减少农药的使用,有利于生产绿色食品,从而提高果品档次和质量,生产出新鲜、质优、无污染的果实。

(3)改善果树生长的生态条件。果树设施栽培可以根据果树生长发育需要,调节光照、温度、湿度和气体等环境生态条件,果树的物候期提早,果实提前采收,生长期延长,使植株营养积累较多,花芽分化早而良好,对次年生长结果都有利。

(4)预防自然灾害,扩大栽植区域。由于设施的保护,果树可免受许多自然灾害(低温、降雨、大风等)的影响和侵袭。如南方葡萄栽培,有设施条件,便可以避雨、防风、遮阴、降温和防病,使其正常生长结果。由于设施的使用,使许多果树由原产地向南或向北扩展,栽植区域不断扩大,使我国南方或北方增加种植树种,吃到当地产的、充分成熟的新鲜水果。

(5)提高果树的经济效益。设施栽培是以满足淡季水果供应和提高果实品质为目标,故与露地相比其经济效益高,一般比露地栽培增加产值2~10倍。

二、设施栽培技术要点

(一)品种选择原则

在设施栽培下,果树要实现高产、优质、高效的目的,品种的选择十分关键,基本原则是:

(1)选择植株矮小、树冠紧凑适于密植,能达到早产早丰。

(2)应以早熟品种为主,合理搭配中、晚熟品种。因早熟品种果实发育期短,成熟早上市早,其价值越高。

(3)设施栽培主要以鲜食为主,应选择果大、色泽好、风味佳的品种。

(4)落叶果树设施栽培,应选择休眠期短的品种,为早萌芽早开花结果奠定基础。

(5)选择自花结实率高的品种,异花结实的品种应配置好坐果率高、亲和力强的授粉品种。

(6)选择耐弱光、耐低温、适应性、抗病、耐贮运的品种。

(二)设施栽培环境调控

1. 温度调控

打破休眠。落叶果树完成其休眠期均需一定的需冷量,决定着其设施栽培的成败和经济效益的高低,必须满足其需冷量或进行药剂打破休眠处理后,栽培才能获得成功。

温度调控。果树在不同生长阶段对温度的要求不同,设施栽培温度管理指标见表2-4。根据果树对温度的要求来进行温度调节。在设施内的温度调节是通过增温、保温、降温等措施来实现的。具体来说,有盖苫或扣小棚升温保温、地膜升温、通风降温、灌水降温、增强光照升温、增施有机肥料提高地温、遮阴降温等方法。

2. 湿度调控

设施内空气相对湿度要比露地高。在果树生长发育的不同时期对空气湿度的要求不同，一般来说，前期要求较高，后期要求较低。设施内湿度可通过通风排湿、浇水增湿、地膜覆盖降低空气湿度、中耕降湿等方法来进行调节（表 2-4）。

表 2-4 果树设施栽培温度和空气相对湿度管理指标

树种	时期	温度/℃	空气相对湿度/%
桃	扣棚升温至萌芽期	白天 14～15，夜间在 2℃以上	70～80
	开花期	20～24	50
	果实发育期	25，不超过 28，不低于 10	60 左右
樱桃	发芽期	白天 8～20，夜间 5～6，不低于 3	80
	开花期	白天 20～22，夜间 5～7；地温在 14～15	50～60
	果实膨大期	白天 22～25，夜间 10～12	50～60
	果实成熟期	白天不超过 25，夜间 12～15	50
李	萌芽期	10～15，白天不超过 20，夜间不低于 3	60～80
	开花期	12～16，白天不超过 20，夜间不低于 6	50
	果实膨大期	白天 23～28，夜间 10～15	60
	果实成熟期	白天 25～26，夜间 10	50～60
草莓	扣棚初期	最高温 30～35，夜间不低于 8	80～90
	开始现蕾	最高温 28～30，最低 6～8	80～90
	开花期	最高温 25～26，夜间 7～8	40～60
	果实膨大期	白天 20～25，夜间 4～6	80～90
	果实采收期	白天 18～20，夜间 5～8	80～90
葡萄	萌芽前一周	白天 20，夜间 10～15	80
	萌芽	白天 28～30，夜间 15～20	80～90
	新梢生长期	白天 25～28，夜间 15	70
	开花期	白天 25～28，夜间 16～18	65～70
	果实成熟期	白天 25～28，夜间 18～20	75～80
青枣	4～6 月新梢生长期	15～30	80
	7～8 月新梢生长、开花和坐果同时进行期	25～35	50～60
	9～10 月秋花开花坐果与幼果膨大同时进行期	18～30，夜间不低于 15	50～60
	11～3 月果实采收期	白天 12～30，夜晚不低于 8	50～60

3. 光照调控

由于设施内光照比露地弱，为满足果树生长发育对光照的需求，采取有效的增光措施。①合理的设施结构和布局，包括合理选择骨架材料、合理安排设施方位、设施的高度等；②选择透光性能好的棚模，以聚乙烯长寿无滴膜为宜；③经常清扫棚膜上的尘土、杂物，使其洁净光亮；④使用反光膜或反光幕，吊灯补光；⑤应用科学的栽培管理技术，包括采用南北行栽植，选择适宜的栽植密度，培养采光良好的树形和合理修剪等。

4. 气体调控

果树在设施保护下，因棚膜封闭保温，在阳光和水分充足的情况下，棚室内果树叶片的光合作用使二氧化碳的含量不断减少，从而影响光合作用继续进行，影响树体正常生长发育，故须通过增施有机肥、施固体二氧化碳气肥、燃烧法、化学反应法等，及时补充二氧化碳。一般选晴天或多云天的早晨日出后约 0.5 h 可开始施用二氧化碳。在中午棚室气温高时，通风换气，促进室内外空气的交流，也可有效补充二氧化碳含量，同时排出氨气、亚硝酸气等有害气体。

(三)设施栽培管理技术要点

1. 定植

在桃、樱桃、李、杏等设施栽培时，一般选栽 2～3 年生的大苗，其栽植密度见表 2-5。

表 2-5 果树设施栽培的栽植密度(株行距) m

树种	栽植密度	树种	栽植密度
桃	1×2.5 或 2×2.5	樱桃	(1～2)×(2～3.5)
李	(1～1.5)×(2.5～3)	杏	(1～2)×(1.5～3)
草莓	(15～20) cm×(20～25) cm(宽畦)	葡萄	(1～1.5)×2.5(双十字 V 形架)
	(15～20) cm×(25～30) cm(窄畦)		(1.5～2)×(2.5～3)(棚架)

栽植时，在同一设施内授粉品种不少于 2 个。

2. 整形修剪

(1)树形。设施栽培常用的树形有：自然开心形、两大主枝开心形、改良主干形、匍匐扇形、柱形等。

①自然开心形。无中心领导干，主干高 30～50 cm，主干上均匀着生 3 个主枝，主枝开张角度为 40°～50°，每个主枝上着生 2～3 个侧枝，侧枝开张角度为70°～80°，间距 40～60 cm，侧枝上着生结果枝和结果枝组。常用于樱桃、李、杏等果树。

②两大主枝开心形(丫字形)。主干高 20～30 cm，在主干上部着生两大主枝，

两大主枝上直接着生大、中、小型结果枝组。主枝开张角度30°～40°，树冠高度控制在1～1.5 m。常用于桃、李等果树。

③改良主干形。干高40 cm，中央领导干应保持优势生长，其上不分层次，配备12～15个主枝，单轴延伸，螺旋排列，插空生长。主枝角度应保持在90°。在主枝上着生大量中小型结果枝组。树高2.5～3.0 m。常用于樱桃等果树。

(2)修剪。设施栽培中整形修剪主要以生长季修剪为主，主要采用抹芽、摘心、扭梢、疏枝、拉枝等轻剪缓放的方法，进行开张角度，培养树形及结果枝组。休眠期修剪主要采用短截、疏枝、回缩等方法，改善光照条件，调整树体结构及花叶芽的留量。

3. 花果管理

(1)提高坐果率。在设施栽培中，缺乏自然条件下的授粉受精条件，应人为采取措施提高坐果率。在良好的土肥水管理、合理整形修剪和促进花芽分化的基础上，采用人工辅助授粉、花期放蜂、花期环割、花期喷0.2%～0.3%的硼砂及10～50 mg/kg GA_3，合理调控棚室内环境等措施提高坐果率。

(2)疏花疏果。设施栽培坐果过多时，如不及时疏花疏果，会影响树体生长发育和果实品质。适时疏花疏果合理负载是设施栽培丰产优质高效的关键措施之一。疏花在蕾期和开花期进行，疏果在第二次落果后、坐果相对稳定时进行。如桃树一般每5朵保留1朵，6片叶留1个果；留果量一般为定果量的2倍左右，长果枝中部选留2～4个果，中、短果枝上端部留1～2个果，花束状果枝留1个果。

实践技能

实训2-1 砧木种子层积处理与播种

一、实训目的

掌握砧木种子层积处理及播种育苗技术。

二、材料与工具

棠梨、毛桃等种子，苗床，沙床，喷壶等。

三、实训内容

(一)砧木种子层积处理

层积方法：详见本书中相关内容。

层积处理时应注意:温度为2～7℃;沙的湿度以手握成团不滴水,放开后沙成团,轻碰即散;层积过程不能粘有机质(油);定期检查温湿度和种子的情况。

(二)播种

(1)整地。苗圃地在播种前先深翻40 cm左右,每公顷施入有机肥37 500～75 000 kg,过磷酸钙375 kg,草木灰750 kg。深翻施肥后灌水,水渗下后,将土块打碎、耙细,然后作畦或筑垄。一般畦宽1 m左右,畦长5～10 m或据地块而定;垄宽60～70 cm。

(2)播种。播种时期一般分秋播和春播,根据不同树种情况及气候特点来确定播种时期。播种方法有条播、撒播、点播。条播和撒播一般用于小粒种子如海棠、山定子等的播种;点播一般用于大粒种子如桃、李、核桃等按一定株行距进行。

(3)播种后的管理。播种后应在土面上盖稻草或地膜等覆盖物,以提高土温和保持湿度。在出苗前应保持土壤湿润,当种子出土时,及时去除覆盖物,适时松土除草,太阳暴晒地温高时,要用草席或遮阳网遮阴,以保证幼苗正常出土生长。及时进行间苗,将过密、过弱、畸形和带病的苗拔掉。苗期注意肥水管理及防治病虫害。

四、实训报告

记录种子层积处理的过程及播种育苗情况。

五、考核标准

成绩按100分计:实训态度10分;实训过程40分;实训报告50分。

实训2-2 嫁接育苗技术

一、实训目的

掌握常用的芽接和枝接方法,提高嫁接成活率。

二、材料和工具

当地常见果树种类的接穗与砧木、嫁接刀、枝剪、塑料薄膜带、磨刀石等。

三、实训内容

(一)嫁接方法

(1)芽接包括T形芽接、嵌芽接、补片芽接等。

(2)枝接包括切接、劈接、腹接、舌接、皮下接等。

各种方法的具体操作参考本书的有关内容。可选 2～4 种当地果树常用的嫁接方法进行练习。

(二)嫁接后的管理

(1)检查成活率及补接。嫁接后 15 d 左右进行成活率检查。凡接芽呈新鲜状态、叶柄一触即落者,表示已成活。对于没有成活的应及时补接。

(2)剪砧。腹接的嫁接苗新梢长约 10 cm 时,在嫁接位置上方约 0.5 cm 用枝剪把砧木的上部剪断。

(3)除萌摘心。嫁接成活后一般留一旺盛新梢,疏除多余新梢和砧木上萌发的所有萌蘖,使接穗长出的新梢生长良好。当枝梢生长达到一定高度时及时摘心,促发侧梢,加速苗木提早成形。

(4)解绑缚。当嫁接苗新梢长约 25 cm 时用刀尖划断绑扎的塑料膜。

(5)设立支柱。为保证苗木直立生长和防止被风吹折,当嫁接苗高达 15 cm 左右时,应就地取材设立支柱,将新梢绑缚在支柱上。未接活者,可砧木上保留 1～2 个萌蘖,作为秋季芽接之用。高砧枝接者,并在砧木上设支柱,将新梢绑缚在支柱上,以防被风吹折。

(6)施肥和病虫害防治。萌芽前灌水和蚂蚁等害虫咬破包扎的薄膜都不利嫁接成活,因此萌芽前不能灌水,并要防治蚂蚁等害虫;接穗萌芽后每 15～20 d 施水肥一次、干旱天气时要及时灌水,清除畦面上杂草。嫁接后及时喷一次敌虫清农药防蚁,如发现其他病虫害要及时喷药防治,保护嫩梢。

四、实训报告

(1)根据各地的条件选择 1～2 个树种、2～4 种嫁接方法进行苗木嫁接,并统计嫁接成活率。

(2)如何进行嫁接苗的管理?

五、考核标准

成绩按 100 分计:实训态度 10 分;实训过程 40 分;实训报告 50 分。

实训 2-3 自根苗繁殖

一、实训目的

掌握果树扦插、压条和分株繁殖的方法。

二、材料与工具

从当地栽培果树中，选择能供扦插、压条和分株的树种；生根粉等生根激素、生根基质；塑料薄膜、枝剪、手锯等。

三、实训内容

(一)扦插繁殖

扦插繁殖法适于葡萄、无花果、石榴、银杏、番石榴、火龙果等容易生根的果树。以葡萄硬枝扦插为例。

(1)扦插时期。在春季发芽前当土壤温度达10℃以上时进行露地扦插。

(2)插条准备。选择品种纯正、优良，枝蔓生长健壮，芽饱满，枝粗0.7～1.0 cm且充分成熟的一年生枝作插穗。扦插前将枝条剪成具有2～4个芽、长10～15 cm的插条。上端在距芽2 cm处平剪，下端在芽节下1 cm处斜剪成马耳形剪口。

(3)药剂处理。为了提高扦插成活率，在扦插前进行药剂处理。将插条基部浸于5 000 mg/L吲哚丁酸或萘乙酸的溶液中浸2～3 s，或于50～100 mg/L吲哚丁酸或萘乙酸中浸泡12～24 h，然后取出扦插。

(4)插床准备及基质配制。露地插床，先施足基肥，将基肥翻入土中后再整平畦面。位于保护地内的插床，其基质以用膨胀(粗3～10 mm)的蛭石效果最好，也可用珍珠岩和沙作基质，还可用珍珠岩与泥炭土作基质，或沙壤土与沙按1∶2或1∶3的比例混合。营养袋的基质可采用肥泥、椰糠与河沙混合。

(5)扦插。扦插的株行距为5 cm×10 cm。插条以斜插为宜(斜度约45°)，扦插深度为插条的1/2～1/3，插条用基质压紧，然后灌水。待基质下沉后，插条上端只有一芽留于床面。也可直插营养袋。

(6)扦插后管理。插后要加强管理，要适时灌水，保持基质水分；插床用塑料薄膜覆盖，能增温保湿，有利于扦插成活；适当遮光(遮光率40%)，有利于成活；扦插20 d后，可降低基质湿度。

(二)压条繁殖

压条繁殖有直立压条法、水平压条法、曲枝压条法和空中压条法。

1. 直立压条法

适用于苹果矮化砧、葡萄、石榴等果树。以葡萄为例。

(1)萌芽前，对供压条母株距地面15～20 cm短截，促使萌发新梢。

(2)当新梢半木质化时,在其基部进行第一次培土,培土高度为新梢长的1/2。

(3)为增加生根部位,在第一次培土后20～30 d,在新梢基部进行第二次培土。培土总高度为25～30 cm。培土前应先灌水,培土后注意保持土堆湿润。

(4)到秋季便成为带有根系的小植株,在秋末冬初即可分株起苗。起苗时先扒开土堆,从新梢基部靠近母株处剪断,可分出带根的小植株。

2.水平压条法

适用于苹果矮化砧及葡萄等果树。以苹果矮化砧为例。

(1)春季萌芽前,将苹果矮化砧母株按行距1.5 m,株距30～50 cm,顺行向与地面呈45°倾斜栽植。一般定植当年即可压条。

(2)母株开始萌动时进行短截,剪掉枝条顶端不充实的部分,然后沿栽植方向开一条深5～10 cm的浅沟,将枝条呈水平状压入沟中,用枝杈固定,覆盖2～3 cm的细土。

(3)新梢出土后,长到15～20 cm高时,用行间的土进行第一次培土,培土高约10 cm。新梢继续生长,高达25～30 cm时,进行第二次培土,两次培土总高度约30 cm。

(4)秋末冬初将生根的新梢与母株剪离成新植株。对靠近母株基部的新植株保留1～2株,作为明年再次压条用。

3.曲枝压条法

适用于葡萄、猕猴桃等果树。以葡萄为例。

(1)选择靠近地面的一年生枝条,在其附近挖深度和宽度为15～20 cm的沟,使枝条的中下部能弯曲在沟内为宜。

(2)将枝条中部弯曲向下,靠在沟底,用带分叉的枝棍固定,并在弯曲处进行环割或环剥。

(3)在枝条弯曲部分压土填平,枝条埋入土中部分生根,露在地面部分生长新梢。

(4)秋末冬初将生根枝条与母株剪离,即成一独立新植株。

4.空中压条法

适用于荔枝、龙眼、柑橘、枇杷、番石榴及人心果等果树。以荔枝为例。

(1)压条时期。全年都可剥枝,但以树液流动,剥皮容易的生长季节为好。

(2)枝条选择。在品种纯正、生长壮旺、丰产、稳产及无病虫害的壮年树上,选择2～3年生、径粗1.5～2.5 cm健壮充实且有几条分枝的向阳、斜生枝和水平枝。

(3)环剥。在选定的枝条基部用刀环剥宽3～5 cm,枝条粗的,宽度可大些,深达木质部。剥皮处的形成层要刮净,切口要整齐。

(4)药剂处理。用毛笔蘸 5 000 mg/L 的吲哚丁酸或萘乙酸(或两者的混合液)涂于环剥处。

(5)包扎基质。用湿肥泥、锯末(或椰糠)各半相混或直接用园土,湿度以用力压能成团、但没有水流出为度。用塑料薄膜在待包扎的枝条环剥口下方扎成漏斗状后,填入上述混合肥泥并稍压实,最后用塑料薄膜带扎紧上部。

(6)压条苗的假植和管理。剥枝后,如气候温暖,约 60 d 可生根,120～150 d 可锯离母株。锯口与泥团要平,并剪去部分叶片以减少水分蒸发,再解除塑料薄膜进行假植,在解除薄膜和假植过程中要注意保护泥团避免伤断幼嫩根系影响成活。假植后要遮阴,防止日晒落叶,并加强肥水管理和防治病虫害,经过 5～6 个月的假植培育后可出圃定植。

(三)分株繁殖

(1)吸芽分株法。香蕉、菠萝常用此法繁殖。以香蕉为例。当香蕉的吸芽苗高 40 cm 以上时可进行分株,用特制的利铲,从吸芽与母株相连处割离,尽量少伤母株地下球茎部。吸芽必须带有本身的地下茎,利于成活。切口上最好涂上草木灰,待伤口晾干后定植。

(2)根蘖分株法。适于枣、山楂、石榴等易发生大量不定芽的树种,以枣为例。在春季发芽前,在母株树冠滴水线下挖深 40 cm、宽 60 cm 的环状沟,切断部分树根,沟内施入与土混合的有机肥并灌水。到 5～6 月份当沟边长出许多根蘖苗时,在靠树干一侧,离第一条沟相隔 30 cm 处开沟切断根蘖苗与母根的联系,促使根蘖苗多生新根,待秋季落叶后,即可挖取分株苗。

(3)匍匐茎分株法。常用于草莓,草莓匍匐茎极易生根,待生根后,切断以分离母体,可成为独立的植株,经过一段时间的培育即可移植。

四、实训报告

选择当地适合于扦插、压条和分株的果树进行并记录实训过程及结果。

五、考核标准

成绩按 100 分计:实训态度 10 分;实训过程 40 分;实训报告 50 分。

实训 2-4 苗木出圃

一、实训目的

掌握苗木的挖掘、分级、包装等苗木出圃工作及其操作技术。

二、材料与工具

准备出圃的苗木，稻草、包装袋、草绳等包装材料，石硫合剂、波尔多液，锄头、铁铲，枝剪等。

三、实训内容

(一)起苗

果树起苗分带土起苗和裸根起苗(不带土)。

(1)带土起苗。一般用于龙眼、荔枝等常绿果树苗木的起苗，利于定植成活。以苗木主干为中心，将起苗器从苗株两侧直插入土，用大铁锤用力敲打，使起苗器深插土中，然后把起苗器与苗木边根带泥一同拔起，根部即带有高 20 cm、直径 12 cm 的圆筒形泥团，剪去过长的主根，苗木挖出后立即用塑料薄膜袋将整个泥团包好，扎紧。

(2)裸根起苗。用利铲切断苗木主根将苗挖出，留主根长约 25 cm，挖苗时尽量保留须根并避免碰伤苗干。裸根起苗的苗木要用泥浆蘸根系护根，并进行适当修剪，剪除受伤的根，对过长的主根及侧根适当短截，剪除枯枝、病虫枝、砧上的萌蘖，常绿果树苗木还要剪除部分枝叶。

(二)苗木分级

苗木挖出后，随即按当地执行的分级标准进行分级。

(三)苗木检疫消毒

根据 1956 年中央农业部规定的果树病虫害检疫对象进行检疫。苗木包装前进行消毒。方法有：用 4～5°Be 的石硫合剂溶液浸苗木 10～20 min，然后用清水冲洗；用 0.1%升汞液浸 20 min，后用清水冲洗；还可用硫酸铜、石炭酸、波尔多液等进行消毒。

(四)苗木包装

苗木分级消毒后，外运的苗木按 50～100 株绑成捆，标明品种名称、数量。裸根起苗的果树苗木根部要蘸泥浆(泥浆稠度以蘸在根上不显现根颜色为度)。然后在根部填充湿草、苔藓等，并用稻草或包装袋包好，再用草绳绑紧，苗木上部及分枝露在外面，包装后拴上标签，写明品种、砧木、等级、数量及出圃日期。

四、实训报告

选择当地的树种进行起苗实训并记录过程，同时比较带土起苗和裸根起苗的优缺点。

五、考核标准

成绩按100分计：实训态度10分；实训过程40分；实训报告50分。

实训2-5 果树定植技术

一、实训目的

掌握果树定植技术和提高果树定植成活率的关键技术。

二、材料与工具

果树苗木，肥料，锄头，铁铲，定植板，标杆，直角规，皮尺，测绳，灌水工具，枝剪。

三、实训内容

(一)定植时期

果树定植以春季定植为主，也可秋季定植。落叶果树在落叶后至萌芽前定植为宜。常绿果树一般在春季萌芽前、秋季苗木新梢老熟后种植为宜，也可在每次枝梢老熟后下次枝梢未抽生前定植。在无风的阴天栽植成活率高。

(二)定植点的确定

在果园适当位置定基线，用测绳牵好行向，在此基线上按株距截取各点，插上标杆，即为第一行的定植点。再以此行之各点为基点，用直角规定出与此行垂直之各线。取一适当的垂直线按行距截取各点，同样用直角规定出与基线垂直之各线，此垂直线即与第一行之基线平行，而与基线垂直之各线相交的各点，即为定植点。在各定植点插上标杆，并目测各标杆是否在一直线上加以校正。

(三)定植技术

按点在栽植前半年左右挖定植坑，定植坑深0.8～1.0 m，长宽各1 m；若挖定植沟则沟深宽为0.8～1.0 m。表土、心土分开堆放，回填土时，把杂草、落叶、土杂肥等填入坑底，撒些石灰，再将表土与有机肥、磷肥混合填入坑内，心土放在表面，并整成高出地面约20 cm、直径80 cm的土墩。

定植前先校正原来定点的位置，并插上标杆。在定植坑中挖一个小穴，把苗木放入穴内，裸根苗栽种时，将苗木的根系充分展开，如苗木根部是用包装袋包扎，要去除包装袋，不能弄散土团。扶正苗木、填土压实，并不时将苗木轻轻上下提动，使根系与土壤紧密接触，最后将心土填入坑内上层，并整成一个四周边缘略高的树盘，以便灌水。

(四)定植后的管理

定植后应及时浇足定根水，并进行树盘覆盖；立杆扶正防风；防旱、防晒、防涝、防寒等；定干、除萌等修剪；检查成活率，补栽；防治病虫害。

四、实训报告

记载定植情况，如何提高定植成活率。

五、考核标准

成绩按 100 分计：实训态度 10 分；实训过程 40 分；实训报告 50 分。

实训 2-6 果园土壤改良技术

一、实训目的

掌握果园土壤改良技术措施。

二、材料与工具

堆肥、绿肥杂草等有机肥，磷肥，石灰；锄头、铁铲等施肥工具。

三、实训内容

(一)深翻改土

南方果园全年都可以进行深翻改土，但以秋季最好，结合秋施基肥进行。根据果园情况可采用扩穴深翻、隔行或隔株深翻、全园深翻。

(二)培土

将经过晾晒打碎的塘泥等肥沃的客土摊于树盘地面，培土厚度为 5～10 cm。

(三)开沟排水

对于地下水位高的果园，可以每行或隔行开深沟，沟深 1～1.5 m，将园地的地下水位降低并将部分地下水引出园地之外。

此外，对于酸性土的果园每公顷施石灰 800～1 500 kg。

四、实训报告

记录土壤改良技术过程。

五、考核标准

成绩按 100 分计：实训态度 10 分；实训过程 40 分；实训报告 50 分。

实训 2-7 果园土壤施肥技术

一、实训目的

掌握果树的施肥方法与技术。

二、材料与工具

果园、锄头、铁铲、有机肥、化肥、叶面肥、量筒、喷雾器等。

三、实训内容

(一)施肥时期

分基肥和追肥。详见书中相关内容。

(二)施肥方法

生产上常用的土壤施肥方法有：环状施肥、放射状沟施肥、条沟施肥、全园施肥。

(1)环状施肥。沿树冠滴水线挖宽 40～50 cm、深 50 cm 的环沟或两个半环沟，施入肥料(即将厩肥或土杂肥及化肥施入沟内与土搅拌均匀，后用土覆盖填埋压实)。

(2)放射状沟施肥。从距主干 70 cm 左右处起挖 4～6 条至树冠滴水线外 50 cm 处的放射状沟，沟宽 30～60 cm、深 30～70 cm，树冠内窄而浅，树冠外宽而深，施入肥料。

(3)条沟施肥。在树冠两侧滴水线处挖宽 40～50 cm、深 50 cm，长度与树冠直径相当的施肥沟，如果树植株已封行则在每两株的株间挖一条施肥沟，施入肥料。

(4)全园施肥。对于根系已布满全园的果园或密植园，在深翻前，将各种肥料拌均匀撒在园内，进行深耕将肥料翻埋入土中。

四、实训报告

记载土壤施肥操作过程，并比较几种土壤施肥方法的优缺点。

五、考核标准

成绩按 100 分计:实训态度 10 分;实训过程 40 分;实训报告 50 分。

实训 2-8 果树整形修剪技术

一、实训目的

了解果树枝梢的生长习性,掌握果树的整形与修剪技术。

二、材料与工具

果园、枝剪、锯、绳子等。

三、实训内容

(一)果树整形方法

一般果树定植后苗高 60～80 cm 开始整形,主要整形方法介绍如下。

1. 自然圆头形树冠的整形

自然圆头形常用于柑橘类、荔枝等果树生产。整形步骤是:

(1)定干。苗高 60～80 cm 时通过摘心促进主干长出分枝,一般品种定干高度为 40～60 cm,枝条下垂的品种定干高度还可以高些。

(2)选留主枝与侧枝(副主枝)。主干抽梢后,选留 3～5 条生长势相当、分布合理的分枝作主枝,其余抹除,主枝与树干间的夹角保持 50°～70°。当主枝长 60～70 cm 时,在 40～50 cm 处摘顶,促进主枝抽生分枝,选留 3 条生长势相当的分枝,其中两条作副主枝(2 级枝),一条作主枝延长枝。待延长枝伸长到 50～60 cm 时再留第 2 层副主枝。如法再留第 3 层、第 4 层分枝。侧枝与主枝的夹角应大于 45°,所留的副主枝应与主枝在同一平面上,避免枝条重叠或交叉,长度不应超过主枝。

(3)辅养枝及其处理。由副主枝抽生的枝条发展成结果母枝组,起扩大叶面积、增强光合效能、积累营养物质供植株生长发育的作用。这类枝一般不宜剪除。对徒长性的强枝可以短截,促分枝以保持枝条的从属性;对扰乱树冠的交叉枝和重叠枝,可疏除。

(4)徒长枝的处理。在上述各类枝条上常常抽生一些特别强壮的徒长枝,如不及时处理会影响骨干枝的发育,扰乱枝条的从属性,通常应疏除,但如果主枝或侧枝生长势弱时可用其代替。

2.疏散分层形树冠的整形

疏散分层形常用于苹果、梨等果树生产。主干高50～70 cm,第一层主枝3～4个,在主干上错落分布;相隔100～120 cm选留2～3个枝作为第2层主枝,再隔60～70 cm选留1～2个枝为第3层主枝。各层主枝生长方位错开。主枝上留侧枝2～3个。

(二)果树修剪

详见本书中相应的部分内容。

四、实训报告

记载果树整形修剪操作过程。

五、考核标准

成绩按100分计:实训态度10分;实训过程40分;实训报告50分。

实训2-9 果树保花保果技术

一、实训目的

了解果树的开花与结果习性;掌握果树的疏花疏果及保花保果技术。

二、材料与工具

果园、枝剪、环割刀、保果花剂、量筒、喷雾器等。

三、实训内容

1.花期放蜂

见本书中相应的内容。

2.人工授粉

见本书中相应的内容。

3.花期喷水

见本书中相应的内容。

4.加强肥水管理

(1)施花前肥。花前土施适量的复合肥加优质有机肥,可起到保花保果的作用。并结合喷施叶面肥效果更好,如花前喷施核苷酸、氨基酸液肥;隔10 d后,再用硼酸或0.1%硼砂、0.1%硫酸镁、0.15%天然芸薹素5 000～10 000倍液喷叶,可防止落花落果。

(2)花果期施肥。在谢花后至幼果期施一次速效肥,以钾肥为主。树势弱、抽穗多、结果多的树可多施,反之可少施;叶色较浓,生长较旺的树应多施磷、钾肥,少施氮肥。果实开始迅速膨大期,还要补充钙、镁、铜等。除土壤施肥外还应喷多次叶面肥壮果。如荔枝上可选用绿芬威1号,每隔7 d左右喷一次。

(3)及时灌排水。

5. 环割保果

壮旺结果树,特别是幼龄结果树落果较多。在雌花谢后10 d左右,选在4～6 cm粗的大枝上环割一圈或环扎,深达木质部,可减少落果。但老弱树不适使用此法。

6. 应用植物生长调节剂保果

花后喷细胞激动素、GA或2,4-D等可保花保果。如在荔枝上用0.003%的九二〇加0.003%复合型核苷酸或选用0.002%的果特灵,加上适量叶面肥进行保果效果较佳。

7. 合理疏花疏果

合理疏花疏果是保花保果的一项重要措施。详见本书中相应的内容。

四、实训报告

记载保花保果的操作过程。

五、考核标准

成绩按100分计:实训态度10分;实训过程40分;实训报告50分。

实训2-10 果实套袋技术

一、实训目的

了解果实的生长习性,掌握果实套袋技术。

二、材料与工具

果园、枝剪、塑料袋、泡沫网袋、农药、量筒、喷雾器等。

三、实训内容

1. 套袋时间的确定

一般在果实开始发育至迅速膨大期间进行,但不同的果树在时间上有所差别。

2.套袋材料的选择

目前果袋多用纸制、塑料薄膜袋、泡沫网袋等材料制作的水果专用果袋。果袋底部两侧都留有小孔，以利于透气与排水。果袋分双层和单层两种。双层纸袋在苹果上应用较多。双层纸袋外层袋用的纸，纸的两面颜色不同，外面多为灰白色，内面为黑色；内层纸袋用的纸有两种，一种是涂蜡的，另一种是超级压光的，一般为红色或黑色，适用于红色品种。套双层袋的果实表皮细嫩，底色嫩白，着色后色泽艳丽、全红，符合出口要求。但双层纸袋的价格较高，另外，还需要两次除袋，费工费时。而单层纸袋则适用于生产高中档红色品种，效果比双层纸袋稍差，但成本较低。套袋材料的选择要根据不同的地区、不同的品种、不同的气候条件，来选择不同的纸袋。如较难着色的富士系品种、北斗等，宜采用优质双层袋；较易着色的品种如新红星、津轻等，可采用单层袋。另外，果实发育时间较长的品种，宜采用双层套袋。如香蕉采用双层套袋，内层用旧报纸，外层用香蕉专用塑料薄膜袋。

3.套袋

(1)套袋前的准备。套袋前先疏除病虫果、畸形果和发育不良的果；然后喷杀虫、杀菌剂1～2次。农药剂型选择水剂、粉剂农药，忌喷乳油剂(农药残留期过长)，农药种类要根据不同树种、季节来有针对性地选择。如黑星病、轮纹病、蚜虫、粉蚧等，可喷70%甲基托布津800倍液加10%吡虫啉可湿性粉剂1 500倍液。喷后7 d后仍未完成套袋作业的果树应补喷一次再进行套袋。

(2)套袋方法。将制作好备用的单层纸袋，用袋口罩住幼果后，再用订书机(或大头针、细铁丝等固定)订住袋口即可。

(3)除果袋时间。有些果树在采收前需要摘除果袋果实才鲜艳(果实颜色为绿色或淡黄色的品种一般不需摘袋)。摘果袋时间应根据品种成熟期和气候条件确定。以苹果为例，较易着色的早、中熟红色品种如新红星、早捷等，在海洋性气候、内陆果区，应在采收前35 d将袋摘除；在冷凉地区或昼夜温差大的地区，可在采收前25～30 d将袋摘除。由于摘袋后果实受光突然增强，为防止和减少果实发生日灼，双层袋应分2次进行摘除，选晴天的上午10时至下午4时摘除外层袋，经过3～5个晴天后，于阴天或多云天气摘除内袋。

四、实训报告

记载果实套袋操作过程。

五、考核标准

成绩按100分计：实训态度10分；实训过程40分；实训报告50分。

- 本章小结
  - 基本理论
    - 1. 育苗
      - 实生苗、嫁接苗、自根苗的培育及苗木出圃
    - 2. 建园
      - 园地规划设计
      - 树种品种选择与配置
      - 果树定植
    - 3. 土肥水管理
      - 土壤管理
      - 施肥及水分管理
    - 4. 整形修剪
      - 整形修剪的作用、原则及依据；
      - 果树整形及果树修剪
    - 5. 花果管理
      - 保花保果、疏花疏果
      - 果实套袋及采收
    - 6. 矮化生产技术
      - 矮化密植的生产效益、途径及栽培技术要点
    - 7. 果树产期调控
      - 产期调控的意义及调控技术
    - 8. 设施栽培技术
      - 设施栽培的意义及技术
  - 实践技能
    - 砧木种子层积处理与播种；嫁接育苗技术；自根苗繁殖；苗木出圃
    - 果树定植技术
    - 果园土壤改育技术；果园土壤施肥技术
    - 果树整形修剪技术
    - 果树保花保果技术；果实套袋技术

复习思考题

1.简述果树砧木种子层积处理方法。
2.如何提高嫁接成活率?比较果树各种嫁接繁殖方法的优缺点。
3.试述果树自根苗繁殖方法的技术要点。
4.如何正确地选择树种、品种和合理配置授粉树?
5.如何提高果树定植成活率?
6.如何进行果园的土肥水管理?
7.简述果树的修剪方法及作用。
8.试述提高果树产量和果实品质的措施。
9.简述矮化密植的途径。
10.简述果树产期调控技术。
11.简述果树设施栽培的技术要点。

第三章 柑　　橘

知识目标

- 理解并掌握柑橘的生长结果习性及生态特性。
- 掌握柑橘的优质高产栽培要点。

技能目标

- 能够识别柑橘的主要种类、品种。
- 熟练掌握柑橘园土肥水管理、整形修剪和花果管理等操作技术。

基本理论

柑橘果实营养丰富，色香味兼优，既可鲜食，又可加工成以果汁为主的各种加工制品。据中央卫生研究院分析，柑橘每 100 g 的可食部分中，含核黄素0.05 mg，尼克酸 0.3 mg，抗坏血酸(维生素 C)16 mg，蛋白质 0.9 g，脂肪 0.1 g，糖 12 g，粗纤维 0.2 g，无机盐 0.4 g，钙 26 mg，磷 15 mg，铁 0.2 mg，热量 221.9 J。柑橘中的胡萝卜素(维生素 A)含量仅次于杏，比其他水果都高。柑橘还含多种维生素，此外，还含镁、硫、钠、氯和硅等元素。

我国是柑橘的重要原产地之一，柑橘资源丰富，优良品种繁多，有 4 000 多年的栽培历史。早在夏朝(前 21 世纪至前 17 世纪)，中国的江苏、安徽、江西、湖南、湖北等地生产的柑橘，已列为贡税之物。经过长期栽培、选择，柑橘成了人类的珍贵果品。据考证，直到公元 1471 年，橘、柑、橙等柑橘类果树才从我国传入葡萄牙的里斯本，公元 1665 年才传入美国的佛罗里达。

世界柑橘主要分布在北纬 35°以南的区域，性喜温暖湿润，有大水体增温的地域可向北推进到北纬 45°。世界有 135 个国家生产柑橘，均居百果之首，产量第一位的是巴西，第二位是美国，中国第三，再后是墨西哥、西班牙、伊朗、印度、意大利等国。柑橘汁占果汁的 3/4。

我国柑橘分布在北纬16°～37°，海拔最高达2 600 m(四川巴塘)，南起海南省的三亚市，北至陕、甘、豫，东起台湾省，西到西藏的雅鲁藏布江河谷。但我国柑橘的经济栽培区主要集中在北纬20°～33°，海拔700～1 000 m。全国生产柑橘包括台湾省在内有19个省(市、自治区)。其中主产柑橘的有浙江、福建、湖南、四川、广西、湖北、广东、江西、重庆和台湾10个省(市、区)，其次是上海、贵州、云南、江苏等省(市)，陕西、河南、海南、安徽和甘肃等省也有种植。全国种植柑橘的县(市、区)有985个。

目前，柑橘生产中存在的主要问题是：①品种结构不合理，早熟(含极早熟)、中熟、晚熟(含极晚熟)品种搭配不合理，中熟品种所占的比重过大，成熟期过分集中。②果实品质差，果农意识跟不上时代潮流，品种更新慢，基础技术薄弱，滥用化肥、农药，果实小、皮厚、汁偏酸、味淡、渣多、有毒物质含量高、果实颜色和成熟度不一。③商品化处理落后，我国在果实商品化方面明显落后于美国，商品化处理技术如分级、包装、清洗、打蜡、冷藏、运输等尚未达到标准，后期处理率为1%，美国为100%；深加工我国不到10%，美国达35%。④销售单一，我国柑橘主要以鲜销为主，虽有糖水橘瓣罐头生产，但总加工和榨汁量不超过总产量的10%，90%以上柑橘果实仍鲜食，95%果实销售在本国，造成内部竞争，形成市场供过于求，出现卖果难的现象。鲜销也给贮藏、运输带来一定的难度。⑤产业无序化，我国柑橘种植品种(品系)多而杂，种植面积小而分散，各家各户独立经营管理，完全未形成产业化、秩序化。

第一节 种类和品种

一、主要种类

柑橘属芸香科柑橘亚科是热带、亚热带常绿果树(除枳以外)，用作经济栽培的有3个属，即枳属、柑橘属和金柑属。我国和世界其他国家栽培的柑橘主要是柑橘属。

二、主要品种

(一)甜橙类

1. 红肉脐橙

红肉脐橙又名卡拉卡拉(caracara)脐橙，为秘鲁选出的华盛顿脐橙的芽变。该品种树势强，开张。果实圆球形或椭圆形，平均单果重 200 g，果肉呈均匀的粉红色至红色，但果汁仍为橙色，有特殊香味，品质优。可溶性固性物含量 13.3%，果实12 月上旬成熟。是目前脐橙类唯一的红肉新品种。

2. 福本脐橙

原产日本和歌山县，为华盛顿脐橙的枝变，以果面色泽深红而著称，也称“福本红脐橙”。树势中等，树姿较开张。果实较大，单果重 200～250 g，短椭圆形或球形，果顶部浑圆，多闭脐，果梗部周围有明显的短放射状沟纹，果面光滑，红橙色，肉质脆嫩多汁，可溶性固形物 12.5%～13%，酸甜适口，富香气，无核，品质优良，果实 11 月中下旬成熟，产量中上。

3. 血橙之王——塔罗科血橙新系

该品种从塔罗科血橙珠心系后代中选育而成。其树势强。果实倒卵形或短椭圆形，单果重 200～250 g，成熟时果皮及果肉血红色。果实一般 1 月下旬成熟，果肉细嫩化渣，汁多味浓甜，香气浓郁，可溶性固形物 12%～13%，果大无核，具极强的市场竞争力。

4. 梨橙

重庆市果树研究所等单位选出的甜橙新品种，因其果实多为梨形而得名。果大，外观美，平均单果重 200～220 g，最大可达 3.50 g，果皮为橙红色或深橙色，果形独特呈梨形或倒卵形；果实风味浓甜，酸味较锦橙稍低，微有香气，果肉脆嫩化渣，风味似脐橙，可食率 74.6%，含可溶性固形物 11.8%。

(二)宽皮柑橘类

1. 本地早蜜橘

原产浙江黄岩。小果型蜜橘，11 月中旬成熟，最佳食用期为 12 月上旬至次年2 月初，果实呈扁圆形，单果重 50～70 g，果皮橙黄色或橙红色，果肉柔软多汁，化渣性好，风味佳，微具香气，种子少，可食率达 72%以上，可溶性固形物 12%左右。

2. 南丰蜜橘

原产我国，又名金钱蜜橘、邵武蜜橘。树势中等，半圆头形，开张。果扁圆形，小，单果重 30～50 g，两端广平或微凹，顶端多有假脐；果面橙黄色，较光滑，皮薄易剥；果肉柔软多汁，风味浓甜，核少，品质中上。11 月上中旬成熟，果实不甚贮，丰产。

3. 蕉柑

原产于我国，别称桶柑。12 月中旬至次年 1 月成熟，挂果性能佳，丰产。始果期早，产量高，但喜爱温暖，不耐寒，需肥水较多，要求精细栽培管理。

此外，还有满头红、日南 1 号、山下红、台湾椪柑、太田椪柑等优良品种。

(三)杂柑类

1.春见

1979年日本以清见与椪柑F-2432杂交育成。树势较健旺。树姿直立。果实高扁圆形或倒阔卵形,果大,一般单果重230 g,大者可达460 g,果面光滑,深橙色,果皮薄,剥皮较易;果肉深橙色,质地脆嫩多叶,极化渣,风叶浓郁,可溶性固形物12%~13%。无核。重庆地区果实10月下旬着色,12月中下旬成熟。春见着果率高,丰产性强。

2.天草

杂柑之王,从日本引进。果熟期在12月中、下旬,果实整齐美观,扁球形,外表光滑,亮丽像打蜡一般,果皮橙红色,单果重200 g,最大的可达500 g;风味佳,果肉柔嫩多汁、化渣,含可溶性固物12%左右;丰产性强,栽植第二年即可试花挂果,丰产稳产;具有甜橙风味和宽皮柑橘易剥皮的特点。

3.不知火

从日本新引进的清见与中野3号椪柑杂交育成的最优良种之一。无核果率很高,丰产,单果重200~300 g,果实倒卵或扁球形,果皮黄橙色,成熟期2~3月,留树上越久,糖度越高,汁胞和肉质越柔软,风味越佳,味极甜。成熟时果皮稍厚、稍粗,易剥,有椪柑香味,果肉橙红色,肉质柔软多汁,风味极佳,是目前推荐发展的重要晚熟优新品种之一。

此外,还有濑户香、天香、南香、清见橘橙、诺瓦等优良品种。

(四)柚类

1.矮晚柚

从晚白柚中选出。该品种果形美观,扁圆形或短圆柱形,一般果重2 000 g,最大果重3 600 g,果皮黄色、光滑。果肉白色,肉质细嫩,多汁化渣,甜酸爽口,果实充分成熟时有浓郁的芳香,无苦麻味,品质上等,果汁含可溶性固形物11%~13.5%,种子少,少数无核,品质极优。果实次年1月底2月初成熟,极耐贮藏,该品种适应性广,抗逆,抗病虫能力强。

2.官溪蜜柚

原产于福建平和县。树冠半圆形,较开张,枝叶稠密,长势特别壮旺。10月下旬成熟。果实呈倒卵圆形或阔圆锥形,果色淡黄,果特大,单果重2 500 g,大者可达5 000 g。果肉淡红色,甜酸适口,化渣,味芳香,含可溶性固形物12%,品质优。适应性强,栽培易,结果早,丰产稳产。

3.强德勒红心柚

美国蜜柚,杂交育成。树势旺,枝梢长、披垂,果实中至大果形,平均单果重

1 000 g,果皮光滑,有光泽,皮中等厚,包着紧,黄色,常有淡色彩纹,果顶平圆;少核,果肉红色,甜酸爽口,脆嫩化渣,无异味,果汁多,含可溶性固形物 10.5%～11.5%,品质优,丰产,11 月下旬完全成熟,9 月份即可食用,耐贮性好。

(五)其他柑橘类

1.尤力克柠檬

原产美国。树势中等,开张,枝条零乱,披散。果实椭圆形至倒卵形,平均单果重 150 g 左右。顶端具乳突,果皮淡黄,较厚而粗。果汁多,香气浓,每 100 mL 酸含量 6.0～7.5 g,糖含量 1.48 g,果实在 11 月中下旬成熟。

2.脆皮金柑

从普通金柑中选出的一个性状稳定的优良品种。该品种抗逆性强,特别是对柑橘黄龙病表现出较强的抗性。早结丰产,果实成熟时橙黄色,幼果墨绿色,单果重 12～15 g,最大果重 20 g 以上,果实近圆球形,果皮极光滑,油胞稀少,全果带皮食用,清香脆甜,无普通金柑的刺鼻辛辣味。成熟期在 11 月中旬至 12 月上旬。

3.佛手

因其果形似人手,故名佛手。果实皮色金黄,肉质白嫩,香脆干甜,并可加工成佛手茶、佛手露、佛手果冻和佛手果酒;花、幼果和成熟果实均可入药。

佛手又分金华佛手和广佛手,其中青皮为金华佛手的主栽品种,果实中等大,平均单果重 300 g 左右,最大果可达 2 000 g,香气浓,品质上等,极耐寒。广佛手平均果重 750～1 000 g,最大可达 2 200 g,比金华佛手果大,栽后第二年投产,丰产期鲜果亩产 3 000～4 000 kg,抗寒力极强。果实 11 月可上色,11 月下旬充分转色,可挂果到次年 3 月份。

4.樱橘

樱橘与普通柑橘不同,它是一种无季节性野生果子杂交育成。树冠矮小,适应性强,不受气候、土壤、地理限制,四季可栽种。树高 50～70 cm 即为盛果期。从开花到成熟 140 d,比普通柑橘早熟 20 d 左右。单果重 80～100 g,大果高达 460 g,含糖量一般为 14%,市场畅销价高。

5.澳柑

橘与橙的杂种,来源不详。树势中等,叶片似橘,中熟品种,果中等至大果,果实顶部阔,基部窄,果皮深橙红色,易剥,果肉质脆、细嫩,具独特的清香味,丰产。

第二节 生物学特性

一、生长结果习性

(一)根系

主根不很强,须根特别发达,一般没有根毛,主要依靠菌根吸收水分、养料。柑橘根系一般入土深40～110 cm,宽常为树冠宽度的1～2倍。其生长适宜的土壤湿度,一般为土壤最大饱和水量的60%～80%。一年中根的生长有3～4次高峰,与枝梢生长高峰互为消长。

(二)芽和枝梢

柑橘的芽为复芽,其具有早熟性,一年能多次抽梢,即春梢、夏梢、秋梢、冬梢,其中晚秋梢和冬梢无利用价值。柑橘枝梢生长具有顶端优势和垂直优势,同时具有"自剪"现象。

(三)叶

柑橘的叶除枳壳为落叶性的三出复叶外,其余均为常绿单身复叶或单叶。一般情况下,叶片寿命1.5～2年,最长可达3年。萌芽至叶片大小定型约需6周,萌芽至叶片完全转绿老熟需2个月左右。

(四)开花结果

柑橘的花芽为混合芽,可在生长健壮的各类梢的先端处形成。如新梢多次生长,则花芽发生的部位随之上移。热区柑橘除个别种类、品种外,多在3～4月开花,花期的早晚和长短因气候条件、种类和品种、树势以及栽培条件而不同。

春季开花时,由混合芽抽生的结果枝一般很短。结果枝有带叶果枝和无叶果枝两种。幼年树及树势健壮的树上多能抽生带叶果枝,它们的着果率较高,结果后的第二年可抽生营养枝或结果母枝。无叶果枝是一种退化果枝,在老年结果树上发生较多,在以夏梢、秋梢作为主要结果母枝的树上也多,这类结果枝在结果后都枯死。

二、对环境条件的要求

柑橘类为原产热带亚热带雨林下的灌木或小乔木,喜温暖不耐严寒,较耐阴,要求既湿润又通气良好且有机质含量丰富的土壤。

(一)温度

温度影响柑橘分布及其经济栽培,绝对温度的高低是限制柑橘分布的决定性因素。不同种和品种的适应范围不同,适于华南栽培的品种,多不宜于低温的华中地区;反之亦然。不同种和品种的耐寒力也有不同。−9℃是温州蜜柑栽培的安全北限,而甜橙和柚子的栽培安全北限为−7℃。柑橘开始萌芽生长的温度约为128℃,13～29℃为其最适宜的生长温度范围,37℃以上则停止生长。

年平均温度和年有效积温对柑橘的产量和果实品质有显著影响。温州蜜柑最适在年平均16～17℃、≥10℃年积温5 200～6 500℃的中亚热为主的地区经济栽培;蕉柑在年平均21～22℃地区栽培才能发挥其丰产性和优良品质。椪柑的生态适宜性比蕉柑广,但最能发挥其丰产、优质的地区是年平均20～22℃、≥10℃年积温7 000～8 000℃的南亚热带地区。柠檬在≥12.8℃年有效积温1 500℃地区栽培最适宜;而华盛顿脐橙栽培则最适于年积温1 700～1 900℃的地区。

我国热区在柑橘枝梢生长和果实发育期具丰富的热量,而在秋冬季花芽分化期则有适当低温和干旱,无严寒、霜害或只有轻霜,是最适宜的柑橘栽培区。

(二)光照

柑橘较耐阴,最适光强为1 200～2 000 h。要求光照充足,柑橘的光饱和点为3 000～4 000 h。不同种和品种对光照条件的要求有差异。宽皮橘较喜阳光,多在光照条件好的树冠外围结果;南昌甜橙和柚类则耐阴性较强,在树冠不过分密闭情况下,内膛枝和下垂枝也能良好结果。柑橘对漫射光和弱光的利用率高,其光补偿点低,在20℃时约为1 300 h。

我国热区的光照强度在一般情况下能充分满足柑橘的要求;但出现较长时间的阴雨天气或园地过于荫蔽时,柑橘可能会因光照不良而使枝梢细长、不充实、叶片薄且易黄落、开花少、落花落果严重、果实着色不良、果实含糖低、品质差,以及病虫害严重等。但夏季阳光太强烈时(若加上高温干旱)则易使树冠向阳部分的果实或暴露的枝干受日灼伤害。

(三)水分

柑橘为常绿、阔叶果树,周年需水量大。一般降雨量为1 200～2 000 mm较为适宜。在年降雨量不足的地区,要有丰富的水源和灌溉。在年雨量200～600 mm的地区,柑橘要获得丰产,需要灌溉相当于800～1 000 mm雨量的水,但降雨过多又易发生涝害、诱发病害及导致光照水足等不良影响。不同种类和品种(类型)对雨量、湿度的适应性不同。华盛顿脐橙、卡特尼拉柑橙、尤力克柠檬、柳叶柑和克里迈丁红橘等适应于夏干区栽培，而哈姆林甜橙、菠萝甜橙、雪柑、椪柑、福橘、温州蜜柑和蕉柑等则适应于夏湿区栽培。

（四）土壤

柑橘对土壤适应性较广，但以土层深厚、疏松、肥沃的沙（砾）壤土或冲积土为宜。柑橘园应无硬土盘或沙石层阻隔，土层至少有 1m 深，雨季能降低地下水位至 0.8～1 m。土壤透气及排水性均良好，沙壤土适宜的透水速度平均为 90～100 mm/h。耕作层以含腐殖质 2%～3%、pH 6.0～6.5 适宜。

（五）风

微风对柑橘有利，冬春可防止霜冻，夏秋可防止高温日灼伤害。微风还起着降低湿度、减低病虫为害的作用。开花期，微风有利于授粉；采收期，微风可减少果品的腐烂，有利于果品的贮运。但大风和台风对柑橘会造成较大的破坏作用。夏秋干旱大风常导致红蜘蛛和锈壁虱的暴发和蔓延；冬季寒冷大风可加剧柑橘的冻害。沿海柑橘生长季节尤其易受台风危害，常造成枝叶果实损伤，加剧溃疡病为害，降低果实品质，甚至造成树倒、根断、枝折和严重落果。台风夹带的暴雨也可造成涝害。

第三节　生产技术要点

一、建园及栽植

1. 园地选择和开垦

柑橘园地以选择日照不太强烈（较阴凉）、较避风的地点，且选土质疏松，土层深厚（1 m 以上更好），有机质含量丰富（2%～3%以上更好）、微酸性（pH 5.5～6.5）的土壤最适宜；园地同时具备排灌、交通、植被条件较好。要求坡度 25°以下（15°以下最好），坡向以东南和西南最好。

开垦时平地见方对直，坡地沿等高线开垦，沟（坑）宽 1 m 左右，深不低于 0.8 m、底宽与口宽相当，坡地由下至上逐沟（坑）开挖，开挖时将沟（坑）之间 15～20 cm 厚的表土层连同枯枝、落叶及杂草等一起回填压到沟（坑）底，然后于定植苗位置处每穴放入畜肥、土杂肥（未处理过的垃圾忌用）30～50 kg 及石灰 1 kg，回土入沟（坑）的一半与肥拌匀，再于定植苗处每穴放入油枯（生菜枯最好）、复合肥（优质)、钙镁磷肥各 1 kg,然后回填土拌匀填至接近满沟(坑),最后回填土高出沟(坑)地表面 30 cm 左右。坡地开垦一定要按等高线修建成外高内低的台地。

为了早结果、早丰产和经济利用土地,采用计划密植(包括永久树和非永久树),要求在开挖测量定桩时就要确定栽植株行距。一般推荐密度见表 3-1。

表 3-1 柑橘栽培推荐密度

品种	平地果园		山地果园	
	株×行距/m	密度/(株/hm^2)	株×行距/m	密度/(株/hm^2)
甜橙	5×5	405	4×5	495
早熟温州蜜柑	3×4	840	3×3	1 110
中熟温州蜜柑	3×5	675	3×4	840
椪柑	3×4	840	3×3	1 110
蕉柑	3×4	840	3×3	1 110
本地早红橘	3×5	675	3×4	840
柠檬	3×5	675	3×4	840
柚	5×6	330	5×5	405
金柑	3×4	840	2×3	1665

2. 栽植时期

有灌溉条件的,只要避开苗木正萌芽时期,在四季均可定植,但在新梢刚老化时定植最好。例如在“冬春干旱、夏秋湿涝”的气候条件下,大面积定植应选择在雨季(6～8 月)定植,靠雨水灌溉,目前多于端午节前后栽植。同时,要注意根据回填沟(坑)后的期限来决定栽植时间:施用未发酵过的底肥回填后遇干旱的应过 6 个月再栽植;回填后即遇雨水或在潮湿地块的过 3 个月即可栽植,这是为了避免肥料发酵时烧苗根或定植穴土下沉埋没嫁接部位致病或形成“小老树”。

3. 栽植方法

栽前按确定好的株距挖好低于台面(园地表面)30 cm 的定植穴(塘),将苗放入定植塘:理顺根系(尤其是主根和侧根必须理顺),放入无掺杂肥料(少量钙镁磷肥无妨)的细土,这是至关重要的,否则会影响果树以后长势或苗易被烧根死亡。具体地,先把苗根系在水中浸泡几分钟以利喷发新根;栽植时把根系理顺层层压实(注意:雨季在胶黏土壤上栽植时,不宜将土踩得过于板结,避免阻根、弯根),放土盖至根系的 2/3 时用手捏住砧木部位轻轻向上提根一下,再放土压实盖至根颈(根与茎交接处)稍偏上部位。垒好定植盘(围绕苗木离主干 30 cm 垒土、内倾,利于收贮水分),浇足定根水(这是缓苗快与成活好的关键)。栽好后尽量想法用锯末(松木锯末较好)、杂草绿肥或 1 m 见方的塑料薄膜等覆盖树盘以防旱季土壤湿度不足或夏季雨水冲刷板结,但也要避免把苗的根颈甚至嫁接部位覆盖住,防止虫蚁危害或致病。

二、果园土肥水管理

(一)中耕除草及深翻扩塘

注意不要在土壤水分过重时进行挖锄以免破坏土壤结构。此项工作的目的是经常保持园内清洁及土壤疏松,减少土壤水分蒸发。

(1)中耕。每年进行 3~4 次,一般在雨季晴天土壤水分较少时进行(雨水太多时锄地过多会阻碍土壤水分蒸发),挖土深 20 cm 左右,主要是翻压杂草绿肥。台面上的杂草宜连根去除(松土拔掉),台埂上的植物只需经常刈砍,保留其活体以作护埂和形成小气候环境。

(2)深翻扩塘。每年进行 1~3 次,一般在旱季进行,约在晚秋雨水快收,早春雨水初来时及冬季雨水(烂冬雨)过后进行深翻扩塘较为适宜。深翻主要是为了保持一定水分在土壤里面以迎接漫长干旱的到来。扩塘和施基肥可结合在一起进行,接着进行全园深翻:挖深 40 cm 左右,深翻起来的土块也应打碎整平(特别在干旱初始期),否则会增加土壤蒸发面积。

总之,中耕深翻扩塘后既不能露根,更不能土埋嫁接口。开挖时还要尽量避免挖断主要的骨干侧根(大根)。

(二)肥水管理

有水分时施肥,肥效发挥快而充分、安全。当然,施基肥用的农杂肥需经过充分发酵腐熟;一次性施用化肥不应过量,应该薄施勤施。另外,成年树的主要根层分布在土壤深 40~60 cm 处,其主要吸收根是须根根尖——新根部分,在决定施肥深度、部位时应以此为据。同时注意施肥后用土把施肥沟覆盖好。

1. 施基肥

一般在 11~12 月份进行。有水浇可晚一些施,靠下雨获取水分的山地要早些进行(最后一场雨下过,土壤还保持潮湿时最好)。具体是隔年、错开从树冠滴水线处向外开挖放射状、半环状或环状施肥沟,挖时注意不要截断大根。施肥量也要根据树龄及其长势增减。一般每株施肥沟底层放入杂草绿肥后再施入畜粪、土杂肥或腐殖土 50 kg 左右,加施油枯(生菜枯更好)或羊粪 1 kg,钙镁磷肥 0.5 kg,与施肥沟内部分土壤充分拌匀。结果树应增施草木灰肥、硫酸钾等钾肥以利开花结果。

2. 追肥

以速效化肥为主，有条件的可配以腐熟过的农家畜粪水（忌用人粪尿）、油枯水施用。幼龄期以氮肥（尿素）为主，再适当施用优质的复合肥，一般每株每次各施0.1 kg左右。追肥是为了促进树冠迅速增大。具体是根据果树在抽梢初始期和迅速伸长期（中期），在树冠滴水线处挖穴沟施入，每次施肥后都要用土覆盖好。施肥时及其以后7 d时间内需保持土壤湿润或干旱时施水肥，湿涝时施干肥；树势生长强的少施，生长弱的多施。施肥次数也要根据树体生长情况而定；还要适当施磷肥（普钙）和钾肥（火灰或化肥）。

对于结果树的追肥，实际上是对其进行"提神"。具体是：①一般在1月下旬至2月上旬施春芽肥（园地干旱的在早春雨来时施较好），以氮肥为主，配合磷、钾肥，以促进春梢抽发和花芽分化；②4月底5月初施一次稳果肥，以氮、磷肥为主，以提高坐果率；③在6月底7月初施促梢壮果肥（氮、磷、钾配合），每株施优质复合肥和生菜枯各1 kg左右以提高果实品质；④在采果前后10 d左右施采果肥，早熟品种在采后施（干肥为主），晚熟品种在采前施（水肥为主）。结果多树势弱的多施，结果少树势强的少施；⑤必要时还可在新梢萌发期结合喷药施用根外追肥（尿素0.3%～0.5%及其他微肥），以促进枝梢抽发。

3. 合理灌溉

春季是果树生长的重要时期，此时也是干旱季节。在土壤太过干燥（起裂缝）时也需灌足水。特别在新芽萌动时需浇足催芽水，在大量开花期，幼果膨大期也应适量浇水以保花保果。旱季经常锄松台面土壤并进行树盘覆盖（锯末、杂草等）能阻碍部分土壤水分蒸发和利于收贮雨水等，同时保留隔埂上的小树木和杂草绿肥以形成小气候，这是山地果园管理中相当重要的一项工作。

4. 及时排水

在一些低洼园地，因雨水集中导致土壤积水的，应注意疏通沟渠，确保及时排除积水，使土壤含水量适度（60%～80%）。

三、整形修剪

（一）幼树整形

幼树期树冠培养定型相当重要，主要是通过增施基肥及施氮肥促发新梢，并有目的地抹芽（抹掉密集病芽）、短截所抽发的旺盛营养枝、撑枝（撑开紧凑壮枝）、剪去病虫弱枝，以减少消耗，促进主要枝梢抽发伸长，培养全园合理（有效利用阳光）的树冠并且是相对一致的树型，为创建高产、稳产、优质的高效果园打好基础。初步整形在苗期就已进行，高度在1 m以上且具有一定树形即进行正常修剪。

(二)结果树的修剪

多数修剪主要在春梢萌发前的冷凉季节进行:剪去病、虫、弱枝和生长过于茂密荫蔽的枝梢(一个节上长出的多根枝条进行"五抽二、三抽一"剪除),剪除及短截徒长枝的纤弱部分等。辅助修剪是在疏果时剪去部分无用的带果枝等;对开花过多的进行疏花;剪掉受病虫危害严重的枝梢,特别是对雨水集中时节萌发的被潜叶蛾、蚜虫等危害太重的枝梢剪截;夏、秋、冬季萌发的发黄而瘦弱的枝梢也应剪除。

计划密植果园的合理有效修剪在整个管理中极其重要,它既能调节树体营养又能减少养分损耗,从而减少施肥喷药的浪费,同时提高果实品质并可稳定产量,是确保连年丰产的关键措施之一。

四、果实采收

果实成熟采摘要避开太阳暴晒和有雨露时进行。采摘时要做到"一果两剪":第一剪连同果梗或无用的果蒂枝剪下;第二剪剪齐果蒂以免果实在装运中相互戳伤,同时要轻拿轻放。掌握了"采果"这门技术,相当于给果树进行了一次有效的修剪,特别是充分利用强健的果蒂枝培养结果母枝以弥补较弱果树结果母枝发生的不足,是打好丰产基础相当管用的一种方法。

需用作贮藏或外运(远销)的果实,在其成熟着色一半(绿黄色)时就应采摘。否则,采摘过绿,贮运后果实色、味不好;采摘过黄(熟),不耐贮藏,贮运后果味会变淡。

采果时注意:①采果人员忌喝酒以免乙醇熏果更不耐贮运。②采果人员指甲应剪平,最好戴手套操作。③入库贮藏的果实应在果园进行初选分级,果实不得露天堆放。④容器内应平滑并衬软垫,一般以硬纸箱、木箱、塑料箱作包装箱,每箱10～20 kg包装贮运为宜。

运输途中应尽量避免果实受大的震动而发生新伤。长途运输最适冷藏温度是:甜橙类3～5℃,宽皮柑橘类5～8℃,柚类8～10℃,冷库贮藏也应经2～3 d预冷后达到此最终温度,同时保持相对湿度:甜橙90%～95%,宽皮柑橘类及柚类85%～90%。另外,还可用薄膜包果、喷涂蜡液、留(挂)树贮藏保鲜(连续2～3年后间歇1年为好)等。

五、其他管理

(一)柑橘定植缓苗期

一般在定植后2个月内,特别是栽植后第一次萌芽初始期适当追施氮肥、磷肥

1 次;1 周以后(相隔 10 d 左右)再施 2 次,这 3 次肥非常重要。施肥时注意既要防止肥害(施肥量过多、土壤太干燥而烧根)又要达到催梢“提苗”的目的。

(二)柑橘幼树期(栽后三年内)合理间套种

幼树期尚有部分园地土壤未被柑橘树利用,可适当间套种蔬菜、豆科作物、绿肥或药材等草本矮秆植物,但不宜种包谷、稻麦等高秆、高耗肥作物。耕种时要在树冠覆盖范围以外进行,并注意避开当年的柑橘树施肥部位播种。合理间套种可以减少水土流失、培肥土壤、增加收入,以短养长。在旱季可形成有利的小气候环境。但在太干旱的季节也要清除柑橘树根系主要分布(活动)范围内的活的植物或短期作物以免与之争肥、争水、争光。

(三)柑橘大树移栽

(1)在移栽前一年的秋季,于移栽树两侧距主干 40～50 cm 处挖两条深、宽各 30 cm 左右的沟,并将挖断的根系用枝剪剪平伤口,过 2～3 d 后,覆土浇水以促发新根。

(2)在翌年春初新芽萌动前或雨水初来时,轻轻取出已断根处的回填土,保护好根断口发出的新根,并挖断另两侧的根群,包扎带土球移至挖好的定植穴中。栽植时,分层排匀根系后再覆土,压实、浇足水。

(3)若树体过大(高 2 m 以上),可在计划移植的前三年秋季断根,于第二年春季芽萌动期,从二级至四级大枝处作重回缩(锯除),但应注意保留小枝。

(4)移栽后,每 10～15 d 施一次稀薄液肥以利树体恢复。

实践技能

实训 3-1　柑橘生长结果习性观察

一、实训目的

认识柑橘生长发育特性,学会观察记载生长结果习性的方法。

二、材料与工具

(1)材料:选择当地柑橘园,要求是盛果期。

(2)工具:枝剪、钢卷尺、记录本和绘图工具。

三、实训内容

(一)枝梢及结果母枝的观察

在不同季节记载该季的枝数、长度、粗度、叶数及主要叶形,并将各季节枝梢挂牌标记,下年统计其成为结果母枝的数量。

(二)结果枝的观察

分别在春季开花期识别各种类型的结果枝,并统计各类结果枝的数量、占总果枝的比例,并将各类结果枝挂牌标记,于谢花期、定果后、采果时统计其着果数及占总果数的比例。

(三)不同柑橘种类的结果习性观察

根据当地的主要柑橘种类选择 3~4 个种类观察记载其结果部位、坐果率、结果枝类型等。

本实训内容较多,部分内容持续时间较长,除课堂完成外,应充分利用课余时间进行。也可根据实际情况,选做部分项目。选定果树,挂上标签,注明观察项目、时间、人员,第三项的观察、记录和整理应以 2~3 人为一小组进行。

四、实训报告

实训完成后每人上交实训报告一份,要求除记载内容外,应绘制枝芽的示意图。

五、考核标准

成绩按 100 分计,实训表现 20 分,技能操作 30 分,实训报告 50 分。

实训 3-2 柑橘整形修剪技术

一、实训目的

熟练掌握柑橘幼树整形、结果树修剪技术。

二、材料与工具

(1)材料。不同生长时期的柑橘。

(2)工具。枝剪、手锯、梯子、小桶和其他辅助用具。

三、实训内容

(一)幼树整形

见本章幼树整形的有关内容。

(二)结果树修剪

见本章结果树修剪的有关内容。

本实训持续时间较长,应根据授课实际情况选择相应项目完成。

四、实训报告

实训完成后每人上交实训报告一份。

五、考核标准

成绩按 100 分计,实训表现 20 分,技能操作 30 分,实训报告 50 分。

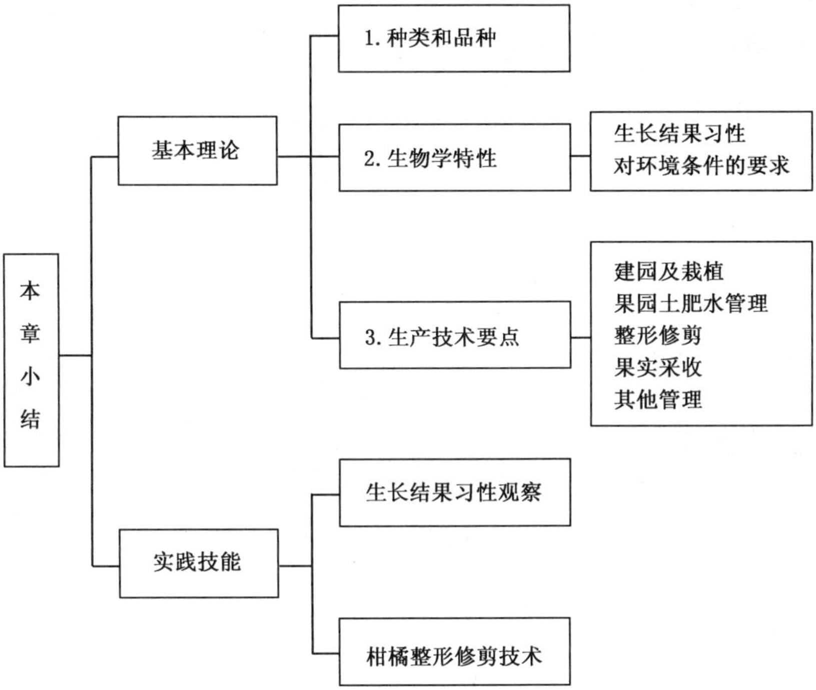

复习思考题

1.简述柑橘的主要种群及其本地的优良品种。
2.简述柑橘枝梢的类型及生长结果习性。
3.柑橘对环境条件有什么要求？
4.柑橘成年果园如何进行施肥？
5.简述柑橘不同年龄时期的修剪内容。

第四章 荔　　枝

知识目标

- 了解荔枝主要种类与栽培品种。
- 掌握荔枝的生长结果习性及生态特性。
- 掌握荔枝育苗、建园和栽培管理的关键技术。

技能目标

- 能够选择适宜当地环境条件的荔枝栽培品种。
- 学会荔枝嫁接育苗、高压育苗，园地规划建设和苗木定植技术。
- 掌握荔枝土肥水管理、整形修剪、花果管理等操作技术。
- 具备独立完成荔枝园常规管理工作的能力。

基本理论

荔枝是亚热带地区特色水果之一，果实品质优良，营养丰富。据测定，每 100 g 果肉含水分 84 g，碳水化合物 14 g，蛋白质 0.7 g，脂肪 0.6 g，维生素 C 36 mg，核黄素 0.04 mg，尼克酸 0.4 mg，多数栽培品种可溶性固形物含量达 20%以上，果肉甜美可口，具有滋补作用和药用价值。果实除鲜食外，可制罐头、果汁、果醋、果酒和荔枝干，果壳可提炼单宁等。荔枝适应性强，寿命长，产量高，具有较高的经济效益、社会效益和生态效益。

荔枝原产我国南部，至今在海南、广东、云南的山林里仍有成片野生荔枝林。据文献记载，荔枝在我国有 2 200 多年的栽培历史。荔枝分布于北纬 18°～31°范围内，但主产区在北纬 22°～24°30′。广东栽培面积最大，其他为广西、福建、台湾、海南、四川、云南、贵州等省（区），浙江南部也有少量栽培。

18 世纪末我国荔枝首先传入缅甸，然后印度、牙买加；19 世纪中末叶先后又传至美国的夏威夷、佛罗里达州、加利福尼亚州。目前亚洲的印度、泰国、越南、缅甸、孟加拉国、柬埔寨、老挝、马来西亚、菲律宾、斯里兰卡、印度尼西亚、日本，非洲的南非、毛里求斯、马达加斯加、留尼旺、加蓬、刚果，大洋洲的澳大利亚、新西兰，美洲的美国、洪都拉斯、巴拿马、古巴、特立尼达、波多黎各、巴西等国家也有栽培，但国外荔枝的栽培面积、产量和品种都远远不及我国。

当前我国荔枝生产存在的主要问题：一是品种结构不合理，产期过于集中，年供货期短。我国荔枝早、中、晚熟品种的比例分别约为10%、20%、70%，多集中在6月上旬至7月中旬成熟，年供货期约80 d左右。应增加早熟、中熟品种比例，使早、中、晚熟的比例调节为30%、50%和20%。二是果实的贮运保鲜技术及设施设备落后，果实保鲜期短。为开拓更广阔的国内外市场，果实的贮运保鲜工作有待进一步改善提高；三是栽培管理粗放，产量低而不稳。如1999年，我国大陆荔枝总产量约126万t，每公顷平均产量仅2.17 t，而台湾荔枝每公顷平均产量超过7.6 t，印度和泰国超过3.8 t。四是科学研究落后于生产形势的发展，如嫁接繁殖砧穗的配搭，矮、密、早、优栽培技术的有效措施，肥水科学管理的生理指标，提高抗自然灾害的能力等均应研究解决。

第一节　种类和品种

一、主要种类

荔枝属无患子科(Sapindaceae)荔枝属(*Litchi* Sonn.)。荔枝属下有两个种，即中国荔枝(*L. chinensis* Sonn.)和菲律宾荔枝(*L. philippinensis* Radl.)，中国荔枝即通常所指的荔枝栽培种，本种有两个野生变种，即光头荔枝和褐毛荔枝。菲律宾荔枝、光头荔枝、褐毛荔枝常作荔枝的砧木和育种材料。

二、主要品种

我国荔枝在长期栽培的过程中，选育出很多栽培品种。全国现有荔枝品种、品系以及特殊性状的优株220个，其中作为商品生产的主栽品种有30多个。主要栽培品种介绍如下。

(一)早熟品种

(1)三月红。别名早果、玉荷包(粤)、鹿角(川)、四月荔、五月红(桂)，因在农历3月下旬成熟，故名三月红。为著名早熟品种，主产于珠江三角洲和广西南部。果实心脏形或歪心形，果大，单果重 37～42 g，有大小果；果皮鲜红色，5 月上中旬果熟，味甜、微香。较丰产、稳产、耐湿、抗风。

(2)白糖罂。别名蜂糖罂，主产广东茂名。果歪心形或短歪心形，单果重约 24.8 g，果皮薄，鲜红色；肉厚味甜，质脆多汁，具香蜜味。是优良的早熟品种，在广东高州 2 月中下旬至 3 月上旬开花，5 月上旬至 6 月中旬成熟。品质优、丰产。

(3)白蜡。主产于广东茂名。果近心形或卵圆形，果中等大，平均单果重 24.1 g，果皮鲜红色，稍带紫色，品质优良。种子大，结果率较高。广东茂名 2 月中下旬至 3 月上旬开花，5 月下旬至 6 月中旬成熟。生长势较强，丰产，但大小年现象较明显。

此外，还有圆枝、妃子笑、大造等优良品种。

(二)中熟品种

(1)黑叶。别名乌叶荔枝，为粤、桂、闽、台最普遍栽培的品种。果实歪心形，果中等大，单果重 19.6 g，大小均匀。果皮紫红色，核充实中等大，品质中上。广州 3 月下旬至 4 月上旬开花，6 月中旬成熟。耐湿，丰产、稳产性较好。制糖水罐头时其果肉内膜顶端褐变较轻，具有良好的加工性能。

(2)糯米糍。别名米枝、糯米甜、丁香、冰糖荔，世界名贵品种。主产于珠江三角洲，广西、贵州、福建也有栽培。有“红皮大糯”(称红壳)和“白皮小糯米”(称白壳仔)两个品系，前者果大，皮色鲜红；后者果较小，皮色浅红，品质以前者为优。单果重 25 g，扁心形，广州 3 月下旬至 4 月下旬开花，6 月下旬至 7 月上旬果熟。该品种果大、肉厚、味浓甜、核小、风味佳。除鲜食外，还可加工成优质荔枝干。耐旱性强，丰产，但大小年结果显著，且易裂果。

(3)桂味。别名桂枝、冰糖荔、带绿。是广东最优良的品种之一，广西、福建、四川、台湾都有栽培。桂味有全红及鸭头绿两个品系。果实圆球形或近圆球形，中等大，单果重约 17 g；果皮浅红色，近果肩有墨绿色斑块，故称为鸭头绿桂味。品质极佳，以细核、肉质爽脆、清甜、有桂花味而闻名。广州 3 月下旬至 4 月下旬开花，6 月下旬至 7 月上旬果熟。适应性较强，耐旱，但枝脆，抗风力稍弱。大小年现象明显，易裂果。

此外，还有淮枝、兰竹、陈紫、元红、灵山香荔等优良品种。

(三)晚熟品种

(1)东刘一号。系 1979 年从福清市晚熟荔枝品种下番枝中选育的优良品种。果实短心脏形，单果重 30 g 左右，果皮紫红色，肉质爽脆，肉厚，中核，味香清甜，品质上等。3 月中下旬抽穗，5 月上旬至下旬(立夏—小满)开花，立秋前后成熟，宜鲜食和制罐。适应性强，耐旱、抗风，树形较矮化，结果早、高产、稳产、晚熟。

(2)下番枝(中元枝—福建)。福建最晚熟品种，产福清等地。果实近圆形，鲜红或带黄色，单果重 22.9～31.5 g，果肉乳白色，质细、较脆，有香气。可溶性固形物 18%～19%，种子多数大核。7 月下旬至 8 月上中旬成熟。

(3)楠木叶(三块石荔枝)。四川迟熟品种，合江县三块石为著名产地，果实心脏形，阳面浅红、阴面浅橙黄色，皮薄；单果重 19.3 g，龟裂片大小不一，较平滑，肉细嫩略脆，汁多化渣，味甜微涩，稍有香气。可溶性固形物 19.7%，品质中上，种子大者居多，8 月上、中旬成熟。

(4)雪怀子。广东、广西迟熟品种，主产广州市郊、增城及广西南宁市郊。果实歪心形，深红色；单果重 19.8～25.9 g，肉白蜡色，质结实爽脆，味甜。可溶性固形物 15.7%～17.4%，品质中上；种子多饱满，成熟期 7 月上中旬。

第二节　生物学特性

一、形态特征

常绿乔木，树冠多呈半圆形，通常高 5～10 m，宽 7～12 m，主干粗大，树皮平滑，灰褐色或黑褐色，枝条繁茂，分枝略弯曲向四周均匀分布(图 4-1)。

枝条密而较短或疏而较长。偶数羽状复叶，小叶 2～4 对互生或对生，革质，叶面浓绿，有光泽，披针形、长椭圆形或倒卵形，长 9～15 cm，宽 3～5 cm，先端渐尖或急尖，具短柄，全缘。复总状圆锥花序，顶生或侧生，每小穗有花 3 朵。花小、淡黄绿色，多数无花瓣，花萼杯状，花盘肉质，有蜜腺。花型大体分四种：①雌花：即雄蕊不完全雌花，子房发达，二室，能受精结果，花丝很短，药囊不散播花粉。②雄花：包括雌蕊完全退化和雌蕊发育不完全的雄花，子房退化，花药壮，花粉健全。③两性花：雌雄蕊发育完全，雄蕊能正常散发花粉，雌蕊有受精能力，是能结果的完全花。④变态花：雌蕊有子房 1～16 个，柱头有单裂或多裂，雄蕊花丝 3～19 枚(花型见图 4-2)。核果多为卵形、圆形。由果柄、果蒂、果皮、果肉(假种皮)及种子等组成。成熟时果皮多为红色，皮革质，有瘤状突起，形成龟裂片、裂纹和片峰，有时有刺手感。果皮由对称的两边合成，连接处有缝合线。假种皮为果肉，白色，半透明如凝脂，外包有一层薄膜状的内果皮。种子一枚，多褐色光亮并发育完全，部分败育，易与果肉分离。果实构造见图 4-1。

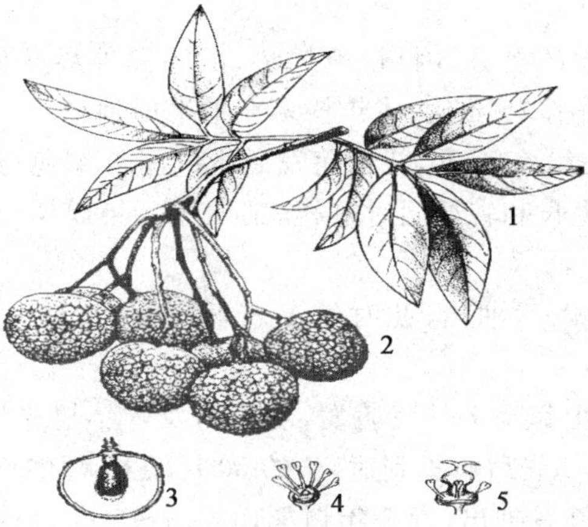

1.叶 2.果穗 3.果实剖面 4.雄花 5.雌花

图 4-1 荔枝(李兴中绘)

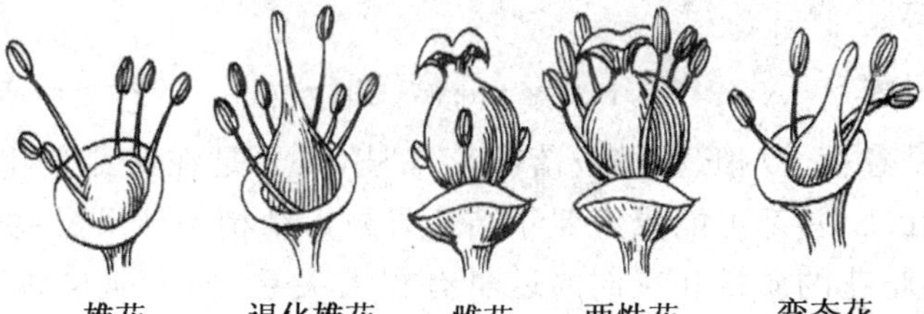

图 4-2 荔枝花型

(仿《荔枝栽培工作历》,吴仁山,2000)

二、生长结果习性

(一)根的生长发育

荔枝根系庞大,由主根、侧根、须根组成。幼根常与真菌共生,形成内生菌根。根系分布范围与土壤的性质、土层厚薄、地下水位高低及农业措施密切相关。一年中根系有三次生长高峰:第一次在开花后、夏梢萌发前的 5 月中旬到 6 月中下旬,是一年中生长量最大的时期;第二次在采果后的 7 月中下旬到 8 月中旬,生长量较第一次少;第三次出现在花芽分化前的 9 月中下旬到 11 月上旬,此时发根多,吸收力强。

(二)枝梢的生长

一年中新梢发生的次数，因树龄、树势、品种和外界条件而异，幼年树可抽梢5～6次；青壮年树抽梢3～4次；成年树多在采果后抽梢1次。不同季节对梢期长短，叶色变化影响很大，气温低，新梢萌发后嫩叶呈红铜色，经转绿充分成熟，梢期长；气温高，嫩叶的生长和转绿同时进行，梢期短。年周期中，因物候期不同，枝梢的生长有：

(1)春梢。立春以后抽出，此时气温较低，初生嫩叶多呈红铜色，梢期80～140 d。

(2)夏梢。5月上旬至7月底萌发，幼年树及青年树先后有2～3次新梢。此时气温由低到高，梢期先后由长到短，长的50 d以上，短的不足1个月。

(3)秋梢。8～10月抽出，青壮年树能萌发2～3次，梢期长短与夏季相反，由短到长，短的只需1个月，长的90 d以上。秋梢是重要的结果母枝。

(4)冬梢。11月至翌年1月抽出。冬季温暖多雨，壮健植株会萌发冬梢。抽出后又因遇低温霜冻，嫩叶细小且不能正常转绿，甚至干枯，成为无叶光棍枝，不利于次年开花结果。

(三)结果母枝

荔枝不论是春梢、夏梢、秋梢或落花落果枝，只要是在花芽分化前老熟且不再抽生冬梢的健壮新梢，都可能成为翌年结果母枝。秋梢是结果树主要的结果母枝，其抽生得迟早，与花的质量和花期的迟早有很大关系，抽生期与品种、不同地区的气候条件和采果期等有关。据福建漳州地区果农经验，兰竹以“秋分—寒露梢”作为结果母枝较好，乌叶以“秋分梢”为较理想的结果母枝，“霜降”所抽的梢，花穗变短，花量减少，但坐果率仍较高。优良的秋梢结果母枝应具备下列条件：①适时抽生和适时老熟；②枝梢健壮，以一次秋梢长15～20 cm，两次秋梢总长20～30 cm，秋梢中部粗度达0.4 cm以上为佳；③秋梢充分老熟后不再抽生冬梢。

(四)花芽分化和开花结果

1.花芽分化

花芽分化分两个时期：

(1)花序各级枝梗分化期。生长锥由宽圆锥形变得肥大宽圆，花序原基形成。之后，主轴由下而上分化出雏形复叶，叶腋间产生一级枝梗(侧轴)原基即肉眼可见的“白点”，一级产生二级，二级又产生三级分枝，大型花序中下部枝梗还可有四级分枝，直至主轴顶端进入花器分化时各级分枝分化才停止。全过程中，有一段时间花序分枝与花器分化同时进行。

(2)花器分化期。花器的分化是由外到内,依次分化萼片、雄蕊、雌蕊,多数不见花瓣。随着雄蕊原基的发育,中心生长锥周围产生两枚突起,逐渐加高加厚,形成片状心皮,心皮原基渐次由基部向顶端进行边缘愈合,成为两个完整的子房,内有倒生胚珠,心皮顶端也延伸成为花柱、柱头(吴素芬等,1986)。雌雄花的比例因品种、气候和树体营养水平不同而异。一般雌花占比例较小,在30%以下。适应性强、丰产稳产的品种,雌花比例稍高;干旱适度的年份,雌花比例较高,反之雌花比例低;据测定,叶片含钾量对雌花比例有较大的影响,叶片含钾量高,花芽分化好,花质量高,雌花比例高,反之雌花比例低。

荔枝不同品种类型的花芽分化时期见表4-1。

表4-1 荔枝不同品种类型的花芽分化时期

品种类型	始分化期	抽穗期	成花期	开花期	末次梢抽梢期
早熟品种	10月中旬	11月下旬至12月上旬	1月下旬	2月中下旬	8月下旬至9月上旬
中熟品种	11月中旬	1月中下旬	3月上旬	3月中旬	9月下旬至10月上旬
晚熟品种	12月中、下旬	1月下旬至2月上旬	3月中下旬	3月下旬至4月上旬	10月中、下旬

2.花芽的形成受内在条件和外界环境的影响

结果母枝良好的生长并积累充足的有机营养,为荔枝由营养生长转向生殖生长奠定了良好的物质基础。荔枝花芽分化过程中,内源激素发生一系列的变化,花芽内脱落酸(ABA)始终保持在较叶芽含量高得多的水平(侯学瑛等,1986)。花芽细胞分裂素(CTK)的含量逐渐增加,到花器官形成期达到高峰(梁立峰等,1983)。

不同品种花芽分化对温度的要求不同,早熟型如三月红品种,广州10月中旬日平均气温25.8℃、日平均最低气温22.9℃、降雨量全月163 mm,即可进入花芽分化。中、迟熟型品种如桂味、糯米糍花芽分化需要比上述温度低约10℃才能进入花芽分化。冬暖年份,在花序抽生过程中,如气温偏高(大于14℃)且持续5~7 d以上,花穗就会出现"冲梢"现象,花序上腋芽干枯脱落,苞片伸长,抽出带枝叶的花穗,影响花芽的质量,坐果率低。

荔枝花序原基体是混合芽,在发育过程中高温促进叶的生长,低温有利于花序的发育。水分也是影响花芽分化的重要因素,适当干旱,抑制营养生长,促进花芽分化。倪耀源等报道(1985),黑叶品种在1月上旬及下旬的旬降水量与雌性比呈密切正相关,与平均每穗总花量和雄花量一般呈负相关。

3.开花习性

通常每一花序着生小花200～1 000朵。每穗雌花量一般有100～200朵,高者可达700多朵。荔枝开花次序由下而上,以一个小穗而言,中央一朵花先开,旁边两朵后开。多数品种在正常的气候条件下,同一花穗上的雄花先开1～3 d,间歇1～2 d后雌花开1～3 d;此后第二批雄花开放,接着是第二批雌花;最后是第三批雄花和两性花开放。同一花穗雌雄花开放的高峰期不相遇,依其开放过程可分为三种类型:①单性异熟型,雌雄蕊不同时成熟,也不同时开放;②单次同熟型,雌雄花有一次同时开放;③多次同熟型,雌雄花同时开放在一次以上。雌花比例一般在30%以下,高者可达50%以上。

4.果实发育

荔枝的果实发育可分为三个阶段:

(1)种胚发育阶段。从雌花授粉受精到果肉(假种皮)出现为止,历期30～40 d。种胚发育的前期即授粉受精后8～10 d,少数花的子房二室能同时生长,多数花的子房二室开始分化成大小各一,大的一室皮色鲜绿,生长较速;小的一室皮色暗绿呈失水状,停止发育或继之脱落,此期通常称为果实并粒期。经20～30 d,种腔内的胚呈半透明圆珠状,随着果实增大,液体胚逐渐被吸收消失,种胚继续增大或败育。30 d后种柄外突,果肉开始出现。这个时期果实近蒂部开始膨大,种子和果皮之间有空隙,压之有不实之感,此期约34 d。

(2)子叶发育阶段。历期14～26 d,这个时期自果肉出现至包满种子顶部,主要是子叶迅速发育,增大增重。种皮逐步硬化,后期种子充实,种皮转为棕褐色,种子发育基本完成。

(3)果肉速长阶段。从果肉包顶到果实发育成熟止,历时20～25 d,果肉迅速生长、增厚、增重,果肉的增重量约占成熟果全部果肉质量的85%以上,果肉可溶性固形物迅速增加。这一阶段中期以后,果皮颜色从果蒂端开始转红,并逐渐扩大,最后使果皮全部变红;龟裂片渐平,果肉饱满,果皮渐薄。

荔枝果实发育呈单S形,发育过程的三个阶段中,第一和第三阶段基本相同,第二阶段则因品种和果实而异,败育型的品种和种子,因胚败育种子明显萎缩,变成半焦核或焦核。发育正常的种子,本阶段结束时已具发芽能力。

(五)果实脱落

(1)幼果期落果。在开花后2～3周内,4月下旬果绿豆大时大量脱落,占幼果35%～50%,果农称之为"并粒"落果,主要原因是受精不完全,胚胎发育不良。荔枝开花期对温度反应较敏感,平均气温低于20℃时,开花总日数明显增多,平均气温高于22℃时,花期显著缩短,7℃以下花粉不能发芽,10～15℃少量发芽,20～

25℃最适，30℃以上又有所下降。低温是提高坐果率的限制因子之一。

(2)中期落果。约在5月中下旬果肉生长至种子长度1/3～2/3时，达到高峰，主要原因是激素失调，养分缺乏。

(3)采果前落果。在采果前“芒种”左右发生。主要原因是养分不足，病虫害严重，水分过多或严重干旱，果农称之为“芒种落果”，连日下雨或晴遇暴雨，引起裂果落果。

三、对环境条件的要求

荔枝原产我国南亚热带地区，主产区年平均温度20～23℃，对温度要求较为严格，因而限制了其栽培分布。生长发育期间要求高温多湿，最适生长温度23～29℃，10～12℃生长缓慢。冬季要有短时间寒冷，以利于抑制营养生长，促进花芽分化。春季10℃以上才开始开花，18～24℃开花最盛，花期及幼果期低温阴雨造成大量落花落果，甚至全部失收。0～2℃会遭受低温危害，但成年树没有生长活动时可耐-2.8℃甚至更低低温。荔枝生长需要充足水分，要求年雨量1 200 mm以上，华南主产区年降雨量1 500～1 800 mm。荔枝喜光，有“当日荔枝”之称。邵尧年对广州近20年的气候分析认为：1月份低温(11～15℃)，晴天日数多(15～22 d)，日照时间长(117 h)，降雨日数少(少于5～10 d)，雨量不到50 mm，相对湿度73%以下，则为丰年。荔枝生长旺盛期及采果前忌台风。对山地红、黄壤土，平地沙壤土、冲积土、甚至黏土都可适应，但以土层深厚、排灌良好、有机质2%以上、土壤疏松以及能促进根菌繁衍的酸性(pH 5～6)沙壤土为好。总的要求是营养生长期需要日照充足多雨，花芽分化期低温干燥，果实发育期天气晴朗，数天一场雨为最好。

第三节 生产技术要点

一、育苗建园

(一)育苗

荔枝的繁殖，过去以空中压条(俗称圈枝)为主，近年嫁接育苗发展迅速。

1.嫁接繁殖

(1)砧木苗的培育。荔枝不同砧穗组合的嫁接亲和力有差异，生产上要加以注意。生产上常选用淮枝、大造、黑叶、三月红等大核种子品种作砧木。

荔枝种子在自然贮存下，经 4～5 d 便丧失发芽率，种子应随采随播。若需贮藏，应将种子洗净，表面晾干后用百菌清、托布津处理，装入塑料袋中，扎紧袋口室温贮藏，注意及时抹干水滴，挑出烂、病种子，经 4 个月以上仍有相当高的发芽率。一般夏季播种，翌年 3～4 月移植，按行株距(10～15) cm×(5～8) cm，每公顷播种 1 875～3 000 kg，播后覆土或盖上充分腐熟的土杂肥 1.5～2 cm，以后注意淋水保湿。幼苗出土后搭棚遮阴，防止烈日高温灼伤嫩苗。第一片真叶转绿时，施入稀薄水肥，及时喷药灭虫保梢。翌年 3～4 月按大小分级移栽、剪除过长主根，按株行距 15～20 cm，每公顷栽植 16.5 万～18 万株。移栽后的第一次新梢老熟后开始施肥。以后每次新梢老熟时都施肥一次，当砧木苗长至 30 cm 高时摘心，并将苗木主干 20 cm 以下的侧芽抹除，培养直立、光滑、健壮的苗木。当苗干粗达 0.8 cm 以上时便可嫁接。

(2)嫁接。应从品种纯正、丰产优质的结果树上选择芽眼饱满、皮身嫩滑、粗度与砧木相近，顶梢老熟，未萌芽或刚萌发的一、二年生枝条作接穗。接穗不耐贮藏，若需短期保存，可用湿细沙、苔藓等埋藏，上盖薄膜保湿。嫁接时间一般以 2～4 月及 9～10 月为多。嫁接方法有芽接和枝接，枝接以合接、切接为普遍。嫁接后 30～40 d 检查，未成活的及时补接，抹除砧芽。第二次新梢老熟后，从侧边切割薄膜带解缚。接穗萌发第一次新梢老熟后可施肥，以后每次梢期施肥 1～2 次。旱时淋水，及时灭虫。嫁接苗高 40～50 cm，砧、穗亲和。具 3～4 条分枝，末级枝老熟、叶片浓绿，便可出圃。

提高嫁接成活率的措施：荔枝因枝条富含单宁，淀粉量低，维管束构造不规则，嫁接一般较难成活。为提高嫁接成活率，除应掌握一般嫁接技术外，特别要注意以下 5 点：①接穗要选自健壮的母树和生长良好、营养充足、芽眼饱满而未萌动(或刚萌动)的枝条。预先对枝条环割环剥，促进淀粉等养分积累然后再取作接穗，有利于提高成活率。②砧木要选生长良好、健壮、茎粗 1 cm 左右的实生苗，并在嫁接前施肥、淋水，促进根系生长，吸收活跃，有利于愈合组织产生。砧木在嫁接部位以下留 2～3 片叶子，以便嫁接后合成有机营养，有利水分和养分的供应，对提高嫁接成活率和促进嫁接苗生长有明显作用。③嫁接环境条件要适宜。荔枝在 20～30℃ 下产生愈伤组织，温度过高过低均不利于嫁接愈合成活。因此，一般在 3～4 月及 9～10 月嫁接最好，在夏季嫁接要进行遮阴。④嫁接操作要快，操刀平稳，切面适长。⑤用有色薄膜包扎，松紧度适宜。

2. 压条(圈枝)繁殖

荔枝高压育苗，一年四季都可进行，以 2～5 月为多。选择丰产、稳产、生长势壮旺的20～30年生壮树，2～3年生、径粗1.5～3 cm，生长健壮的枝条，相距约3 cm，环割两刀，深达木质部，将两割口间的皮层剥除，15～20 d后，包上生根基质，外用塑料膜保护。为促进生根，可在上割口及其附近涂上0.5%吲哚丁酸或0.05%～0.1%萘乙酸。经80～100 d后，生根2～3次，末次根老熟后，锯离母树假植或定植。

(二)建园

1. 园地选择及规划

大面积荔枝园主要建立在山地丘陵和平地，山地丘陵宜在15°～20°的斜坡地建园，重点要做好水土保持。平地建园对地下水位较高的围田或沿海地区，必须重视排灌系统的修建、降低地下水位。起墩种植，设置防风林。品种规划要根据其特性和环境条件而定。由于荔枝雌雄花期不遇，栽种荔枝时必须规划种植授粉树。授粉品种通常以配置10%～20%为宜。如以黑叶为主栽品种，可配种大造、三月红、桂味等。

栽植密度根据不同的种植方式而定：①永久性定植，一般株行距6～7 m，每公顷植240株，早期可利用空地间种中、短期经济作物，达到以短养长：②计划密植，开始栽植密度为4 m×4 m，每公顷植630株，以取得早期经济效益，当枝条交叉、影响永久树生长结果时即回缩或间疏。

2. 种植

有春植和秋植，春植2～5月，春梢萌发前或老熟后；秋植在9～10月，秋梢老熟后进行。荔枝种植要挖大坑，施足基肥。定植坑深0.8～1 m，长、宽各1 m，每坑施入绿肥50 kg、腐熟的土杂肥100 kg、优质猪粪15～25 kg、石灰0.5 kg、过磷酸钙0.5～1 kg。挖穴时分层埋入绿肥、垃圾等有机物，然后整成高于地面约20 cm，宽约1 m的土墩；地下水位较高的园地，宜土墩种植、填土下沉后保持墩高约30 cm。种植时小心填土，忌大力踩踏根部，植后淋足定根水，树盘盖草保墒，风力较大地区需立支柱，以后适当淋水防旱。30 d后检查成活情况并及时补种。

二、幼年树的管理

荔枝幼年树是指从定植后到生长结果的早期阶段，历期为3～4年，幼年树的管理，应在提高成活率的基础上，增加根量，扩大根条生长范围并增加绿叶层，培养生长健壮、分布均匀的骨干枝，扩大树冠，为早结丰产奠定基础。

1. 施肥

以勤施薄施为原则。土壤施肥在定植后1个月即可开始，2～3年内以增加根量、促梢、壮梢为主。宜掌握“一梢二肥”或“一梢三肥”，即枝梢顶芽萌动时施入以氮为主的速效肥，促使新梢正常生长。当新梢伸长基本停止、叶色由红转绿时，施第二次肥，促使枝梢迅速转绿、提高光合效能、增粗枝条、增厚叶片。也有在新梢转绿后施第三次肥，加速新梢老熟、缩短梢期，利于多次萌发新梢。施肥量视土壤性质、幼树大小而定，定植后树小根少，每株每次施复合肥 25～30 g、尿素 20～25 g、氯化钾 1 5～20 g、过磷酸钙 50～75 g，单独施或混合施，混施时分量酌情减少。第二年起施肥量相应提高，比上年增 40%～60%。此外，根据树体生长情况，枝梢生长迅速期酌情喷叶面肥，常用的有 0.3%～0.5%尿素、0.3%～0.5%磷酸二氢钾、0.3%～0.5%硫酸镁、0.02%～0.05%硼砂、0.05%～0.1%硼酸、0.1%～0.6%硫酸锌以及 1%～3%过磷酸钙浸出液。

2.灌水、排水

幼年荔枝根少且浅，受表层土壤水分的影响较大。一年生荔枝幼树常发生“回枯”现象，尤以定植后已萌发一二次新梢又放松了水分管理的高压苗，“回枯”更为严重。故旱天应注意淋水保湿，雨天防止树盘积水，下沉植株宜适当抬高植位，以利正常生长。

3.松土、改土

荔枝菌根好气，土壤疏松通气才能促进根系生长，壮大根群。幼龄果园的耕作，多数结合间作进行，一年松土除草六七次。从第二年起，丘陵山地荔枝园宜行深翻，结合施入有机质肥扩穴改土。水位较高荔枝园，应注重客土培土，加厚土层。

4.间种和地面覆盖

幼龄和青年荔枝园，应充分利用行间空地间种、套种。土壤覆盖可夏降土温、冬能保暖、防旱保湿、减少杂草生长、增加土壤有机质。覆盖方法可种绿肥和生草，旱季收割后盖于土面，或埋于根际土层。死物覆盖通常用田间杂草、作物茎秆等盖于树盘，上培薄土。

5.整形修剪

整形修剪见实训三。

6.防寒护树

冬季如气温降至－2℃以下，将受冻害。尤其幼树发梢次数多、停止生长晚、寒冷来临之前枝叶未充分老熟，抗寒力低。要及早促使末次梢充分老熟，防止 11 月以后萌发冬梢；幼树树冠顶部可用稻草遮盖防霜冻；荔枝园堆积草皮树叶，根据预测，霜冻来临前熏烟防霜：如用绿肥、作物枝叶或垃圾覆盖于根系生长范围的土面，其上再盖薄泥，可护根防寒。

三、结果树的土肥水管理

1.营养与施肥

近年我国对荔枝矿质营养的研究增多，并在生产上逐步实施科学用肥。据广东、广西、福建等主产区分析，荔枝老熟秋梢叶片干物质含 N 1.42%～2.03%、P 0.15%～0.38%、K 0.78%～1.05%，其比例为 1∶(0.08～0.18)∶(0.51～0.57)；花干物质三要素含量分别为 N 1.8%～2.5%、P 0.3%～0.7%、K 1.2%～1.7%，其比例为 1∶0.27∶0.72；果实不同发育阶段营养水平不同，幼果期需 N 量较多，果实发育后期则需 K 量明显增加。一般每 100 kg 鲜果所含纯量的 N 为 0.14～0.16 kg、P 0.03 kg、K 0.13～0.15 kg。根据对矿质营养的分析和各主产区荔枝丰产园的施肥经验，近年我国总结出“以产定肥”的施肥量，如广东提出 30 年生植株每产 100 kg 鲜果，全年施肥量为：N 1.38 kg、P_2O_5 0.8 kg、K_2O 1.5 kg；广西提出 15～20 年生植株每产 100 kg 鲜果，全年施肥量为：N 1.6～1.9 kg、P_2O_5 0.8～1.0 kg、K_2O 1.8～2.0 kg。以上施肥量与果实分析结果比较可知，实际施肥量均等于果实带走的矿质营养量的 4 倍，上述数字可供作施肥参考。

荔枝全年施肥主要分为三个时期：

(1)花前期。原则掌握早熟种“小寒”至“大寒”施，中迟熟种“大寒”至“雨水”施。旺树、青年树迟施或不施；弱树、老年树早施。幼龄结果树、壮旺树(10 年生以下)不见花蕾暂不施。施肥量按 100 kg 结果量计算，可株施尿素 0.7 kg，过磷酸钙 0.7 kg，氯化钾 0.5 kg。此期氮、磷、钾配合，氮、钾占全年施用量的 20%～25%，磷占 25%～30%。

(2)壮果肥。一般在谢花后至第一次生理落果期(绿豆大)施用，花量大，宜早施；花量少，宜迟施，树体壮旺者可不施。施肥量仍按 100 kg 结果量计算，可株施尿素 1 kg，过磷酸钙 0.5 kg，氯化钾 1.4 kg。此次以钾为主，氮磷配合，钾占全年施肥量 40%～50%，氮、磷占 30%～40%。

(3)采果前后肥。恢复树势、促发秋梢、培养壮健结果母枝、奠定翌年丰产基础。青壮年树为促两次秋梢，以及弱树、结果多的树，应在采果前及时施用；靠一次秋梢结果者可以适当推迟施肥期，以免抽生早秋梢后又抽冬梢。每株可施人粪尿 100～150 kg，或复合肥 1.5～3.5 kg，或尿素 0.5～2.5 kg、过磷酸钙 5 kg、氯化钾 0.5 kg。此期以氮为主，磷、钾配合，氮施用量占全年施肥量 45%～55%，磷、钾占 30%～40%。荔枝以土壤施肥为主，并根据各物候期的实际需要，辅以叶面喷肥。如用 0.3%～0.4%尿素、0.3%～0.4%磷酸二氢钾、0.03%～0.05%复合型核苷酸、0.05%～0.1%硼酸、0.02%～0.05%硼砂、0.3%～0.5%硫酸镁。

荔枝全年施肥量,可参考表 4-2 所示。

表 4-2 荔枝全年施肥量

(kg/株,以产果 50 kg/株计)

品种类型	尿素	氯化钾	硫酸钙	硫酸镁	硼	石灰	有机肥	施用氮、磷、钾比例
早熟品种	3.8	4.25	2.5	0.2	0.05	1.5	50	1∶0.29∶1.14
中熟品种	3.75	3.5	2.5	0.1	0.05	2	50	1∶0.30∶0.96
晚熟品种	3.75	3.5	2.5	0.1	0.05	2	50	1∶0.30∶0.96

注:根据吴仁山《荔枝栽培工作历》的有关数据整理。

2. 中耕和松土

(1)中耕除草。每年中耕除草 2～3 次。第一次在采果前或采果后结合施肥进行,可促发新梢、加速树势恢复,宜浅耕 10～15 cm。第二次在秋梢老熟后进行,深可 15～20 cm,以切断部分吸收根、减少根群吸水能力、利于抑制冬梢萌发。第三次在开花前约 1 个月进行,宜浅,深约 10 cm。可疏松土层、促进根系的生长和吸收。

(2)培土客土。在秋、冬季结合清园进行。于树冠下土面培泥,厚 6～10 cm。围田地区用河泥铺于畦面,厚 3～4 cm,湿泥切忌堆积过厚,以防生根土层积水缺氧伤根。

(3)深翻改土。于树冠外围土层挖沟,深 50～70 cm,分层压入杂草、绿肥、垃圾,以改善土壤理化性状,促进根群生长。

3. 灌水和排水

水分管理原则上应按关键物候期掌握以下几点:花芽分化前期土壤要较干燥,后期适量供水,以利于花芽的分化和发育;开花期宜少雨多晴,久旱应灌水;果实发育期应保证水分供应,成熟期注意排除果园积水;秋梢萌发期遇旱要灌水促梢壮梢。

四、结果树的树冠管理

(一)培养壮健结果母枝

良好的结果母枝是夺取丰产稳产的关键环节之一,枝梢纤弱,开花坐果不良。荔枝末次秋梢就是翌年的结果母枝,因此,末次秋梢抽出必须适时并充分老熟,有足够的养分积累,才能有利于花芽分化,才有可能获得丰产。末次秋梢的培育要视树龄、树势、品种而异。

老树或当年挂果量大的树可考虑只培养一次秋梢作翌年的结果母枝，采果后施少量速效肥，氮肥为主，恢复树势；8 月下旬再施一次肥，每株施复合肥 1.0～1.5 kg，结合灌水进行，促进新梢在 9 月上中旬萌芽，由于此类树新梢生长缓慢，一般到 12 月结果母枝才老熟。

壮旺树可考虑培养两次秋梢，以第二次秋梢作翌年主要的结果母枝。采前 10～15 d 施一次肥，以氮肥为主，氮、磷、钾肥配合施用，同时施少量腐熟的有机肥，施肥后淋水，采果后 10～15 d 能发芽，待展叶转绿时淋施少量复合肥壮梢，促进第一次秋梢在 9 月中旬老熟；在第一次秋梢要老熟时及时淋施催芽肥，促使第二次秋梢在 9 月中、下旬萌芽，10 月上、中旬展叶开始转绿，一般能在 11 月下旬到 12 月上旬老熟，顺利进入花芽分化。为促进每次新梢加快老熟，可在展叶后进行叶面追施磷酸二氢钾。在每次新梢基部展叶时和完全展叶转绿时各喷一次杀虫剂和杀螨剂护梢。

早熟品种如三月红，树势强旺的结果树，抽梢快，采果后要放 3 次梢，以第三次梢作结果母枝。采果后要及时修剪，剪除重叠枝、交叉枝、病虫害枝、细弱枝，对当年的结果枝及过长的枝条留 25 cm 短截，配合施肥促使第一次梢在 6 月中旬抽生，第二次新梢在 7 月下旬抽生，第三次新梢在 9 月上旬抽生。

(二)控制冬梢，促进花芽分化

荔枝冬梢抽发由于消耗大量养分，造成第二年无花或少花。冬梢的萌发与树势、基枝的老熟程度和气候条件有关，生长状态也较为复杂，因而要根据其生长状况及气候条件分别处理。控制冬梢的主要途径如下：

1. 适时培养末次秋梢

只要末次秋梢适时抽生，一般情况下就会控制冬梢的萌发。

2. 控氮增钾

末次秋梢转绿后停止氮肥的施用，增施钾肥。结果 50 kg 的果树，每株可施氯化钾 0.5 kg，巨微生物钾 0.1 kg，挖浅沟施，旱天加水淋施。

3. 控水

末次秋梢老熟后停止灌水；亦可通过深翻断根控水，末次秋梢老熟后采用在树冠滴水线下松土 10～15 cm，锄断部分须根的方法控水，也可以在树冠滴水线下挖宽、深各 30～40 cm 的环状施肥沟或长 100～150 cm 两条对面沟露根，20～30 d 后结合施有机肥回土。

4. 环割、环剥或环扎

在末次秋梢老熟后，对长势壮旺、水肥条件好的树进行环割、环剥或环扎促花。环割方法：在土枝或副主枝上，用刀环割 1～3 圈。环剥方法：在主枝或副主枝上，用刀或专用环剥刀螺旋环剥 1～1.5 圈。环扎方法：在冬梢即将萌发时用 14 号铁线进行环扎。

5.人工摘除冬梢

对于萌发较迟或控制不住的冬梢，在冬梢 3～5 cm 长时，人工摘除冬梢或留 1.5～3 cm 短截，可以重新萌芽成花。

6.灌水促花

荔枝叶腋间产生花穗一级枝梗（侧轴）原基，即露“白点”时，要求有一定的水分。土壤湿润，花穗才能正常抽出，因此，为了保证花穗按时抽出，荔枝特早熟品种应在 12 月中旬、迟熟品种在 1 月中旬起，视土壤干旱情况及时适量灌水。

7.化学控梢

(1)控梢。末次梢枝梢老熟，叶色浓绿且未萌发新芽的植株，应喷激素控梢，抑制秋梢不再萌发冬梢，不消耗养分，同时可增加结果母枝内促花激素的含量，促进成花，提高雌花比例。可选用以下任一组激素喷施：①40％乙烯利 11.3～15 mL，加 B_9 15 g，兑水 15 kg；②40％乙烯利 11.3～15 mL，加 15％的多效唑 30 g，兑水 15 kg；③花果灵 2 包，加蔗糖 100 g，加特丁基核苷酸 1 包，兑水 50 kg；④荔枝控梢促花素 100 mL，加蔗糖 100 g，兑水 50 kg；⑤休眠素 1 包，加特丁基核苷酸 1 包，兑水 50 kg。

(2)杀梢。冬梢刚抽出，叶片是紫红色，估计不能正常老熟的植株，应及时杀死嫩梢嫩芽，抑制其营养生长，强迫其进入休眠状态。可选用以下任一组激素喷施：①40％乙烯利 18.8～22.5 mL，加 B_9 15 g，兑水 15 kg。②40％乙烯利 18.8～22.5 mL，加 15％的多效唑 50 g，兑水 15 kg。③杀梢保花素 1 瓶，加蔗糖 100 g，兑水 50 kg。3～5 d 后用控梢促花素 100 mL，加特丁基核苷酸 1 包，兑水 50 kg。

(3)促梢。对开始转绿，叶是淡绿色，枝条柔软未老熟，但估计在花芽分化前能老熟的末次梢，应用叶面肥促其尽快转绿，赶上花芽分化。3～5 d 喷 1 次叶面肥，连喷 3～4 次。可选用以下任一组叶面肥喷施：①尿素 30 g，加磷酸二氢钾 30 g，加硫酸镁 15 g，兑水 15 kg；②特丁基核苷酸 1 包，加蔗糖 100 g，兑水 50 kg；③复合型磷酸二氢钾 30 g，加蔗糖 30 g，兑水 15 kg。

(三)加强授粉工作，提高坐果率

荔枝坐果率高低差异极大，一般为雌花的 2％～12％。一株 19 年生淮枝，雌花约达 9 万朵，如坐果率 2％计，其产量仅 36 kg，若坐果率提高到 12％，则产量可达 200 kg 以上，可见生产潜力很大。主要措施：①花期放蜂。蜜蜂的传粉对提高坐果率起重要作用，放蜂的数量与荔枝群体大小成正比，成年荔枝树每公顷放蜂 30 群，可满足传粉要求。放蜂期应停止喷杀虫农药，避免蜜蜂中毒和蜂蜜受污染。

②人工辅助授粉。花粉的采集有湿毛巾沾着法，用湿毛巾在盛开的雄花上拖沾，并将沾有花粉的毛巾放入清水洗下花粉，然后喷于盛开的雌花上；脱粉板法，是用打了数个孔的铁片，孔径4.5～5 mm，安装于蜂箱门，下方放一小盒，当蜜蜂进入蜂箱通过圆孔时，脚上的花粉团部分被刮落。盛花期每天早上安装2～3 h，每箱可取粉10～30 g；人工采摘法，是人工剪下发育成熟且花药未开裂的雄花小穗贮藏备用。贮藏方法可放入装有硅胶、生石灰等干燥剂的密封容器中，也可装入纸袋放于家用冰箱水果格中，5～12℃贮藏50 d仍可使用。人工授粉以气温20～25℃为佳，可在每50 kg花粉液中加入硼酸5 g，配成后及时对盛开的雌花喷射授粉，可提高坐果率3%～6%。③雨后晴天摇花。盛花期遇阴雨时，天放晴即人工摇花枝以抖落水珠，加速花朵风干和散粉，或防止沤花。④雌花盛开期遇高温干燥，宜灌水喷水，提高大气湿度。

(四)保果

荔枝果实在发育过程中落果严重，保果应在加强肥、水管理和病虫防治等综合措施的基础上，辅以其他方法保果。

1.施保果肥

(1)施花前肥。花前施肥以磷、钾肥为主，不能施过多氮肥，否则会形成带叶花穗和花穗过长，对坐果不利。一般结果50 kg的果树，每株施复合肥0.5 kg，或尿素0.5 kg、氯化钾0.25 kg、过磷酸钙0.5 kg。

(2)施花后肥。开花后荔枝树体养分降到最低点，若不及时补充营养，则引起落果。故在谢花后应及时施1次速效肥，以氮肥为主，配合磷、钾肥。一般结果50 kg的果树，每株施复合肥1.0 kg，或尿素0.5 kg、氯化钾0.5 kg。

2.疏折花穗

花序长短直接影响花量和花质、坐果率，花序过长，消耗养分多。

(1)摘除早花穗。立春前后把早花穗全部摘除，促抽短而壮的侧花穗。

(2)疏花穗。对花穗过多的植株，为集中养分用于开花结果，当花穗抽出10 cm时把弱穗、病穗、带叶花穗疏除，减少营养消耗。

(3)短截长花穗。对长花穗品种，如大造、妃子笑、黑叶等品种，花穗过长，花量多，泌蜜多，消耗养分过多；同时，花穗顶端雌花比例低，以雄花为主，消耗养分，不利坐果，在花穗长15～20 cm时短截。

3.控制春梢生长

剪除开花植株抽出的少量春梢；摘除带叶花穗上的嫩叶，但不摘顶。用200～250 mg/L乙烯利喷春梢以抑制春梢生长。

4. 喷施叶面肥和激素保果

花蕾期至幼果期，每隔 10～15 d 喷一次叶面肥，叶面肥可用 0.3%尿素，加 0.3%磷酸二氢钾；或用核苷酸 1 包，兑水 15 kg。在花前喷施叶面肥需另加 0.1%的硼砂。开花前 10～15 d，结合防治霜疫霉病、椿象进行叶面追肥 1～2 次，用 0.2%乙磷铝，加 0.1%～0.2%敌百虫，加 0.1%硼砂，加 0.1%的硫酸镁，加 0.3%～0.5%的尿素。开花期不能使用农药。谢花后 20～40 d 可用 40～50 mg/L 防落素，或 20～50 mg/L 赤霉素，加 0.3%～0.5%尿素和 0.2%～0.3%氯化钾进行保果。

5. 环剥或环割

对生长偏旺的结果树，对主枝或主干进行环剥或环割或环扎保果。一般在雌花谢花后 10 d 左右进行，老树弱树不宜进行。

(五)修剪

见实训 4-3。

五、采收

荔枝果实由深绿转为黄绿色、局部出现红色是成熟的开始。成熟时果皮全部呈鲜红色，果皮一旦转暗红色已是过熟，从开始着色至完全成熟经历 7～10 d。为了保证商品质量并获得较长保鲜期，应当在果皮八成至全部呈红色即果实刚成熟时采收。皮色转暗是果实衰老的信号，不宜远运，只作近销。我国荔枝品种多，分布地域广，自南至北，横跨纬度约 11°。荔枝鲜果上市时间比世界其他国家长。海南、广东的早熟品种 5 月上、中旬开始上市，福建、四川的晚熟品种 8 月上、中旬才成熟，成熟期先后相差约 110 d，有利于调节鲜果的供应。

正确的采收方法，要求在考虑母树来年生产的同时保证商品质量。荔枝果穗基枝顶部节密粗大，俗称“葫芦节”。在密节处折果枝，留下粗壮枝段，称“短枝采果”。由于该枝段营养积累多、萌发新梢生长快且壮健、利于培养优良结果母枝，故一般实行“短枝采果”。折果枝不带或少带叶，应视品种、树龄、树势而定。采收宜选晴天或阴天，雨天或中午烈日均不宜进行，否则不利贮运保鲜。采收时自上而下，逐层采摘。大树应备长果梯，盛果篮用长绳从枝丫处往下吊运。轻采轻放，以防损伤果皮。

荔枝采收后的变褐和腐烂，其外部原因主要是盛夏高温，果皮失水和真菌侵害。采收后在果园阴凉处就地分级，剔除烂果、病虫果，迅速装运。如在常温条件下运输，果实需先预冷后包装，因此大型果园最好在产地配有冷库，荔枝采收后尽快进入 0～5℃的低温环境中贮藏，能有效延长荔枝的新鲜状态。应用防腐剂和热水处理，可有效抑制真菌病害，而低温结合气调贮藏是目前延长荔枝保鲜期的最有效方法。

实践技能

实训 4-1 荔枝主要品种识别

一、目的要求

对当地几个主要栽培品种进行观察和记载，学习识别荔枝品种的方法。

二、材料用具

(1)材料。当地有代表性的品种如三月红、圆枝、大造、黑叶、妃子笑、糯米糍、桂味、淮枝、陈紫、兰竹、下番枝等。

(2)用具。绘图用具，天平，卡尺，解剖刀，钢卷尺，手持糖量计。

三、内容及方法

荔枝品种的识别，可从树形、叶形和果实进行识别，以果皮中部龟裂片和裂片峰的形态特征作为荔枝品种分类的主要标准。本实验可安排两次进行。第一次在室外，观察记载植株的形态特征；第二次在室内，选具有代表性果实横切和纵切，观察内部构造，逐项详细记载。

(一)室外观察植株形态

(1)树性特征。直立，开张，半开张。

(2)树形。圆头形，自然半圆形，阔圆锥 形，自然开张形。

(3)枝条。下垂，直立；密或疏；长或短。

(4)叶片。以春梢或秋梢叶片为代表。

①叶型。单叶，复叶。

②形状。整叶(椭圆形、长椭圆、披针形、卵圆形、长卵圆形)；叶端(短尖、长尖或钝)；叶缘(波纹或内卷)。

③叶脉。明显，中等，不明显。

④色泽。浓绿，绿，黄绿，淡绿。

(二)果实性状

(1)果形。包括形状(圆形、卵圆形、椭圆形、歪心形、长心形、圆球形或心脏形等)，果肩(平、突或歪斜等)，果顶(圆或渐尖等)(图 4-3)。

(2)果大小。重量(20 个果平均值)，果纵径/横径(20 个果平均值)。

(3)果皮。颜色，厚度，刺手度，龟裂片(平、隆起或突出)，裂片峰(无、钝或尖锐)，缝合线(显著、不显著)，内果皮颜色(鲜红或淡白)，维管束(明显或不明显)。

(4)果肉。(10 个果平均数，以中部为准)，可食部分占全果重的百分数(以 10 个果计算)，肉色(乳白、蜡色或微带黄色)，肉质(柔软或爽脆)。

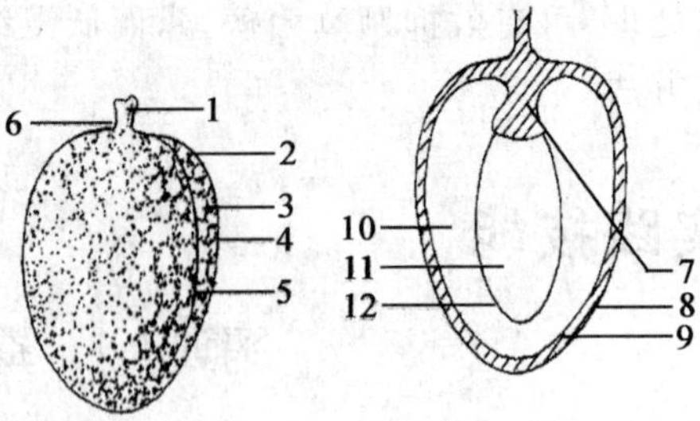

1.果梗　2.果实　3.裂片峰　4.龟裂片　5.缝合线　6.果蒂　7.果柄　8.果皮　9.内果皮　10.果肉　11.种子　12.种皮

图 4-3　荔枝果实

(仿《热带亚热带果树栽培学》，林尤奋，2004)

(5)果汁。多或少。

(6)风味。酸，甜，酸涩甜，味淡，有无特殊香味等。

(7)可溶性固形物。

(8)核蒂柱。离核或连核，大小，可食或不可食。

(9)种子。重量(10 粒平均)，纵径/横径(10 粒平均)，饱满或中空。

(10)其他特征。

四、作业

1.详细记载各品种果实并绘果实纵切面图，注明各部分名称。

2.就观察结果概述各品种果实的主要特征及品质。

3.详细记载荔枝早、中、晚熟代表品种的植株形态特征。

荔枝果实记载表　　______年______月______日

<table>
<tr><td colspan="2">品种
项目</td><td></td><td></td><td></td><td></td></tr>
<tr><td colspan="2">成熟度
果形
果肩
果顶</td><td></td><td></td><td></td><td></td></tr>
<tr><td>果大小</td><td>重量
纵/横径</td><td></td><td></td><td></td><td></td></tr>
</table>

续表

品种 项目					
果皮	颜色 厚度 刺手度 龟裂片 裂片峰 缝合线 内果皮颜色 维管束				
果肉	肉厚 可食部/% 肉色 肉质				
风味 果汁 可溶性固形物/% 核蒂柱 种子 其他					
果实纵切面图					

填表人__________

实训 4-2 荔枝、龙眼花序发育及开花坐果习性观察

一、目的要求

认识荔枝或龙眼圆锥花序的发育过程，纯花序及带叶花序的结构，雌雄异花异开的开花习性、花型及小果发育习性。

二、材料用具

(1)材料。开始抽出花序轴的荔枝或龙眼树。

(2)用具。直尺、纸牌及绘图用品。

三、内容及方法

在开始抽出花序轴(2～4 cm)的荔枝或龙眼树上,选树冠中部外围健壮结果母枝抽出的花序4～6个,挂牌标号进行花序发育全过程、开花及小果发育初期的特性观察。

(1)在花序发育阶段,每隔两周观察一次。记录花序的长度、外表的形态及色泽,分枝情况及抽生侧生花序轴的时间。分辨纯花序和带叶花序并认识它们的结构。

(2)对带叶花序作人工摘除小叶及保留小叶两种处理。观察这两种处理对带叶花序的进一步发育及坐果率的影响。

(3)在开花阶段,每隔两天观察一次。观察时注意各花序当时开花的位置及正在开放的花的花型。记录雌雄花开放的先后及雌雄花开放期的相遇程度。分辨其开花习性属单性异熟型、单次同熟型还是多次同熟型。

(4)雌花开放后,每隔3 d观察一次子房的发育情况,直到子房两个室中一室膨大另一室停止发育时为止。这时小果发育进入"并粒"阶段。实验到此结束。

四、作业

1.简述所观察的荔枝或龙眼花序发育过程及开花习性。

2.绘制荔枝雄花和雌花或龙眼雄花和两性花的花型图。

3.绘制果实"并粒"时的果实形态图。

实训4-3 荔枝的整形修剪

一、目的要求

通过荔枝整形修剪的实习,初步掌握幼树整形和结果树修剪的基本原则及方法。

二、材料用具

(1)材料。荔枝幼年树和结果树。

(2)用具。枝剪,手锯,柴刀,梯子,木桩,绳子等。

三、方法步骤

(一)幼树整形修剪

对荔枝幼年树进行整形修剪可促使早结、丰产、稳产树冠较早形成。整形修剪应根据各品种的特性及物候期进行。

1. 整形

荔枝幼树整形的目的在于使主枝和侧枝分布均匀,形成较开张的圆头形树冠。主干高度一般在 30～50 cm,主枝 3～4 条且分布均匀。幼年荔枝每年可发新梢 4～5 次,应利用这种多次发梢的特性尽早造就具结果能力的树冠。对于枝条短而密集的品种,如淮枝、糯米糍等,可先任其自然分枝,然后适当疏除过多分枝或纤弱枝,让留下的分枝尽快老熟粗壮。对于疏枝大叶的品种,如三月红、圆枝、妃子笑等,可在新梢长至 20～25 cm 长时摘顶,或在新梢转绿后按 25～30 cm 长进行短截,以促进枝条老熟及尽快萌发新梢。在整形过程中,若发现主枝或副主枝分枝角度过小,可用拉绳或吊石的办法使分枝角度加大;若分枝角度过大,要用吊枝或支撑法去调整,这些处理宜在新梢萌芽时进行。

2. 修剪

幼年荔枝修剪的目的是使枝条分布均匀,疏密适度,通风透光,形成较好的树冠。幼树修剪多在冬季进行。主要剪除过密枝、交叉枝、枯枝、病虫枝和弱小枝,原则上应该轻剪。在每次新梢老熟后而下一次新梢萌发前常常也进行修剪,对生长过旺的徒长枝或直立枝作疏剪或短截处理。对疏枝大叶品种也常于新梢萌发前短截枝条,以求获得多一点分枝。

(二)结果树修剪

荔枝结果树修剪的目的是平衡结实与营养生长的关系,培养健壮的枝梢,增强树冠通气透光性能及光合效能,还可减少病虫害。

1. 修剪时间

荔枝结果树的修剪一般在秋季和冬季进行。青壮年树一般每年修剪一次。老年树生长量不大,可 2～3 年修剪一次。

秋剪要在采果后 1 个月内进行。丘陵山地荔枝最好采果后 20 d 内修剪完毕。修剪常与松土、施重肥配合,以促秋梢萌发。

冬剪在冬末春初花序吐出时或春梢萌发前进行,常作秋剪的补充。

2. 修剪程度

不同品种荔枝的修剪程度不同。枝条疏而长、树冠内部也能结果的品种,如三月红、圆枝，若树冠内部较空，应保留适量枝梢，以利结果和遮蔽掩护枝干。怀枝、糯米糍等品种枝叶密集，树冠内部枝条难结果，修剪宜重。

修剪程度还因树势而异，通常弱树、老树轻剪，旺树及青壮年树重剪。但老树要作更新处理时需要作较重的回缩修剪。

3. 修剪方法

荔枝修剪的主要方法是疏剪和短截。疏剪用于剪除徒长枝、过密枝、交叉枝、枯枝、落花落果枝、病虫枝和弱小枝。短截主要用于修整采果后的结果母枝和短剪徒长枝。结果母枝的修整通常在结果枝与结果母枝的交界处下剪。对萌芽力和成枝力较强的品种或树势较壮旺的树，下剪位置可稍超越交界处而在结果母枝的上部。徒长枝短截时一般应留下 25～30 cm 的枝段。疏枝大叶品种新梢过长时也常需短截。

在修剪时，宜从树冠内部到外部，从大枝到小枝，避免剪后树冠外围局部空缺过大。经修剪后树冠枝条应分布均匀，疏密适度，以阳光透过树冠后在地面散布均匀的小光圈（俗称“金钱眼”）为宜。

四、作业

根据实际操作的体会，总结不同品种、树龄、树势的荔枝的修剪要点。

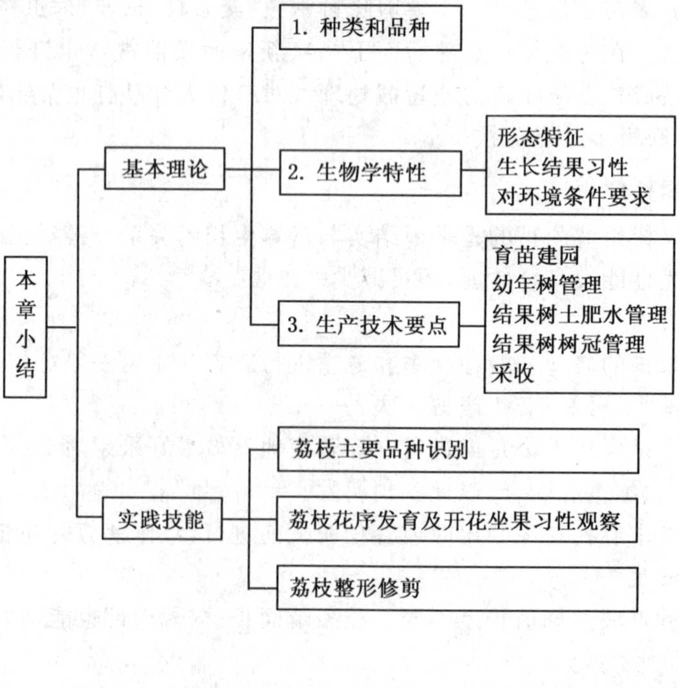

复习思考题

1. 调查当地有哪些荔枝品种？了解它们的生物学和生态学特性。
2. 荔枝枝梢依其性质和抽生季节可分几种类型？各有何特点？
3. 荔枝结果母枝抽生期及质量对开花坐果有何影响？
4. 荔枝有哪些花型？什么叫雌雄花异熟现象？什么叫做雌雄花比例？
5. 说明荔枝落果的时期，引起各次落果的原因是什么？生产上应如何调控？
6. 荔枝结果树应如何施肥？
7. 如何利用施肥修剪技术培养好荔枝秋梢？
8. 抑制荔枝冬梢抽生可采取哪些方法？
9. 荔枝保花保果技术有哪些？
10. 荔枝产生大小年结果的原因是什么？如何克服？

第五章　龙　眼

知识目标

- 了解龙眼主要种类与栽培品种。
- 掌握龙眼的生长结果习性及生态特性。
- 掌握龙眼育苗、建园和栽培管理的关键技术。

技能目标

- 能够选择适宜当地环境条件的龙眼栽培品种。
- 学会龙眼嫁接育苗、高压育苗，园地规划建设和苗木定植技术。
- 掌握龙眼土肥水管理、整形修剪、花果管理等操作技术。
- 具备独立完成龙眼园常规管理工作的能力。

基本理论

龙眼，又称“桂圆”，是重要的亚热带果树之一。其果实晶莹鲜美，甜脆可口，具有很高的营养医疗价值，是深受广大群众喜爱的名贵佳果。据分析：每 100 g 果肉中，含有全糖 12.4～22.5 g、还原糖 3.85～10.2 g、粗蛋白 1.47 g、粗脂肪 0.13 g、粗纤维 0.09 g、酸 0.10 g、维生素 C 43.1～163.7 mg，还含有对人体有特殊功效的维生素 PP、维生素 K。所以，龙眼历来被作为健胃、养血、安神、益智、补虚、养颜和防老的珍贵补品。果实除鲜食外，可焙干、制罐、炼膏、酿酒和干制龙眼肉等，在国外市场享有盛誉。种子可酿酒、制酒精、活性炭。木材坚实茶色，可雕刻精美工艺品和制作高档家具。龙眼花多、蜜多、花期长，是良好的蜜源植物。龙眼树终年常绿，树冠荫茂，可作绿化观赏树。

龙眼对土壤适应性强，既适合“四旁”地、冲积地种植，也适宜丘陵红壤地栽培。其植株高大、树龄长、产量高，百年树年产可达 300～500 kg，每 667 m^2 产量可达 800～1 000 kg。栽培龙眼成本低，收益大，对开发丘陵山区、振兴农村经济和增强创汇能力均有重要意义。

龙眼原产我国南方及越南北部,已有 2 000 多年的栽培历史。世界上龙眼分布以亚洲南部为中心,中国是世界上龙眼栽培地域最广、面积最大、产量最多、品种最丰富、品质最优良的龙眼主产区,其次是泰国,此外,越南、老挝、柬埔寨、缅甸、斯里兰卡、印度、菲律宾也有较大面积的种植。19 世纪以后,龙眼传入美洲、非洲、大洋洲的部分地区,美国、澳大利亚对引种较为重视。全球龙眼栽培面积约 77.9 万 hm^2,总产约 157.4 万 t,其中我国大陆总面积为 58 万～60 万 hm^2、总产量 70 万～95 万 t。泰国的龙眼发展很快,自 20 世纪 90 年代初起,已成为龙眼出口最多的国家。我国龙眼分布在北纬 18°～31°,主产区在北纬 22°～25°,以广西、福建、广东、台湾、海南等地为主要产区;四川、云南、浙江、贵州亦有少量栽培。

目前,我国龙眼生产存在的主要问题是:各产区品种单一,种质有些退化,良种壮苗,供不应求;有些地方仍用实生繁殖,影响产量和质量;管理粗放,没有完善的耕作和施肥制度,造成大小年结果较明显,单产普遍很低。今后发展龙眼生产,应在充分利用山地资源,建好高标准的龙眼生产基地的同时,要积极引种、选育适合当地的新良种,实行品种合理搭配和更新换代,逐步实现良种化;加速培育嫁接壮苗,并采取综合栽培技术,推行幼树速生、早产、丰产栽培;强化低产园改造,克服大小年结果;开发龙眼加工,研制系列加工产品,增强出口创汇能力。

第一节 种类和品种

龙眼为无患子科(Sapindaceae)龙眼属(*Dimocarpus* Lour.)植物。本属作为果树栽培的仅龙眼一种。迄今发现的龙眼除原变种外,还有三个变种。即:①龙眼原变种;②大叶龙眼(*D. longan* var. *magnifolius* Lee Yeong-ching);③钝叶龙眼[*D. longan* var. *obtusus*(Pierre)Leenh.];④长叶柄龙眼(*D. longan* var. *longepetiolulatus* Leenh.)。野生龙眼及其变种的发现,对龙眼起源、分类的研究有重要价值。

我国龙眼种质资源丰富、栽培品种多,据不完全统计,全国约有 200 个品种、品系、株系。主要品种介绍如下。

(1)福眼。福建省泉州市普遍栽培。产量高,果大(13.9 g),肉厚,皮较薄,品质中上,全糖量 14.3%～15.5%,最适罐藏,亦可焙干(但壳易凹陷或破裂),鲜食味偏淡。较抗鬼帚病,抗旱力较强。大小年结果现象较明显。

(2)水涨。产于福建省厦门市同安区。高产稳产，适应性强，果大(14.1 g)、肉脆、汁多，品质中上，全糖量11.9%～12.4%，适于罐藏和鲜食。果实不耐贮藏，焙干时壳易凹陷，焙干率低。

(3)乌龙岭。出于福建省仙游县郊尾塘边的乌石村而得名。本种产量高、果大(12.6 g)、全糖量高(18.4%)、皮厚、核大、焙干率高，产品外形美观，为福建莆田、仙游产区最主要的制干良种。亦宜鲜食，但核偏大，大小年结果明显。

(4)油潭本。出自福建省莆田县华亭乡油潭村。丰产稳产，成熟期较迟，果大(12.4 g)，品质中上，全糖量高(16.9%)、核大、皮厚、焙干率高，焙后壳不凹陷，亦不易破裂，为制干良种。亦宜鲜食，但核较大，易患鬼帚病。

(5)红核仔。福建省福州市主栽品种。产量高，不易落果，耐旱力较强，味浓甜(全糖量17.1%)，品质上，适宜鲜食。但果较小(7.5 g)，大小年结果明显，应从中选出大型果的优良单株或品系。

(6)石硖。为广东省栽培最多的品种，产广东南海、中山、番禺、广州等地。高产、优质、肉厚、质爽脆，全糖量高(22.6%)，核小，可食率高，为广东名牌鲜食优良品种，亦可制干，焙干率高，产品上乘，但果实偏小(7.5～10.6 g)。易感染鬼帚病。

(7)草铺种。出自广东省潮安县枫洋，为粤东地区主栽品种。果实圆球形或略扁，果中大(9.7 g)，品质中等，可溶性固形物18.9%。采收期长，可树上留果至中秋节前后采收，仍不影响果实品质。

此外，还有大广眼、双孖木、大乌圆、广眼、粉壳、红壳、八月鲜、东壁、储良广眼、水南一号等优良品种。

第二节　生物学特性

一、形态特征

常绿乔木，树体高大，树冠半圆形或圆头形，高6～8 m，冠幅6～10 m。树干外表粗糙且厚，具不规则纵裂。树龄百年至数百年。枝条顶端优势较强，新梢常从充实枝条顶芽延生，故分枝较少。多为偶数羽状复叶，小叶对生或互生，成年植株以3～4对为多，长椭圆形，全缘，革质，长9.3～17.5 cm，宽3.3～5.8 cm。叶面绿色，叶背淡绿，叶柄短，中脉显著突出，侧脉明显。嫩叶赤褐色，叶片寿命1～3年。为聚伞花序圆锥状排列的混合花序(花丛)。每花序支轴10余枝，花数常逾千朵。

每个小穗由3朵花组成，中间一朵先开。花蕾黄褐色。花型以雄花(约占总花数80%)及雌花为主，尚有少数两性花及变态花(中性花及多种畸形花)，单性花由两性花简化而成。子房上位花，正常的雌蕊子房2室，常一室膨大为果实，另一室萎缩。果实扁圆形或圆球形，一般果径2.0～2.8 cm，果重8～12 g。果皮主色褐，亦因品种不同又有黄褐、青褐、锈褐、赤褐、红褐等。外皮具明显度不同的龟裂纹、细疣突及放射线。果皮薄，外中内果皮难以分开。果肉为假种皮，从果核基部向顶部生长，包裹种子迅速膨大充满果实。肉色乳白至灰白。种子圆至扁圆形，暗黑至红棕色，光滑；子叶肥大，小胚略带黄色；胎座白色(图5-1)。

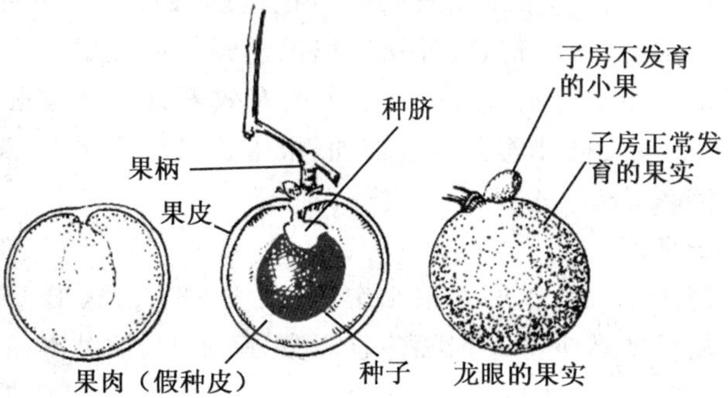

图5-1 龙眼果实

二、生长结果习性

1.根的生长发育

龙眼根系发达，由垂直根和水平根组成。栽培在土层深厚和地下水位低的冲积地，垂直根可深入土层2～4 m以上，水平根的分布范围比树冠大1～2倍，80%根群分布在10～70 cm土层中，而以60～70 cm处分布最密。栽培在地下水位高，或底土坚硬的地方，垂直根生长受阻，水平根较发达，一般较早结果。吸收根上有根毛，具菌根，且较吸收根肿大，菌根总状分枝，呈念珠状，皮层细胞较吸收根大1.5～2.0倍，皮层细胞内有菌丝体。

龙眼根系的生长发育与环境条件关系密切，年周期生长有一定规律性。幼树(4年生实生树，福州)年周期有3个明显生长高峰(3～4月、5～6月、9～10月)，以第2个生长高峰的生长量最大；此外，11～12月还有一次小生长高峰。成年树生长高峰3～4个，一般以6～8月生长量最大。生长高峰通常在各季枝梢生长高峰之后出现，枝梢生长量大的季节，继后的根系生长量亦大。树体结果量与枝梢、根系生长量关系密切，结果多的年份新梢和新根生长量较少，生长高峰亦较不明显。

四川省宜宾地区园艺研究所小年树新根生长量约为大年树的1.7倍；福建省果树研究所报道，重疏花穗植株的吸收根生长长度分别为轻疏花穗和不疏花穗植株的2.16倍和3.53倍。可见，开花结果与枝梢、根系生长有明显相互制约的关系。根系生长发育还受环境因素的影响，尤其是土温、水分及养分。土温5.5～10℃时，根系活动甚弱，随土温上升而生长加速。根系生长最适温度为23～28℃，29～30℃时生长转慢，33～34℃处于休眠状态。土壤水分充足，根系生长量较大。据四川观察，8月土温20～27.4℃、土壤含水量18.7%时（当地土壤含水量13%以上为较适）根生长最快；若土壤含水量降至5.5%则根生长缓慢或暂停。土壤肥力状况良好有利于根系生长。福建泉州龙眼研究所挖沟断根埋肥处理后，单位体积根生长总量比未处理树增加1～5倍，且深层土壤的新根量明显增多。广西农业大学接种菌根（真菌 Glomus Mosseae 等）提高了土壤有效养分含量和根系吸收磷及其他矿质养分的能力，根系及枝叶养分含量增加，根生长量相应增多，其干重比对照（无菌土）提高1～4倍。

2.枝梢的生长发育

龙眼每年抽梢3～5次，其中春梢1次、夏梢1～3次、秋梢1次，而冬梢较少，成年树较幼年树抽梢次数少些。据福建省观察，乌龙岭、油潭本品种成年树春梢占23.96%、夏梢占43.03%、秋梢占33.01%。结果少或无结果树的春、夏梢数量较多，秋梢较少；结果多的树春梢少，经疏花穗后，夏、秋梢数量增多。据四川省报道，成年树春梢最多（占50.2%）、夏梢次之（占30.6%）、秋梢最少（占19.1%）。新梢通常从充实枝梢的顶芽延生，亦可从短截枝上的腋芽或不定芽抽生。

(1)春梢。自上年秋、夏梢和未萌发秋梢的采果枝及老枝抽生。1月下旬至2月下旬萌发，4月下旬老熟。春梢生长势较差，难以成为良好结果母枝，但若剪去春梢促发夏秋梢，则可作为翌年良好结果母枝。

(2)夏梢。从当年春梢或上年夏、秋梢和未萌发秋、春梢的采果枝及老枝抽出，亦可从春季修剪和疏花穗的短截枝上萌发，5月至8月初抽生。结果多的树，夏梢很少；疏折花枝可促抽夏梢。据观察，夏梢抽穗率59%～97%，故可直接成为结果母枝；亦可延生秋梢作为结果母枝。

(3)秋梢。8月上旬至11月初抽生，大量秋梢在采果后约半个月抽生。秋梢主要有夏延秋梢及采果枝秋梢，夏延秋梢抽穗率40%～72%，采果枝秋梢抽穗率23%～40%。及时采收和加强采果前后的肥水管理，可促发较壮实的秋梢，使其成为翌年良好结果母枝。实践证明，良好结果母枝的粗度为0.6～0.8 cm以上。据广西观察，在粗度0.4～1.1 cm范围内，结果母枝越粗挂果量越多。

(4)冬梢。11月以后，从夏、秋梢顶端抽生。幼树或旺树遇气温高、肥水足则易抽生。冬梢难以成为正常的结果母枝，应采取措施抑制冬梢萌发。

3.花芽分化

(1)分化时期。龙眼的花芽分化分为生理分化和形态分化两个阶段。在广东生理分化期为12月至翌年1月中旬,形态分化期在1月中、下旬至3月下旬。其过程为:花序原基分化始期—花序分化期(主轴—侧序—小花序)—花器官分化期(花原基—花萼—花瓣—雄蕊—雌蕊)。从整个花序看,侧序、小花序分化和花分化同步进行。

据对东壁(福州地区)观察,花芽分化期1月中下旬至4月底,花芽的形态分化划分为三个时期:

①花序主轴分化期(1月中下旬)。至主花穗轴上苞片原基发育成蚀变叶性器官的叶腋间出现紫红色的侧花序原基(俗称为鱼只期,2月下旬)止。

②多级侧花序快速分化期(3月上旬)。花序主轴约12 cm长,直到整个花序基本形成为止。

③花器官分化期(3月中旬至5月初)。其中花萼分化期自3月中旬至4月下旬;花瓣分化期自3月下旬至4月下旬;雄蕊分化期自4月上旬至下旬;雌蕊分化期自4月上旬至5月初。

龙眼结果母枝顶芽及顶芽附近的3~5个芽进行花芽分化,龙眼花芽分化期其外部形态表现为末级梢枝条的顶部抽穗,中后期的花穗主轴的苞片腋间形成红色点状的侧花穗原基,红点最后发育成为侧花穗。

(2)分化条件。龙眼的花芽分化需要在适宜的条件下才能完成。首先是内在因素,在末次秋梢老熟后不再抽梢,贮备足够的有机物质是花芽分化的物质基础。其次是秋梢在老熟过程中,促进营养生长的激素(如赤霉素)的含量不断减低,生长素保持在一定的水平,而脱落酸和细胞分裂素却逐渐增加,并且它们之间达到一定的平衡时,可顺利进行花芽分化。第三,龙眼花芽分化需要适宜的外界环境条件,在花芽生理分化期,在植株不受冻害的前提下,气温越低,低温时间越长,花芽生理分化越好,花序越长,雌花比例越高。花芽分化要求有适当低温(8~14℃)和干旱,其穗上的小叶就会自行脱落,使花器发育正常。若3月中下旬的气温达18~20℃,则营养生长加强,穗上的小叶不会脱落而继续生长,消耗养分,使顶芽可溶性糖含量降低,导致花器发育受阻,使花穗顶部转变为叶芽,并长成不正常的发育枝,发生"冲梢"现象。"冲梢"的花穗可分为"叶包花"和"花包叶"两种,前者花而不实,后者着果很少,均会影响当年产量。"冲梢"的程度视气候、树龄、树势和苗木的不同而异。暖冬比寒冬、暖地比寒地、平地比山地、壮树比弱树、实生树比嫁接树较易发生。生产上采取剪去穗上小叶和"冲梢穗",可减少营养消耗,有助于保果。

4.开花习性

龙眼是边抽穗、边完成花器发育,直至花序形成。花穗于2~3月间从结果母枝顶部抽生，3 月下旬至 4 月上中旬才逐渐发育成完全的花穗。花穗由主轴、侧轴、支穗、小穗、小叶和花朵组成聚伞圆锥花序。抽穗时间和花穗大小，受结果母枝种类、树势强弱和早春气候影响。树势壮的夏梢，抽穗最早、最大，其次为夏延秋梢和秋梢。结果母枝直径为 0. 8 cm，叶片 27 片以上的，花穗大，着果多；直径在 0. 5 cm，叶片 10 片以下的，花穗小，且花而不实。早春回暖快，雨水多，抽穗早。

开花期 4 月中旬至 6 月上旬。单株花期 30～45 d，而单穗 15～30 d。大部分花穗先开雄花，再开雌花，又以雄花告终。但单株或果园的雌雄花开放则相互交错，故有利于授粉：雌雄花比例受到内外因素的影响，加强管理可提高雌花比例。

5. 结果习性

雌花着果率多为 10%～20%。授粉后 3～72 h 发生受精作用。雌花柱头开放前后 3 d 授粉均可能着果，但以开放当天授粉的着果率最高(30%)。授粉后 3～20 d(5 月中旬至 6 月上旬)落果最多(第一次生理落果)，占总落果数的 40%～70%以上；6 月中旬至 7 月中旬为第二次生理落果。以后直至成熟，落果数较少。

6. 果实发育

果实发育分两期：第一期为果皮和种皮生长期(约 50 d)；第二期为假种皮、子叶生长及果实成熟期(约 60 d)。从果实整体看，着果头 1 个月，纵径增大比横径快；6 月中旬果肉(假种皮)由种子基部周围产生并迅速向上生长，6 月底至 7 月上旬，果肉包满种子；此后果肉肥大，横径增长远远超过纵径。果实发育过程见图 5-2。

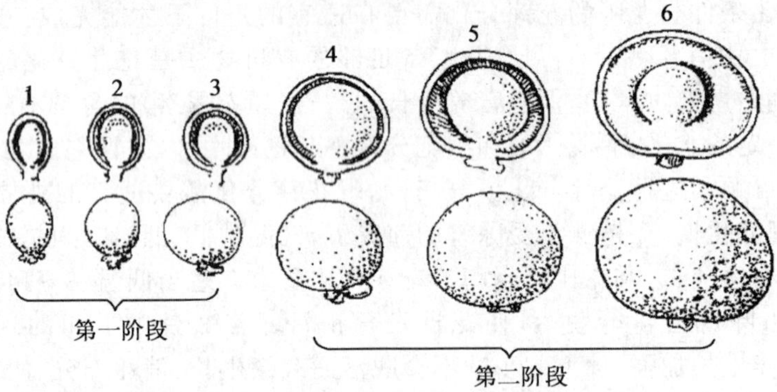

1. 纵生长快，果实内出现种腔　2. 种腔内开始长出胚芽　3. 种腔内子叶生长，种子有的饱满，假种皮由种子基部周围产生并向上生长　4. 果肉迅速生长，果身逐渐由长圆形变为圆球形　5. 果皮逐步变薄，种子开始变褐　6. 果皮进一步变薄，果肉增厚，手压弹性感明显，种子变褐黑色

图 5-2　龙眼果实发育过程

(仿《龙眼品种与栽培彩色图说》)

三、对环境条件的要求

1. 温度

龙眼喜温忌冻，年均温 20～22℃较适宜；对低温敏感，是限制其地理分布不广的主要原因。通常，年均温低于 17.5～18℃，最冷月均温低于 10℃，绝对低温低于 −5℃，龙眼难作经济栽培。华南龙眼区划的气温指标为：①最适宜区：年均温 21℃左右，≥10℃年积温 7 000℃以上，极端最低温度 −0.5℃；②适宜区：年均温 20℃左右，≥10℃年积温 6 500～7 000℃，极端最低温度 −1.5～−2.4℃；③次适宜区：年均温 19.5℃以下，≥10℃年积温稍低于 6 500℃，极端最低温度 −2.4℃或更低。

冬季需有相对低温（最冷月均温约 12℃）才利于花芽分化。花芽分化和抽穗期以 10～14℃为宜，开花期适温 20～27℃。龙眼耐寒力较差，气温降至 0℃，幼苗受冻；−0.5～−4℃大树出现程度不同的冻害。福建省寒害类型分区为：①安全区。年均温 20℃以上，最低月均温 12℃左右，绝对最低温度 −1℃以上；②基本安全区。年均温 20℃左右，最低月均温 11℃左右，绝对最低温度 −3℃以上；③寒害区。年均温 19℃左右，最低月均温 9～10℃，绝对最低 −5℃左右；④严重寒害区。年均温 18℃左右，最低月均温 8～10℃，绝对最低温度 −5℃以上。

海拔高度可影响龙眼冻害。福建莆田 1991 年底受冻后的调查表明，海拔 300 m 以上，冻害率 100%，冻害指数 94.23，故建议除低纬度地区外，海拔 250～300 m 以上不宜种植。当然，海拔高度对龙眼冻害的程度还受不同纬度的影响。

2. 水分、风

龙眼较耐旱，我国产区年降水总量（1 000～1 600 mm）基本可满足其要求，但因降水分布不均，突出表现为夏秋常遇干旱，明显限制果实发育及秋梢生长。晚秋至冬季，需水量较少，适当干旱有利于翌年花芽分化；开花期或果实成熟期不宜多雨，否则影响授粉、坐果率或果实品质下降；根系生长旺盛期（6～8 月）需水量亦较大。沿海地区夏秋常因台风导致大量落果；四川产区花期时有干燥焚风，不利于授粉。故选择果园位置、设置防护林颇为重要。

此外，福建晋江、广东东莞、中山等地龙眼园，不同程度存在大气氟污染问题。据华南农业大学观测，大气氟污染区比相对正常区的龙眼叶片含氟量高 7.9 倍，叶片出现氟害症状、树势衰退、产量下降。

3. 土壤

龙眼对土壤适应性颇强，除部分种在平地或冲积地外，大多分布在低缓丘陵地，其土壤多属赤红壤或红壤。此类土壤具深度富铝化特征，表现出酸、瘠、结构差、水土冲刷等。加强土壤培肥管理可使果园土壤综合肥力稳步提高，应在成年盛果期保持较高肥力水平，以获取高产优质。

第三节　生产技术要点

一、育苗建园

(一)育苗

龙眼育苗，有高压苗和嫁接育苗。高压苗是常用的育苗方法，其优点是保持良种特性，定植后投产早(4～5 年)，但繁殖系数低、定植后成活率低。嫁接育苗，成苗较多，定植后投产早(4～5 年)，根系较旺，成活率较高，生长快，较抗风抗旱，产量高、品质佳、效益高，是大力提倡的育苗方法。现就嫁接育苗及高压苗假植方法介绍如下。

1. 砧木苗培育

选作砧木的品种，要求品种纯正、生长迅速、木质疏松、抗鬼帚病的种。福眼是较理想的砧木品种。其优点是与接穗的亲和力较强，嫁接成活高；且因种源丰富，苗木生长既快又壮；木质疏松，便于操作；嫁接苗定植后，生长健壮、抗逆性较强、产量高、品质佳。

培育砧木苗的苗地，应选避风防霜、排水良好、土壤肥沃、疏松和有灌水条件的沙质壤土。瘠薄的壤土和排水差的低洼地不宜选用。苗地在播种前要深翻细耙，使土壤充分细碎，并亩施腐熟有机肥或土杂肥 1 000～2 000 kg，火烧土 2 000～3 000 kg 作基肥。苗地要耙平作畦，畦高 20 cm 左右，宽 80 cm，沟宽 30 cm。杂草和地下害虫多的，要及时清除和土壤消毒。

种子宜在龙眼成熟时随采、随洗、随播，萌芽率较高；若任其干燥一周，发芽率仅 30%左右。种子若需贮藏，可将洁净湿沙与种子分层堆积，置阴凉处，可延长 8～12 d 播种。大批量种子一般从罐头厂收集，应及时取回，并随即漂洗去种脐上残留的果肉，用清水浸种 12 h 后，再用 1 份种子与 2～3 份含水量 5%的干净细沙进行堆积催芽，播种出苗率可达 95%，比不催芽直播的提高 25%～30%。催芽温度要控制在 25℃左右为宜，当温度升到 30℃以上，发芽率大为降低；若超过 33℃，会烫伤种胚，丧失发芽力。种子萌动后，要经常翻看种子，对已露白的种子，要及时选出播种，以免胚芽过长，在播种时断芽，影响出苗率。

播种方法有撒播和条播两种。撒播用地省、出苗率高,但移栽时因侧根不发达,成活率不高。现多采用条播不移栽,可提高成苗率。行距 15 cm,粒距 8~10 cm,亩播种量 35 kg 左右。播种时要把种芽朝向左右放,并把种子压入土至畦面平,以利于吸水发根。播后用火烧土或细沙土覆盖至不见种子为度,最后再盖稻草以保湿和防日晒。

近年来,推广硬底(砖埕或硬地)苗床进行撒播育苗,既便于集中管理,又可抑制幼苗主根生长,促进多长侧根,使移栽成活率提高到 90%以上。做法是选避风向阳的砖埕,用 1 500 kg 火烧土或沙质壤土,腐熟牛栏肥 250 kg 混匀后,堆成宽 1 m,高 14 cm 的苗床,把苗床整平并充分烧湿后,撒播催芽露白的种子,粒距 0.5 cm,种子要压入土中,上盖一层火烧土或细沙,最后盖稻草保湿。出苗 30%后,要逐渐抽稀稻草,待砧木苗长 4~5 片真叶时,移入嫁接圃。这种方法每 66.6 m^2 苗床播种 200 kg,可移栽 4~5 亩(1 亩=1/5 hm^2)。是一种用地省,花工少,效果好的育砧方法。

幼苗出土后,要经常保持畦面湿润。苗长 4~5 片真叶时,亩施 1∶10 倍的腐熟粪水 400 kg,以后每隔半个月施一次薄肥,以促进幼苗速生快长。冬季有霜冻时,要做好防霜,以免冻伤幼梢。经 1~2 年管理后,苗径粗 0.8~1 cm 时,即可嫁接。

2.嫁接方法

龙眼嫁接方法有切接、舌接、嵌接、靠接和合接等种,其中以舌接的成活率较高,苗的生长也较壮。

(1)单芽切接。于 3~4 月间,选用上一年的春夏梢为接穗,进行单芽切接。有在砧木距地面 7~10 cm 处切接,也有用砧木留 1~2 对复叶剪顶高位切接。

(2)舌接。小苗舌接是正在推广的嫁接法。舌接时间宜在“春分”至“清明”间气温稳定在 20~25℃时进行。选径粗 1 cm 左右的砧木苗,在离地 30~40 cm 较平直处剪断,留复叶 2~3 片,以利成活和幼苗的生长。若春旱也可低位不留叶,剪砧舌接。剪口削平后,在截面 1/3 处纵切深达 2 cm 左右,再从剪口 2/3 的那边下方相对切口斜上回削使 2/3 的一边呈舌状。接穗选用上一年夏梢或早秋梢,粗度与砧木剪口相当,长 5~6 cm,具有 1~2 个壮芽,削法同砧木,深度与砧木切缝一致。两者的削口要光滑清洁,并随削随配。配时要把接穗与砧木舌状部分交互插入切缝,对准形成层,再把相嵌处插紧密,后用宽 1.2 cm 的塑料薄膜带自下而上将接合部绑紧扎紧,微露芽眼。接后 20 d 左右可萌发抽梢,新梢转绿后,亩施稀粪水 500 kg,并摘除砧木芽 2~3 次,管理好的,当年秋季即可出圃。

3.高压苗假植

其高压方法,同荔枝高压一样,所不同的高压苗锯离树体后,剪掉所有枝条,仅保留 30～40 cm 的主干，形似鸡腿的低截干苗木，故称“鸡腿苗”。把截干苗竖放在阴凉处，用沃土覆盖高出土球 3～5 cm，或把截干苗直接置入用编制带、塑料袋做成的营养袋进行假植，待截干苗新梢老熟后，连营养袋移入定植穴内定植，可以大大提高定植成活率。假植苗应注意水肥管理和过冬时搭棚防寒。

(二)建园

龙眼性喜温暖，怕霜冻、忌水渍和适应微酸性、土层深 2 m 左右的土壤。所以，定植前要做好选园、建园工作。丘陵坡地土层厚、日照足、排水良好，是栽植龙眼的适宜地。山地坡度以 5～25°为宜，大于 25°的斜坡，水土保持较困难。有霜冻和风害的地方，要选背风的南向和东南向坡较好。因北向和东北向坡易受冻害和台风害。山地建园要建设高标准“三保园”。5°～10°的缓坡地，可采用“等高环山沟”的做法；坡度在 10°以上时，可采用等高梯田的做法。

华南丘陵山坡地因土壤瘠薄、土质较黏、水分较缺、土壤较酸，在定植前 2～3 个月要先开长宽各 1 m，深 0.8～1 m 的大穴，施下大量有机肥进行局部土壤改良。有机肥可就地取材，用绿肥、豆藤、厩肥、堆肥、垃圾或塘泥等。穴底施绿肥、稻草和豆秆等，穴中施厩肥、少量饼肥、磷肥和石灰，并与表面土混匀施下，穴的上部施腐熟土杂肥和少量磷肥、石灰等，并与底土混匀填满高出穴面 20 cm 左右，让它沉实后再栽植。

龙眼定植时间春、秋两季均可。有水源条件的山地，秋植虽多些浇水工作，但成活后因气温高、阳光强、发根快、抽梢壮，为幼树速生快长打好基础，一般比春植的较快形成树冠。秋植在 10～11 月秋梢老熟后进行。春植在 2～5 月春芽未萌动前或春梢老熟后进行为宜。

定植的株行距以(5～6) m×(6～7) m，亩植 16～22 株为宜。栽植前有水源的山地，要把植穴内充分灌水，待水渗净后再灌水把穴内表土搞成泥浆，然后把带土的苗放入泥浆中，苗的根颈处要与穴面平，再用手把外围松土逐渐向内分次压紧，并盖一层细土，切误用脚踩。没有水源的山地，可在果园附近开穴灌水搞成泥浆池，然后把苗木集中沾泥后进行定植。栽后要灌足定根水，并盖一层细土。应用稻草、麦秆等覆盖树盘，苗的四周做成小土盘，以便浇水。栽后遇旱，3～5 d 浇一次水，直至成活。

近一二十年来，我国新植龙眼面积发展迅速，各地积极开展幼树早结高产栽培技术的研究和实践，取得明显成果。诸如广东茂名、高州，广西玉林、陆川，福建仙游等产区，通过综合栽培技术的实施，较大面积的嫁接树 3 年生试产，4 年生投产，5～6 年生每公顷产 4 500 kg 以上。主要措施是适当密植(375～600 株/hm^2)、重视园地改土、加强土壤管理(尤其是培肥等)、培养相对矮化树冠及健壮结果母枝、注重控冬梢促花穗、及时防治病虫害等。

二、土肥水管理

(一)幼年树管理

1.间作覆盖

树冠封行前,于株行间种绿肥或中耕作物,间作物应以绿肥、豆菜类和中药等为主,忌种高秆作物。冬夏季宜在树盘盖草,以调节温湿度和抑制杂草生长。

2.施肥培土

幼树成活后一个月,每株施1∶3稀熟粪水2～3 kg,以加速根系生长。幼树每年可抽生4～5次梢,最好掌握在每次抽梢前施一次肥,浓度由稀到浓,数量逐渐增多,以促使多抽壮梢。生长一年后,要增加施肥量,氮、磷、钾肥要配合施。旱天施水肥,雨后施化肥。施化肥应开浅沟撒施,每株不超过0.2 kg,施后盖土。山地土壤瘠薄,龙眼又"爱新土",在树盘内每株每年用火烧土、河塘泥或垃圾土100～200 kg进行培土,兼有施肥、改土和覆盖的作用。

3.扩穴埋肥

是促进幼树速生快长、早产高产的有效措施。定植后第二年开始于植穴外两边各挖深0.6～1 m、宽0.5 m、长1.2 m的穴。穴底填入绿肥、垃圾土、土杂肥和少量石灰;中上层用厩肥、干牛粪、饼肥和少量磷肥、石灰等与表层土混均分层施下,施后覆土。下一年在另外两边扩穴埋肥。经2～3年后,做到全园扩穴改土,可促进根系庞大、树冠达2 m宽,就可投产。

4.排灌水

山地龙眼园除搞好排灌系统和平时保水外,久旱要及时灌水,暴雨天要注意排水,做到久旱不干,久雨不涝。

(二)成年树管理

龙眼采用嫁接苗和高压苗定植4～5年投产后,就进入成年树的管理。

1.施肥

龙眼是多花多果的果树,养分消耗大,如园地肥力不足,生长发育迟缓。所以,施肥就成为龙眼园土壤管理的主要措施。

据福建省对六个龙眼主产区丰产园的土壤分析研究,提出龙眼园土壤各种元素的适宜范围如表5-1所示,可供评价龙眼园土壤营养水平之参考。

表 5-1 龙眼土壤基本养分和微量元素含量的适宜范围

养分	适宜范围	养分	适宜范围	养分	适宜范围
pH	5.0～6.0	水解氮/(mg/100 g)	7～15	有效锌/(mg/L)	2～8
有机质/%	1～2	交换性钙/(mg/L)	150～1 000	代换锰/(mg/L)	1.5～5 .0
全氮/%	>0.05	交换性镁/(mg/L)	40～100	易还原锰/(mg/L)	80～150
全磷/%	>0.05	速效磷/(mg/L)	10～30	有效铜/(mg/L)	1.2～5.0
盐基饱和度/%	40～80	速效钾/(mg/L)	50～120	水溶性硼/(mg/L)	0 4～1.1
盐基代换量/(me/100 g)	2～8	有效铁/(mg/L)	20～80	有效钼/(mg/L)	0.2～0 35

成年结果树的年施肥量因地区有差异，与立地条件、栽培特点、品种等有关(表 5-2)，大体水平为每公顷年施氮量 150～300 kg。据福建省报道，水涨品种每公顷年施 N 280 kg、P_2O_5 142 kg、K_2O 260 kg 的产量最高(4 年平均产量 17.84 t/hm^2)；N、P、K 三要素大致比例为 1∶0.5∶1。福建产区又依植株结果量定为每产鲜果 100 kg，年施 N 2 kg、P_2O_5 1 kg、K_2O 2 kg。广东、广西龙眼的施肥时期、施肥量见表 5-3。

表 5-2 龙眼结果树施肥量及施肥期

产区	树龄/年	株/hm^2	年施用量/(g/株)			施肥期/月
			N	P_2O_5	K	
中国台湾	8		350	400	450	
	10	195	450	500	550	
	15		700	800	850	4,6～7
	20		900	1100	1 000	
中国福建(6 县、市)	成年树	225～300	320～1 960	210～920	280～790	2,4,6,7～8,9～10
泰国	15～20	75	2 400	2 000	1 470	采前一个月

表 5-3 五年生龙眼丰产园施肥量

园地	施肥时期及施肥量/(kg/株)				
	抽穗肥	壮果肥	果前肥	壮梢肥	折算总肥料
广东深圳	鸡粪 20 kg，复合肥 1 kg	复合肥 0.5 kg，氯化钾 0.5 kg	鸡粪 20 kg，复合肥 1 kg	复合肥 0.5 kg	纯氮 1 kg，纯磷 0.8 kg，纯钾 1.2 kg，N∶P∶K＝1∶0.8∶1.2
广西玉林	钙镁磷肥 2 kg，氯化钾 0.75 kg，花生麸 1.5 kg，猪牛粪 20 kg	尿素 1 kg，氯化钾 0.75 kg	复合肥 2 kg		纯氮 1.03 kg，纯磷 1.06 kg，纯钾 0.93 kg，N∶P∶K＝1∶1.03∶0.9

注：根据吴仁山《龙眼栽培工作历》的有关数据整理。

营养诊断指导施肥是实现高产优质的重要手段，通常采用临界值法，对照叶片分析标准及土壤分析标准进行诊断。福建省提出主栽品种的营养诊断标准见表5-4，若以秋梢为主要结果母枝，其叶片分析标准需另行制定。

表 5-4 福建龙眼叶片营养元素含量的适宜标准(占干重) %

元素	品种	
	福眼	乌龙岭
N	1.5～2.0	1.70～1.96
P	0.10～0.17	0.11～0.20
K	0.4～0.8	0.6～0.8
Ca	0.7～1.7	1.5～2.5
Mg	0.14～0.30	0.20～0.30

采样期：12 月至次年 1 月。采样部位：5～7 个月龄夏梢顶部第 2～3 复叶的第 2～3 对小叶。
引自：王仁玑等(1987)及刘星辉等(1986)。

综合福建龙眼主产区施肥经验，每年要施肥五次：①在“立春”前后施足穗肥，促进多抽粗壮的花穗。此次施肥以氮为主，配合磷钾肥。但要防止氮肥施过量引起“冲梢”。氮肥占全年施氮量的 20%～25%为宜；②“谷雨”前后施壮穗促梢肥，以提高坐果率，并促进夏梢抽生。这次要增施磷、钾肥；③“夏至”前后施保果壮梢肥，这时气温高、雨水足，又是根系生长的第二次高峰期，施足肥料，可减少生理落果，并促进夏梢继续抽生和充实，对当年产量和来年结果有重要作用。要以施磷、钾肥为主，占全年施肥量的 40%～50%；④“大暑”至“立秋”施壮果肥，促进果实迅速膨大和夏梢继续充实，减少壮果与壮梢的矛盾，对克服大小年结果有明显作用；⑤采果前后施壮树肥，以提高果实质量、促发秋梢、恢复树势和增强抗寒力，对来年增产有重要作用。尤其是大年要在采果前 20 d 左右施足迟、速效混合的肥料。

施肥种类应以有机肥为主，化肥为辅。施水肥应在树冠外缘垂直投影附近挖浅沟施，化肥可与水肥混合施，也可趁雨后均匀撒施树下，再结合松土埋肥。为使龙眼高产，可在幼果期和果实膨大期进行根外追肥，效果良好。

2. 翻犁培土

土壤翻犁有更新根系、换气改土和抗旱保水的作用。每年可进行两次：①2～3 月间结合施有机肥进行，可促进底土熟化、根系深化；②于 8～9 月间采果后结合施肥进行，对抗旱保水、促进第三次根系生长、增强抗寒能力有显著效果。雨后还要进行中耕松土，以防止土壤板结，增加土壤通气。每年冬季还要进行培土，以加厚土层，提高上壤肥力。

三、树体管理

龙眼的树体管理包括整形修剪、疏花疏果和树体保护等。

(一)幼树整形修剪

见实训 5-2。

(二)成年树修剪

见实训 5-2。

(三)调整果量,促发基枝

龙眼大小年结果明显,自然结果时商品性也差,栽培上要适时调整果量,促使结果母枝基枝的抽发。促发基枝的措施包括:①开花前("清明"前后)疏除 50%~60%的花穗,促发晚春梢或早夏梢作为延伸秋梢结果母枝的基枝。②以枝组为单位,于花芽形态分化前(1 月中下旬)短截 40%~60%的一年生枝梢,以促发春梢进而延伸夏梢作为龙眼结果母枝秋梢的基枝,以达到交替结果及更新的目的。③6 月("芒种"前后),在生理落果后,幼果并粒初期疏去过多果穗,以促发基枝。树势壮、管理好的,疏除总果穗的 40%~50%;管理差或采收季节早的地区,疏去总果穗的 50%~60%。疏得过多会减产,疏得过少克服大小年结果作用不明显。业已证明以上三种措施是有效的,其中以"疏剪果穗、促发夏梢"易被群众接受且行之有效,是值得推广的。

(四)控制冬梢生长,促进花芽分化

(1)促发二次秋梢。抓好秋季肥水管理,促使 9 月下旬至 10 月上旬抽生第二次秋梢,在不采取任何附加控梢条件下通常不抽生冬梢,是控制冬梢最基本的方法。

(2)深锄断根及晾根。当树势较旺、芽饱满、有可能抽生冬梢时,在树盘深锄 20 cm,或在树冠外围土层挖 30~40 cm 的深沟,切断水平侧根,晾两个月后,填入土杂肥、表土、垃圾土等,最后盖土。

(3)药物控冬梢促花。药剂控冬梢的原则,应视不同情况进行。①"立冬"前后,对迟抽的晚秋梢,应立足于促,促出后在嫩梢期喷施 0.15% B_9+0.015%三十烷醇+0.3%磷酸二氢钾和 0.1%~0.3%硫酸镁,以促使枝梢充实,提高成穗率。②对进入正常结果的成年树,枝条芽饱满有可能抽生冬梢的,应立足于控冬梢。控冬梢有两种选择,即喷药时间:a. 当冬梢抽长 3 cm 以下时,用药剂杀死嫩梢;b. 当秋梢顶芽由黄褐转为黄绿色,鳞片松开,有可能抽冬梢的征象时,采用药剂来抑制生长点,不让冬梢抽生。正确的选择应根据冬梢即将萌发的征象,立足于防而不是

立足于杀。因为冬梢如已抽生，不仅消耗了养分，不利花芽的正常分化，而且势必加大药剂用量，若栽培面积大时，后期喷药的植株冬梢也必会抽得更长。③对生长势旺盛的青壮结果树，不能套用成年树药剂控制冬梢抽生的办法，应依青壮树的生育特点，突出“早”字，即枝梢早控、早充实、早积累，而且要防止枝梢徒长，培养节间短的壮实结果母枝秋梢。

生产上若利用促发的第二次秋梢作结果母枝的，药剂控梢应在新梢叶片展平、红褐色时，喷洒 1 000 mg/L 多效唑＋0.15% B_9（青鲜素）＋0.1%～0.3%磷酸二氢钾和硫酸镁。若利用一次秋梢作结果母枝的，应在新梢叶片开始转绿有光泽时，喷洒 1 000 mg/L 多效唑＋0.15% B_9 或青鲜素控梢。据试验，B_9 和青鲜素有效抑制时间为 55 d 左右。因此，11 月下旬至 12 月上旬，如遇秋梢顶芽鳞片松开呈黄绿色、有可能抽发冬梢时，需第二次喷洒 100～300 mg/L 乙烯利控梢。

（五）疏花疏果

龙眼是多花多果的果树，适时适量地疏花疏果可减少养分消耗，增加积累，整调营养生长和生殖生长的矛盾，是当前克服龙眼大小年、提高果品质量的有效措施。

1. 疏折花穗

疏折花穗的时间以“清明”至“谷雨”间进行为宜。过早疏折，易重抽小花穗；疏折过迟，会失去疏折作用。一般掌握花穗抽生 12～15 cm，可能辨别花穗质量和花朵尚未开放时疏折最好。大年宜适当早疏，小年应迟疏。

疏折的部位视季节和树势不同而异，“清明”前后可在枝梢与穗轴交界处以下 1～2 节位折断；“谷雨”前后宜在枝穗交界处折断。若折得太深，所抽新梢萌发无力；折得太浅，易重抽小花穗。对壮树可适当深折；弱树宜浅折。

疏折量应示树体的结果能力和负荷量而定。壮树少疏多留，弱树多疏少留；大年树花多疏多，小年树花少疏少。每个结果枝序有 3 个花穗的留一个。疏花量掌握在 50%～70%。疏花穗的原则是：“去上留下、去外留内、去小留大、去密留稀、去龙留副和去劣留优”，使花穗呈梅花形式分布均匀为好。对“冲梢”穗要疏去“叶包花”穗，留“花包叶”穗，但要折去穗顶带叶部分。

2. 疏果

疏折花穗后，因养分集中使用，提高坐果率，促进果实大小均匀，提高果实等级。所以，在疏花穗的基础上，还要及时疏果。一般在“夏至”前后果实如黄豆粒大和生理落果基本停止时进行为宜。先剪除果穗内部过密的小枝穗、横生枝穗和空穗，后对每个小穗剪去弱、劣、病畸和密生果粒。疏果穗原则是“树顶少留、树冠中下层多留，外围少留、内部多留，去龙留副（指突出树冠外面枝条顶端的龙头穗应疏摘，留下侧生穗），折上留下”。树顶和外围少留，利于通风透光以促其抽梢；并生穗或多生穗只留一穗，鬼帚穗全部剪除。所留果穗必须有适当距离且均匀分布，通常掌握在两手所及范围内留 5～6 穗，以梅花式分布为宜。通常大果穗留 60～70 粒，中果穗留 40～50 粒，小果穗留 20～30 粒。

(六)保花保果

龙眼坐果率高，一般不必特别进行保果。但在龙眼花果期遇低温阴雨，会造成比较严重的落花落果，尤其是衰老树几乎颗粒无收。所以，当春季气候反常时，可采取以下保花保果措施。

(1)控制花穗冲梢。冬季断根晾根、控制水肥有助于防止冲梢。倘出现花穗冲梢，立即摘除花穗上的幼叶和顶芽，可减少已形成花蕾的脱落，是有效的补救措施。

(2)龙眼开花前喷 0.1%硼、锌等微量元素。

(3)花期放蜂传粉。

(4)生理落果期喷 10～20 mg/L 防落素。

(5)认真防治蝽蟓、蛀果虫和金龟子等。

(七)树体保护

龙眼抗寒力较差，特别是幼年树发梢次数多，停止生长晚，寒潮前，倘枝叶尚未充实老熟，抗寒力低，其防寒护树的方法如下：①提前断肥，促使末次秋梢充分成熟，防止 11 月以后萌发冬梢，提高树体抗寒力。②霜冻前，对幼树基部进行培土，并将稻草捆尾部扎束，基部展开，罩在幼树树冠上以防霜冻。③用落叶、杂草或谷皮堆成烟堆，上盖草皮，在预测霜冻到来之前，点火生烟防霜冻。④预报有霜冻，即进行全园灌溉，提高土壤含水量，防止接近地面的温度骤然下降。⑤加强管理，施足肥料，特别后期增施磷、钾肥，促进秋梢充实老熟，以增强抗寒力。有台风为害的地方，除营造防护林外，可采用矮化栽培，做好修剪、疏花穗，以减轻风害。龙眼树皮易裂脱，要防止人、畜擦伤或磨破树皮。

(八)采收

当果壳由青色转为褐色，果皮由厚而粗糙转为薄而光滑，果肉由坚硬变柔软而富有弹性且呈现浓甜；果核颜色变为黑褐色或红褐色时即为成熟。就地鲜销或加工桂圆肉、桂圆干的，采收成熟度可以在九成以上；供贮藏、远运的果实适宜在八成熟采收。采摘果穗的部位，掌握在果穗基部与结果母枝交界处（在果穗基部 3～6 cm 处）带叶 2～3 张折断果穗；此处隐芽较为集中，俗称“葫芦节”，节上养分积累较多，是发芽抽梢的重要部位。采果应在晴天晨露干后或下午 4 时后进行，或在阴天采摘，避免在中午高温或雨天采果，否则因气温过高极易使果实变色变味。

龙眼果穗采摘后，可用竹筐、纸箱、板条箱、塑料箱包装。纸箱侧面要留有通气孔，木箱、塑料箱四周及盖、底均须留有宽 2 cm 的缝，装箱时要果穗朝外，果梗朝内，轻装轻放，避免挤压，减少脱粒。采后的果实不能被太阳暴晒，要及时进行预冷，散发田间热。

实践技能

实训 5-1 龙眼结果习性观察

参考第四章实训 4-2 荔枝、龙眼花序发育及开花坐果习性观察。

实训 5-2 龙眼整形修剪

一、目的要求

掌握龙眼幼树整形和结果树修剪技术。

二、材料用具

1. 材料：龙眼的幼树和结果树。

2. 用具：枝剪、锯子等。

三、实训内容

(一)幼树整形修剪

龙眼理想的树形为树冠矮化、枝条开张、密集、紧凑、分布均匀的自然圆头形，要从定植当年开始整形，在嫁接口以上 30～40 cm 处留 3～4 个生长强壮的新梢培养成主枝，其余抹去；待新梢老熟后，留长 20～25 cm 剪顶促其分枝。主干或主枝萌发新梢长至 10 cm 左右时选留 2～3 条分布合理、健壮的新梢，其余全部抹除，留下的新梢长到 30～40 cm 时摘心，促其分枝。主枝分枝角度以 45°～60°为宜，角度过大过小时，可通过撑、拉、吊等方法矫正树形，进行主枝角度和方位调整。

幼树修剪原则是宜轻不宜重，主要剪除交叉枝、过密枝、弯曲枝、弱小枝以及不让其结果的花穗，使养分有效地用于扩大树冠。可剪可不剪的枝条暂时保留。修剪时期在新梢萌发前进行。

(二)结果树修剪

1.采果后修剪

龙眼主要以采果后修剪为主，通常在采果后的1个月内修剪完成，结合松土、施肥、灌水等其他栽培措施，促进抽发秋梢。采后修剪主要剪除过密枝、荫枝、弱枝、重叠枝、下垂枝、病虫枝、落花落果枝及枯枝等，回缩衰退枝组，短截结果母枝，对过长的枝条剪顶促梢。剪时宜从树冠内部大枝开始，向树冠外围进行。修剪程度以中午时可以看见阳光透过绿叶层，在树盘地面上形成数量众多的像铜钱大小的光点(俗称“金钱眼”)为宜。各树冠之间过长的枝条进行缩短修剪，使树冠之间保留有0.5～1.0 m的空间，使果园通风透光。基枝抽发的新梢如过密，在新梢长度为5～10 cm疏芽定梢，每一根枝条只保留生长强壮的新芽1～2条，其他的新芽全部摘掉，保证枝条健壮充实。

2.春夏季修剪

(1)疏花穗。对花穗过多的植株，为集中养分用于开花结果，当花穗抽出10～15 cm时把弱穗、病穗、带叶花穗疏除，减少营养消耗。

(2)短截花穗。龙眼花穗长、花量大，消耗大量养分；在不良的外界条件下，容易“沤花”；同时花穗顶部雌花比例低，雄花比例高，长花穗不利坐果。可在花穗抽出伸长后，保留花穗基部15～20 cm短截。

(3)疏果。第二次生理落果结束后对于结果过量的结果树，应进行适当疏果，以促进果实增大和保证第二年的开花结果，达到丰产稳产。疏除小果、畸形果、病虫害果，大乌圆等大果型的品种每果穗选留果数30个左右，石硖、储良等中小型的品种每果穗选留果数40～45个为宜。

四、实训提示

1.根据不同季节开展相应的实训内容，最好安排在秋季采果后和春季开花期进行。

2.每人独立修剪一株结果树，修剪前先分析该树的具体情况，修剪后观察其修剪反应。

五、实习作业

龙眼采后如何修剪？

六、考核办法

实训成绩以100分计，其中，实训态度与表现占20分，操作技能占50分，实习作业占30分。

实训 5-3 荔枝、龙眼结果树控梢促花

一、目的要求

通过本项实习，了解和掌握荔枝、龙眼控梢促花技术。

二、材料用具

1. 材料：荔枝、龙眼适龄结果树，40%乙烯利水剂，15%多效唑可湿性粉剂，85% B_9 粉剂，95%酒精，洁净的水。

2. 用具：环剥刀或切接刀、喷雾设备、水桶等容器、锄、铲、枝剪等。

三、实训内容

(一)控制冬梢，促花芽分化

冬梢通常是指 11～12 月抽出的，在低温来临前不能充分老熟的枝梢。

1. 控制水分

末次秋梢老熟后停止灌水；亦可通过深翻断根控水，末次秋梢老熟后采用在树冠滴水线下松土 10～15 cm，锄断部分须根的方法控水；也可以在树冠滴水线下挖宽、深各 30～40 cm 的环状施肥沟或长 100～150 cm 两条对面沟露根，20～30 d 后结合施有机肥回土。

2. 环割、环剥或环扎控梢促花

在末次秋梢老熟后，对长势壮旺、水肥条件好的树进行环割、环剥或环扎。环割：在主枝或副主枝上，用刀环割 1～3 圈。环剥：在主枝或副主枝上，用刀或专用环剥刀环剥螺旋 1～1.5 圈。环扎：在冬梢刚萌发时用 14 号铁丝进行环扎。

3. 人工摘除冬梢

对于萌发较迟或控制不住的冬梢，在冬梢 3～5 cm 时人工摘除冬梢或留 1.5～3 cm 短截，可以重新萌芽成花。

4. 化学控梢

(1)控梢。末次梢枝老熟，叶色浓绿且未萌发新芽的植株，喷激素控梢，抑制秋梢不再萌发冬梢，不消耗养分，同时可增加结果母枝内促花激素的含量，促进成花，提高雌花比例。可选用如下药剂：300～400 mg/L 乙烯利，加 1 000 mg/L 的 B_9；300～400 mg/L 乙烯利，加 300 mg/L 的多效唑。

(2)杀梢。冬梢刚抽出，叶片是紫红色，估计不能正常老熟的植株，应及时杀死嫩梢嫩芽，抑制其营养生长，强迫其进入休眠状态。可选用如下药剂：500～600 mg/L 乙

烯利,加 1 000 mg/L 的 B_9;500～600 mg/L 乙烯利,加 500 mg/L 的多效唑。

(3)促梢。对末次梢开始转绿,叶是淡绿色,枝条柔软未成熟,但估计在花芽分化前能老熟,应用叶面肥促其尽快转绿,赶上花芽分化。叶面肥可用 0.2%尿素,加 0.2%磷酸二氢钾,加 0.1%硫酸镁;3～5 d 喷 1 次,连喷 3～4 次。

(二)防止荔枝、龙眼花穗冲梢

(1)当花穗出现冲梢时,立即摘除花穗上刚展开的嫩叶,防止叶片长大,以减少养分消耗,使形成的花蕾不脱落。也可用 200 mg/L 乙烯利溶液或 300 mg/L 多效唑溶液喷雾杀灭嫩梢嫩叶。

(2)龙眼花穗主轴抽长 5～6 cm 时,喷洒细胞分裂素 300～400 倍液,可促进花穗迅速发育,防止冲梢。

(3)在龙眼花芽生理分化期,花穗冲梢之前,采用断根、控水控肥等措施,人为地促使龙眼暂时休眠,使其有足够的营养供应花芽分化,对防止冲梢是有效的。

四、实习作业

1. 简述荔枝、龙眼控冬梢的意义及控梢促花的方法。

2. 如何防止荔枝、龙眼的冲梢?

五、考核方法

实训成绩按 100 分计,其中,实训态度与表现占 20 分,操作技能占 50 分,实习作业占 30 分。

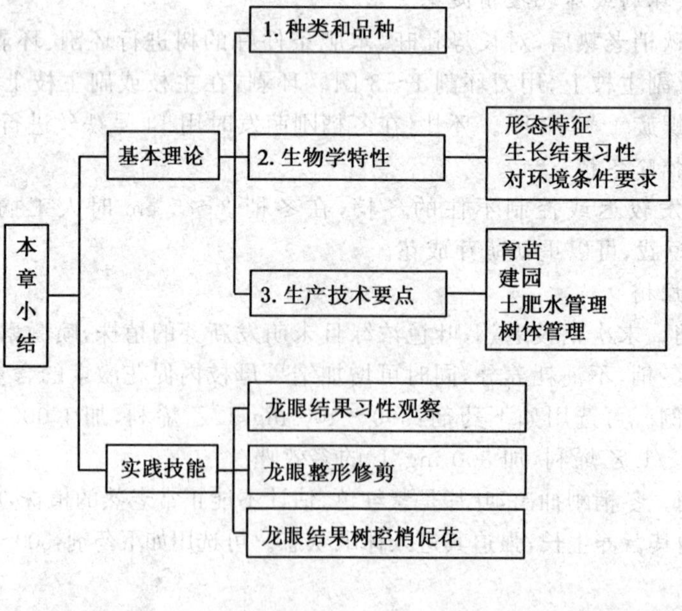

复习思考题

1. 龙眼生长结果习性有何特点?
2. 龙眼对环境条件的基本要求是什么?
3. 龙眼枝梢生长发育有何特点?怎样培养龙眼优良的结果母枝?
4. 龙眼花穗发育有哪些特点?
5. 龙眼花芽形态分化可划分为哪几个时期?
6. 龙眼花穗"冲梢"的原因,如何防止花穗"冲梢"?
7. 如何控制龙眼冬梢抽生,促进花芽分化?
8. 龙眼结果树怎样施肥才合理?
9. 龙眼结果树的修剪应怎样进行?
10. 如何克服龙眼大小年结果?

第六章　芒　果

知识目标

- 理解并掌握芒果的生长结果习性及生态特性。
- 掌握芒果的优质高产栽培要点。

技能目标

- 能够识别芒果的主要种类、品种。
- 熟练掌握芒果的育苗、定植、土肥水管理、整形修剪和花果管理等操作技术。

基本理论

芒果因其果实颜色好、香色浓，享有“热带果王”之美誉，是著名的热带水果。同时芒果又是世界主要水果之一，目前产量仅次于柑橘、葡萄、香蕉、苹果，而名列第五位。

芒果适应性广，速生易长，结果早，寿命长，栽培管理容易，经济价值高。果实肉质细嫩、香甜、风味浓、营养价值高。优良品种果实含有丰富的营养，特别是维生素 A 含量大大超过其他水果，每 100 g 果肉含维生素 A 可达 650～25 940 IU。除了鲜食外，还可以制糖水罐头、果汁、果酱、果脯等。

芒果起源于亚洲东南部的热带地区，北自印度东部，中经缅甸，南至马来西亚一带，为热带森林乔木。主要分布在南北纬 16°～30°的热带、亚热带地区，亚洲为主产区，约占世界部面积的 80%，其次为美洲 15.0%，非洲约为 5.0%。主产国为印度、巴基斯坦、印度尼西亚、泰国、中国、墨西哥、巴西和尼日利亚。相传，我国栽培的芒果是唐玄奘到西方取经时由印度引入。我国芒果的商品生产始于 20 世纪 50～60 年代，主要分布在北纬 20°～30°，以 24°～28°为经济栽培区，栽培历史约有 1 300 年。目前经济栽培地区有广东、广西、云南、海南、福建、台湾等省区，近年四川也开始引种。

目前芒果生产中存在的主要问题是：品种繁杂，良莠不齐；大田生产中还有较多为实生树，果实品质差，纤维多；品种区域化不强，没有形成品牌优势；栽培管理粗放，病虫害严重；果实商品率低，好果率只有 60%左右；贮运、保鲜及加工技术落后。

第一节 种类和品种

芒果为漆树科(Anacardiaceae)，芒果属(*Mangifera L.*)。芒果属植物在世界上确认的有 41 种。目前芒果仍未形成科学而系统的分类，按胚性可分为单胚和多胚两个类型。根据众多品种的生态特征、分布地区进行分类，可分为四个品种群：印度品种群(代表品种是印度 1 号)、印度支那品种群(代表品种是泰国芒)、印度尼西亚品种群(代表品种是留香芒)、菲律宾品种群(代表品种是红花芒)。

(1)台农 1 号。台农 1 号是台湾省农业试验所用海顿与爱文杂交选育而成的，早熟种，树冠粗壮，生势壮旺，直立，开花早，花期长。比本地紫花芒提早 10 d 成熟。较抗炭疽病，适应性广，果实中等，果重 250～300 g，果实光滑美观，肉质嫩滑，纤维少，果汁多，糖分高，味清甜爽口，品质佳。

(2)金煌芒。金煌芒是台湾六龟乡农民黄金煌先生选育出来的优良品种，因此而得名。该品种果实特大且核薄，味香甜爽口，果汁多，无纤维，耐久藏。较抗病，丰产稳产、品质优。

(3)吕宋芒。菲律宾主栽和出口品种，田阳香芒、金钱芒、高农芒等属此类。果实较尖长，有尖小的果嘴，较早熟，单果重约 200 g，果皮金黄色，外观好，肉质细滑，甜而微酸，芳香，较耐贮藏。干旱地区较高产稳产，多雨地区产量不稳定。

(4)海顿。著名的红芒品种，是美国佛罗里达州选育的最早的红芒优良品种。果实较大，平均长度为 14 cm，平均单果重 680 g，可溶性固形物含量 14.1%～14.5%，含酸量 0.22%～0.26%，纤维中等，果实含糖量 14%～15%，色泽鲜艳，一般在 6～7 月成熟上市。较耐贮运，抗炭疽病能力较强，种子小，香味浓，品质上乘。

(5)串芒。本品种树势强壮，枝条开展、中等粗细，发枝力强，结果后枝条易下垂。叶中等大，叶面略有波状，叶色浓绿。平均单果重 280 g。开花期在 3 月中旬至 5 月上旬，果实 7～8 月成熟。含可溶性固形物 19%，含糖占 15%，含酸量 0.99%。核中等大，种子饱满度 2/3，多胚。该品种除正常结果外，7～8 月尚有第二次开花结果现象。

(6)紫花芒。紫花芒由广西农学院从泰国芒的实生后代中选出。树势中等，果实呈椭圆形，两端尖，果皮灰绿色，向阳面淡红黄色，经后熟后转深黄色。果皮蜡粉较厚，果肉橙黄色，纤维极少，果汁多，肉质细嫩。可食部分占64%～73%，可溶性固形物为13%～15%，含糖量为12%，含酸量为0.09%～0.65%。品质中等，核小，单胚。果实外观美，耐贮运。

此外，还有桂热芒10号、象牙芒、青皮芒、粤西1号、田阳香芒等优良品种。

第二节　生物学特性

一、生长结果习性

芒果为常绿大乔木，植株高大，寿命长，一般实生树能活100多年。

(一)根的生长

芒果实生树或实生砧的嫁接树其根系是由主根、侧根和须根组成。主根和侧根构成根的骨架，称为骨干根，主要起支持、固地、运输水分和养分的作用。须根分为生长根和吸收根，具生长和吸收作用。

主根深，特别发达粗壮；侧根较少且稀疏细长，层次分明，在主根上每隔10～20 cm分生一轮侧根；而圈枝苗主根不明显，侧根较发达。

芒果根系分布范围受树龄、品种、栽培条件的影响，一般根系随树龄的增长而向深层扩展，深达4～5 m，移植时切断主根，可以从断口处长出数条垂直根代替主根向下生长，很少发生水平根。幼龄树根系扩展小于树冠，成年树扩展范围也不大，多分布在10～60 cm的土层里，30 cm以上的土层较密集。深耕增施有机肥，可促进侧根的生长，增加侧根和须根的密度。

幼龄树每年有三次生长高峰期：第一次从12月开始，2月达到高峰，后随着新梢的生长，根系生长缓慢；第二次出现在5月份，即春梢老熟后夏梢萌发前；第三次发生于8月份，夏梢老熟后秋梢萌发前。以第二次生长量大。

结果树有两次生长高峰期：第一次发生在果实采收后到秋梢萌发前；第二次在秋梢叶片稳定后至冬季低温来临前；以第二次生长量大，这是由于秋梢成熟后，营养积累多，供应根的生长养分多，根的发生量多。

(二)枝梢生长

芒果干性较强，树干直立粗壮，实生树放任生长，具明显的中心主干，主干上的分枝有较明显的层性。枝梢生长呈蓬次式，各次之间有明显的界线。新梢抽生部位多由枝的顶芽和枝条上部的腋芽抽生。

年抽梢次数：受树龄、气候和栽培管理水平等的影响，在气温较高，肥水充足、管理水平较高的条件下，幼龄树周年可抽梢，每年多达 4～8 次。成年结果树则随着树龄的增长而减少，挂果多时，只有在采收后才抽新梢 1～2 次，极度少抽发春梢和夏梢，果少的树，可抽 3～4 次，一般的结果树抽梢 2～3 次（表 6-1）。

表 6-1 树龄与枝梢抽生的关系表

树龄或结果量	每年抽梢次数	抽生月份
幼龄树	4～7	2～3、4～5、6、7、8、9～10、11～12
成年树	2～3	2～3、8～9、10～11
结果少的树	3～4	2～3、7、8～9、10～11
结果多的树	1～2	9～10、11～12

一次梢从萌芽至叶片老熟需要的天数主要受温度的影响，一般需要 20～35 d，每次梢长度 12～40 cm。一般采果后抽生的秋梢多而整齐。

芒果的枝梢具有较强的顶端优势，而且枝梢呈层状分布。因此，在整形时应根据这一特性进行。

（三）叶

芒果的叶为单叶，互生，每次梢顶端叶片集中，下部较稀疏。叶片的大小、形状与品种有关。叶片寿命较长，一般为 1.5～2 年，甚至更长。寿命的长短，直接影响植株的生长发育。叶面积指数为 4～4.5 较好。

（四）开花结果

芒果的结果母枝可以是春、夏、秋梢和早冬梢，只要老熟后不再萌发生长，均可成为结果母枝，有的品种（如象牙芒等），结果母枝采收后如不抽生新梢，则第二年还可以成为结果母枝连续结果。如果抽梢则转移到新梢上。生产上发现，结果母枝以晚秋梢或早冬梢为好，以 10 月中下旬抽生的新梢抽穗率较高。

据观察，结果母枝成熟期与花芽分化的关系：枝梢 9 月底前成熟，成花率低，主要原因是梢的活化状态差，冬季冷空气影响不大。枝梢 10 月底前成熟，成花率中等，但受冬春季气温影响较大。一般冬暖春寒成花率高，主要是冬暖起活化作用，冬暖春暖极易造成花穗冲梢而成花差。枝梢 11～12 月成熟，成花率最高，产量高，出现成花可逆性少。

秋季抽梢，从萌芽到枝条老熟需要 45 d 左右。

芒果的花芽分化期受品种、气候、栽培管理的影响。芒果有两次生理分化期，即9月上旬和12月中旬。

影响芒果花芽分化的主要因子：

(1)当年结果量。当年结果多，产量高，果实消耗养分多，影响当年的枝梢生长，枝条养分积累少，因此花芽分化受到影响，分化差，第二年的花量少。当年结果量适中，则树体健壮，秋梢生长良好，养分积累较多，花芽分化好，第二年花量足，坐果率高。

(2)树体内激素。一株实生树，任其自然生长，最少需6年才能开花，而用乙稀利诱导(浓度1 000 mg/L，15 d喷一次，连续喷5次)，40月龄(即3年零4个月)的实生苗就能开花。

用不同品种从6月份开始至11月，逐月分析叶片乙稀含量，发现乙稀含量逐渐上升，12月份达到最高峰。因此认为叶片乙稀含量较高是诱导芒果成花的一个重要因素。

(3)环境条件。

光照　光照充足，营养积累多，提前分化，花芽多。

温度　一般情况下，芒果花芽分化需要一定的低温条件。尤其分化初期。根据观察，对于早、中熟品种，日平均温度低于15℃，只要几天时间，则可诱导。而对于晚熟品种，则要求低于13℃一段时期，花芽分化才能进行。因此，冬暖春暖，尤其在花序伸长初期遇高温，极易成为混合花序，严重者成为新梢，冬冷春冷成为纯花序。但冬春持续长时间的低温阴雨，也会因光照不足，养分消耗大，影响分化，花量少。

水分　适度干旱致使枝梢停长，养分积累多，有利于分化。长期干旱则影响根系活动，也影响分化。因此，12月至次年1月干旱时，适度供水，有利于分化。

矿质营养　CaO 2.0%～3.5%，Mg 0.15%～0.40%，氮量适中，则植株生长健壮，有利于分化。富氮，则枝条徒长；缺氮，枝条生长弱，均不利于分化。磷、钾含量高有利于分化，尤其磷对分化作用更显著。12月至次年2月使用硝酸钾处理，能促进成花。

一般顶芽和侧芽均能形成花序，但大多数品种顶芽分化的花序对腋花序的发生有较强的抑制作用。只有在顶花序受冻害或被摘除，原顶芽附近的几个腋芽才能萌发形成花序。也可从近顶端的腋芽再抽生花序。因此，芒果花序再生能力强。

花序再生，品种间差异较大，秋芒、紫花芒、粤西1号等品种，不管是花序抽生前期或是后期，只要顶芽受害，均可从腋芽抽生花序。而吕宋芒则只有在顶芽花序抽出7 cm之内受害才能从腋芽抽生出花序，一旦顶花序开花后就不再抽生花序了。因此，前者较稳产，后者受气候因素影响较大，产量不稳定。花序再生能力强的品种。可以通过摘除花序的办法改变花期。

芒果为圆锥花序，花序长 10～50 cm，总轴上有 2～3 级分枝，一般第 1～2 个侧枝较大。有 100～300 朵小花，花瓣、花萼、雄蕊均为 5 数，雄蕊通常只有一个发育，其余退化。子房上位，胚珠倒生，花柱斜插于子房上。芒果的花有雄花、两性花、畸形花。只有两性花才能坐果。

芒果从抽穗到谢花需要 2～3 个月，不同品种有差异；初花至末花 15～30 d。高温花期短，低温花期长。

开花时间从晚上开始开放，直至第二天全天，以早上 6 点钟前开花最多。花序中下部的花先开，然后往上、下推移。

芒果花期最易受气候条件的影响。低温、阴雨、雾、空气湿度过高或过干都严重影响开花、花药开裂和花粉萌发。芒果为虫媒花，需要昆虫传粉。主要昆虫为蝇类，一般蝇类活动温度为 18℃以上，低温活动少，影响受粉。

芒果必须授粉受精才能结实。据调查，芒果两性花占总花量的 5%～60%，差异很大。同一品种两性花的多少主要受气温的影响，即在花器发育后期，气温为 18～20℃发育良好，过高或过低均降低两性花的比例。因此，晚抽生的花序比早抽生者两性花比例高，树势壮者比树势弱者高。

芒果花粉萌发力弱，能受精的两性花也少，一般只有 0.1%～0.4%。开花当天柱头接受花粉的能力最好，有些品种则更严格，只有在开花后头 3 h 具最强的授粉能力，超过 6 h 则授粉无意义。受精后至果实成熟需 110～150 d。受精后的果实发育有两次落果高峰期。第一次出现在谢花后 2 周内，占落果量的 95%以上，落果原因是授粉受精不良，幼胚发育终止；第二次出现在谢花后 30～50 d，这次落果较少，一般为 3%～4%。落果原因是养分不足、病虫害和风害，只要加强管理，以后落果就可减少，有效提高产量。

果实的增长速度在着果后 8 周内最快，以后增长显著减慢，直至果实成熟。

二、对生态环境条件的要求

1. 温度

芒果原产东南亚，性喜温暖，忌霜寒。特别是幼龄树对低温更敏感，成年树较香蕉、菠萝等耐寒，但不及龙眼和荔枝。

芒果有效生长温度 18～35℃，枝梢生长最适宜温度 24～29℃，幼苗对低温敏感。致死温度为 0℃，绝对低温－1.5℃，1～2 龄幼树死亡。－1℃大树树冠外围枝梢叶片受冻，－5.6℃大树也受冻死。

如前所述温度影响花芽分化，早熟品种日平均温度在15℃以下，只需几天就可分化；而晚熟品种则要在13℃以下一段时期才能分化。冬季高温会诱发提早抽穗开花，易受早春低温阴雨的影响。

一般品种在20℃以下花药不开裂，25℃开裂良好。花粉在15℃的低温时不萌发；20℃花粉能萌发，但花粉管伸长慢；25℃时花粉萌发良好。花期和幼果期温度较高，降雨少，有利于坐果，丰产优质。

印度芒果主产区和我国部分芒果产地气候情况见表6-2。

表6-2 印度芒果主产区和我国部分芒果产地气候情况表

地区	年平均温度/℃	最冷月平均温度/℃	年降雨量/mm
马德拉斯	28.6	24.5	1 233
百色	22.1	13.3	1 114
南宁	21.6	12.8	1 300
玉林	21.8	13	1 581

综上所述，年平均温度在21℃以上，最冷月平均温度13℃以上，辐射型极端低温1℃以上(全年几乎无霜)的地区作经济栽培较理想。

2.水分

芒果耐湿、耐旱能力较强，一般年降雨量在250～2 500 mm的地区均能正常生长，以有灌溉条件的低雨量地区为好。花期少雨是坐果良好的先决条件，即高产稳产的关键。花期低温阴雨，大雾、空气湿度大、则影响传粉受精，花序霉烂。多雨地区芒果营养生长旺盛，病虫害严重，果实品质差。

伞型防雨罩对秋芒坐果的影响见表6-3。

表6-3 伞型防雨罩对秋芒坐果的影响

处理	盖膜日	盛花期	试验株数	总梢数	挂果枝率/%	总果数	株均有果	最高株果数
盖膜	3月下旬	4月上旬	6	1 586	26.8	569	94.8	176
对照		同上	7	2 017	0.8	21	3	

秋冬干旱有利于花芽分化和早花。果实发育期要求土壤有充足的水分。采果后秋梢生长期需要充足水分，如遇干旱，则影响新梢生长和树势恢复。

3.日照

芒果为阳性树种，喜光怕荫。光照充足，生长健壮，病虫少。花芽分化期和花期，降雨少，日温差大，光照充足，有利于树体光合作用和物质积累，有利分化和坐果。在通风透光良好的部位，花芽分化良好，坐果早，结果多；相反，过于阴蔽，透光不良，则开花坐果少，而且易发生病害。光照对于果皮颜色有良好的作用，光照充足，色泽好，病虫少，光照不足，光泽差，暗绿色，易得炭疽病。

4. 土壤

芒果生长发育对土壤的要求不严，但以土层深厚和排水良好的壤土、沙壤土、冲积土较好。pH 5.5～7，碱性过大的石灰质土壤不宜种芒果。

第三节　生产技术要点

一、育苗与栽植

芒果繁殖方法有实生、压条、扦插和嫁接四种。过去多用实生繁殖，由于实生个体间变异大，目前多用嫁接苗种植。

(一)培育砧木

砧木多用生长快、抗性强、种子饱满、单胚或多胚的芒果种子作播种材料。单胚的种子生长快。

播种方法多用催芽直播法，也有用在苗床育苗后移栽的，或营养杯育苗。

芒果核壳坚硬且厚，同时怕湿和怕干，带壳种子萌芽出苗率较低，一般只有20%左右。为了出苗整齐，通常去壳育苗。

(1)催芽播种法。去壳，尽量不伤及子叶。然后用0.5%～1%高锰酸钾处理后用沙催芽。待胚根长 3～5 cm，没有展叶前种于苗圃地里(株行距 20 cm×25 cm)。

(2)催芽育苗移栽法。先在催芽苗床上铺一层厚 6～10 cm 的干净河沙，然后把去壳已消毒的种子腹部朝下背朝上，种子间隔 3 cm 左右，排列于沙床上，只铺一层，然后盖一层沙，厚度以盖过种子 3 cm 左右为宜，经常保持沙床湿润，防止日光直接照射，经过 10～15 d，待小苗展 2 叶，呈古铜色时移入大田苗圃，移栽时短截主根，促侧根生长。按苗木大小分级种植，以便生长整齐，便于管理，提高出圃率。

(3)营养杯育苗方法。配制营养杯土：用菜地肥土 100 kg，加腐熟的猪粪或鸡粪 10 kg，加复合肥 2 kg 混合均匀即可；装营养杯，把已配制好的营养土装于营养杯中，以装满土为好；待催芽小苗展 2 叶，呈古铜色时移入营养杯里，移栽时短截主根，促侧根生长。

(二)嫁接

在华南地区，除了11月至第二年2月嫁接成活率较低外，其他时间嫁接成活率都较高。高温季节，只要在上午或下午4时以后嫁接，不会影响嫁接成活率。嫁接高度与接后萌芽的快慢及嫁接苗生长有直接的关系，一般高部位嫁接比低部位嫁接生长量大。砧木不带叶片嫁接成活率较低，成活后苗木生长也缓慢。芒果嫁接多采用枝接、芽片贴接，以枝接生长量最大，出圃快。接穗以采用优良母树树冠外围、粗壮、无病虫害、芽眼饱满的老熟枝条作接穗为好，最好用顶芽，出苗快，成活率高。

接后管理参考有关章节。

(三)园地选择

芒果为阳性果树，喜温忌寒。因此宜选择终年无霜，冷空气易出难进的南坡地段种植较为理想。

(四)种植密度

考虑品种、土壤肥力、管理水平和立地环境等。一般肥水条件好的平地距离可大些，丘陵园地的距离可小些(表6-4)。

表6-4 芒果种植密度表

品种	平地/(m×m)	亩株数	坡地/(m×m)	亩株数
秋芒	3×3.5	63	3×3	74
紫花芒	3×4	55	3×3.5	63
象牙芒	3.5×4	47	3×4	55
金煌芒	3.5×4	47	3×4	55
红苹芒	3.5×4	47	3×4	55

(五)品种选择

选择品种时要考虑到市场竞争力、适应性、品种搭配等因素。在早春低温阴雨较多的地区，如广东、广西、福建等以迟花晚熟的品种为主。为了有力提高坐果率，主栽品种与授粉品种的比例为8∶2。

(六)栽植时期

影响种植成活的因素很多，从气候看主要是温度与水分，以春植为宜。立春后，霜冻已过，气温明显回升，雨水渐多，有利于成活。

(七)栽植方法

栽植时可用裸根苗或带土苗。种植前应做好挖坑、施肥及苗木准备工作。栽植坑宽 1 m,平地坑深 60～70 cm,山地 70～80 cm。挖坑后,按每株 25～50 kg 绿肥、25 kg 农家肥、磷肥与石灰各 0.5 kg 与表土混合回坑。栽植时埋土高度略高于根颈;修整外高内低直径 80～100 cm 的树盘,盖草并淋足定根水。大树必须带土移栽,一般土团大小为主干直径的 5～8 倍,用稻草绳捆缚好;不带叶片,枝干用塑料薄膜包好。

(八)栽后管理

栽后管理的首要任务是提高种植成活率,在种植 1 个月内,保持树盘土壤湿润;并及时检查,发现缺株及时补植;幼树耐寒能力较弱,冬季来临前及时做好防寒工作。

二、土壤改良

(1)土壤改良的目标。①改良后的土壤深厚一般应达 1 m 以上;②改良后的土壤结构良好;③改良后的土壤肥力明显改善。

(2)土壤改良的方法。深翻施有机肥。在华南一般一年四季均可深翻,但时期要掌握好。在秋季,即采果后,根系停长前,宜早不宜迟,结合施肥进行,受伤根伤口愈合快。在春季,根系开始活动,伤根后易愈合,结合施肥,起促花、保果作用。在冬季,结合冬季清园进行,减少病虫害的越冬场所,宜及时盖土防冻根系。在夏季,一般在新梢停长后进行,结果多的树不宜深翻。深翻施有机肥的深度 40～50 cm。

栽植头两年可在行间间种豆科作物;树盘覆盖地膜或干草。

三、施肥

生产上主要是根据芒果当年生长结果状况结合果园肥力确定施肥量。

(一)幼龄树施肥

幼龄树是指从定植后到投产前的一段时期(1～3 年)。这一时期的工作重心是促进新梢的生长,迅速扩大树冠,引根深生,培养良好的根系,为早结丰产优质打下良好的基础。

一般认为树冠直径 1.5 m 以上,末级有效梢 30～40 条以上才能允许结果。因此,在种植时下足基肥的情况下,应从定植后植株恢复正常生长(经 1.5～2 个月)起,及时追施第一次肥。

如前所述，芒果一年抽新梢4～7次，且根系不多，如何保证足够的养分，这就要求采用“一梢两肥”的原则，少量多次。幼龄芒果树喜湿怕干旱，因此，施肥时以水肥为主。

第一年以花生麸沤水淋较好，一般头三次以0.05 kg花生麸淋两株，以后浓度逐渐增加。年用花生麸0.5 kg，氯化钾0.15 kg，过磷酸钙0.5 kg，结合改土，每株施鸡粪10～15 kg，或有机生物肥5～7.5 kg。第二年用尿素0.15～0.2 kg，氯化钾0.2～0.25 kg，过磷酸钙0.75 kg，有机生物肥7.5～10 kg。第三年尿素0.5 kg，氯化钾0.4 kg，过磷酸钙1 kg，有机生物肥10 kg。

幼树抗寒能力弱，尤其未老熟冬梢极易受冻害，为了减轻寒害。注意止肥期，一般11～12月停止施氮肥，以免加重寒害。N∶P∶K为1∶(0.3～0.5)∶(0.8～0.9)。

(二)结果树施肥

结果树的施肥与幼龄树不同。施肥有两大任务：①满足当年果实生产的需要；②培养数量多、质量优的结果母枝，为稳产打下基础。

据分析，紫花芒1 000 kg鲜果含N 0.95～1.59 kg，P_2O_5 0.25～0.57 kg，K_2O 1.37～1.4 kg。N∶P∶K为1∶(0.26～0.36)∶(1.37～1.4)。

又据对丰产园秋梢叶片分析：N 1.48%～1.98%，P 0.114%～0.149%，K 0.466%～0.635%，Ca 2.0%～3.5%，Mg 0.15%～0.40%。N∶P∶K为1∶0.4∶1.2。

根据上述两组数据，成年树生产1 000～2 000 kg鲜果，每株施：N 0.62～0.83 kg，P_2O_5 0.25～0.4 kg，K_2O 0.74～0.93 kg。

每亩施：N 18～25 kg，P_2O_5 7.5～12 kg，K_2O 20～30 kg，Ca 10～12.5 kg，Mg 4～6 kg。

芒果结果树施肥通常根据物候期进行，一般采用“两头重，中间补”的施肥原则，年施三次肥，即壮花肥、壮果肥、攻梢肥。

(1)壮花肥。在花序抽生期追施(2～3月份的花前15～20 d)。主要是提高花质，减少落花落果，促进新梢生长。以氮肥为主，适当配施磷钾肥。占全年施肥量的30%。广西热带作物研究所的做法是，8年生(下同)株施尿素0.5 kg，磷、钾肥各0.4 kg，或有机复合肥7.5～10 kg。

(2)壮果肥(6月份)。果实发育期短，又是夏梢抽生期，养分不足，引起败育而落果。占全年施肥量的20%。施以钾为主的完全肥。株施尿素0.25 kg，钾肥0.5 kg。或有机复合肥5～7.5 kg。

(3)攻梢肥。采果后施(8 月中下旬修剪后施),主要是恢复树势,攻秋梢。这次肥宜重施,以优质有机肥为主,配合速效无机肥。约占全年施肥量的 50%,每株施土杂肥 50 kg,花生麸 2 kg,尿素 0.5 kg,过磷酸钙 1 kg,氯化钾 0.25 kg。

攻梢肥沟施,挖 20～30 cm 深的环状或半圆沟施,施后盖土。促花肥浅沟施,壮果肥淋施或施后覆土。壮果肥不宜过迟施,否则造成果实中亚硝酸氨含量过高,影响无公害果品的生产。

四、树体管理

(一)幼树整形

1. 自然圆头形

栽植当年定主干高 50～60 cm,待主干上抽出的新梢长 10 cm 左右时选留 3～4 条方向各异,上下间距 10 cm 左右,分布均匀且健壮的新梢做主枝,使其分枝角保持在 45°～50°,多余的芽梢适当抹去或摘心留作辅养枝。待主枝长 40～50 cm,摘心促第二次分枝,这次留 2～3 条新梢,其余抹除。这一级分枝以下枝为副枝,上枝为主枝(目的是适当提高冠层),用其延长生长,当延长枝长 20～30 cm 后,再摘心促分枝,留 2～3 条,这级分枝则以下枝为主枝,上枝为副枝。主副枝交替运用,反复如此就形成一圆头形树冠。

2. 人工扇形

定干 50～60 cm,留 3 个新梢生长,其余抹除,下部两梢与行向呈 15°夹角,最上部的一个新梢用一杆固定,使之向上生长,待枝长 120～150 cm 后摘心促分枝,同样留 3 枝,中间一枝向上,下部两枝与行向夹角 15°,使之成水平斜生。上下两层主枝分别长 50 cm 后短截促分枝,各留 2～3 条枝条,其余方法与上法同。

(二)修剪

1. 初果期的修剪

抹除末花期和幼果期抽生的早夏梢;抽穗少,不足 60%的植株,适当疏除部分旺长的春梢,尤其花枝附近的嫩梢,壮枝、旺枝上留一枝弱枝;采果后剪除徒长枝、竞争枝、影响主枝生长的辅养枝等。

2. 结果盛期的修剪

修剪重叠枝、交叉枝、病虫枝、徒长枝、枯枝、弱枝;开天窗,回缩(剪口粗度 1.5～2 cm),待新梢长出后,弱树选留 2～3 条壮梢做结果母枝,强树留中等生长的枝条;剪除部分花序,一般为全树的 10%～15%。

五、保花保果技术

(一)促花技术

1. 多效唑

华南地区1月下旬到2月上旬起连续叶面喷施15%多效唑600～800 mg/L溶液2～3次，间隔7～10 d喷一次，既能延迟花穗抽生又能提高枝条花穗抽生率；11～12月在每株树的树盘土壤施多效唑30 g，促进翌年开花结果，土壤施用一次药效3年。

2. 乙烯利

广州地区11月上旬开始喷施250 mg/L乙烯利溶液，间隔10～15 d喷一次，连续喷3次，能提高翌年枝条花穗抽生率。在1～2月初若果树还表现为叶色浓绿、芽眼瘦小、叶片开张角度小等无花芽分化迹象时，可再用乙烯利1 000～1 500倍与多效唑500～1 000倍混合液喷施叶面2次，间隔15～20 d，可促进花芽分化。广东徐闻县用以上方法对台农1号进行控梢促花试验，效果相当显著，处理的植株第二年开花率达95%、坐果率达80%。

3. 修剪措施

12月上、中旬对旺树进行环割、环状剥皮、弯枝或扭枝，也可促进花芽分化。

(二)改变花期

1. 防冬花

芒果在11月底12月份开花，坐果率低，果实品质差，商品率低，生产上尽量避免抽冬花。造成芒果抽生冬花的原因是严重秋旱，秋冬季温暖。预防措施：10月中旬灌水；10月上中旬开始，用350～500 mg/L乙烯利每20 d喷一次，连续喷2～3次，有一定作用；提倡放二次秋梢(最后一次11月上旬抽生)。

2. 摘除花序

利用芒果具有花序再生能力强的特点，摘除顶生花序可推迟花期20～30 d。摘除的时机因品种而异，一般当花序抽生长度3～5长时摘除(表6-5)。

表6-5　斯里兰卡811芒果品种摘除花序推迟花期情况表

处理	处理日期	2月中旬花芽情况	终花期
摘花	1月10日	花芽萌动	4月13～20日
对照		花穗伸长后期	3月22～4月8日

(三)保果技术

1. 促进授粉受精

花期在行间堆放腐熟肥料招引苍蝇可增加传粉机会。另外，进行人工授粉，用花粉(一般上午 8～10 时采集)＋0.1％硼砂＋1.5％蔗糖于上午 7～10 时喷施花穗可促进授粉受精。

2. 应用生长调节剂

在芒果开花期，每隔 15～20 d 喷施 30～100 mg/L 赤霉素或 5～8 mg/L 2,4-D 等，可提高坐果率。

3. 疏花疏果

疏花是在开花初期进行，摘除大花序中发育早的 2～3 个侧花轴。疏果在果实长约 3 cm 时进行，每一穗果保留生长最好的果实 2～3 个，金煌芒等大果型品种每穗只留果 1 个。

4. 吊果与果实套袋

疏果后，用绳子把穗与穗间，果与果间拉开，避免碰伤果皮。套袋的芒果果面光滑美观，机械伤和病虫害少，明显提高果实的外观品质。套袋一般掌握在果实发育基本转色期。套袋过早，影响着色，套袋过迟，果面着色较好，但不能有效改善外观品质。

六、果实采收

芒果在贮运过程中烂果较多，原因较多，如果成熟度不够，贮藏时间长，极易腐烂。鲜果销售的远近不同，采收成熟度不一。远销的鲜果在果肩圆满、果蒂凹陷、果皮色泽变淡时采收；本地销售和加工的果实在果肉转为黄色后采收。鲜果销售的果实采收时保留果柄 2～4 cm 剪断，刚摘下的果实果柄朝下或平放 1～2 h 再装箱，防止果柄断口流出白色的乳汁污染果面引起果实腐烂，乳汁污染的果面用 1％醋酸水擦洗干净。

实践技能

实训 6-1 芒果主要品种认识

一、目的要求

通过对芒果典型品种植株、叶片、果实的观察，初步掌握识别当地主要品种的能力。

二、材料用具

1.材料　主要芒果品种。

2.用具　皮尺，卡尺，水果刀，放大镜，天平，手持糖量计及绘图用具。

三、实训内容

1.植株观察

在芒果园现场，观察记载，当地主要品种植株的形态特征，将观察结果填入附表。

2.果实观察

将叶、果实采回室内观察，将观察结果填入附表。

3.识别芒果主要品种

附：芒果品种记载表

品种：　　　　　　记载人：　　　　　　时间：

项目		记载内容说明
植株	树性	乔木，小乔木，常绿，落叶
	枝条性状	直立、开张、下垂直；密、中、稀
	叶型	单叶或复叶
	形状	披针形，长椭圆形，叶缘有波浪或无
	叶脉	明显，中等
果实	果重	随机取10个，以平均数计
	果形	纵/横径，形状
	果色	黄、红
	果肉	黄、淡黄，风味
	可食率	可食部分占全果重
	可溶性固形物	以折光仪测出
种子	形状	卵圆形、偏长椭圆形
	子叶颜色	绿、白

四、实习报告

填写本地区3～5个“芒果品种记载表”。

五、考核办法

实训成绩以100分计，其中，实训态度与表现占20分，观察过程占30分，实习报告占50分。

实训6-2 芒果生长结果习性观察

一、目的要求

通过对芒果的树性、枝梢和花序类型的观察，了解其抽梢与结果习性。

二、材料用具

(1)材料。芒果品种的成年树。
(2)用具。卡尺，钢卷尺，塑料牌。

三、实训内容

(1)描述树势强弱，树冠形状，树冠层性状况，主枝分枝角度，枝展范围，枝条的萌芽力和成枝力。

(2)于不同季节记载该季抽生的枝数及其长度、粗度，叶数及主要叶形，并将各季节枝梢挂牌标记，下年统计其成为结果母枝的数量。

附：枝梢类别记载表

品种： 记载人： 时期：

枝梢类别	数量/条	占总枝条比例/%	占结果母枝/%	长度/cm	粗度/cm	叶片数/个	备注
春梢							
夏梢							
秋梢							
冬梢							
合计							

注：进行枝梢记载时，春梢2～4月、夏梢5～7月，秋梢8～10月，冬梢11月中旬以后抽生。

(3)于春季开花期将各类果枝挂牌标记,于谢花期、定果后、采果时统计其着果数及其占总果数的比率。

(4)花期识别各种类型的结果母枝。

四、实习报告

(1)比较所观察品种的主要结果母枝类型。

(2)根据观察结果,总结所观察品种的结果习性。

五、考核办法

实训成绩以100分计,其中,实训态度与表现占20分,观察过程占40分,实习报告占40分。

实训6-3　芒果整形修剪

一、目的要求

通过实习初步掌握芒果幼树整形、结果修剪的原则及方法。

二、材料用具

(1)材料。芒果幼树、成年树。

(2)用具。枝剪、手锯、绳子等。

三、实训内容

(一)幼树整形修剪

芒果常用自然圆头形和人工扇形整形。

(1)自然圆头形。内容详见本章相关内容。

(2)人工扇形。内容详见本章相关内容。

(二)结果树修剪

(1)初果期的修剪。内容详见本章相关内容。

(2)结果盛期的修剪。内容详见本章相关内容。

四、实习报告

简述芒果整形修剪应注意哪些问题?

五、考核办法

实训成绩以100分计，其中，实训态度与表现占20分，操作过程占50分，实习报告占30分。

实训6-4 芒果园管理工作历的制定

一、目的要求

要求根据指定的芒果园的生产情况、环境特点及人力物力等条件，制定出果园周年管理的工作历。学会领导和组织果树生产。

二、材料用具

幼龄芒果园、成年芒果园。

三、实习内容

(一)果园管理工作历的基本要求

(1)制定芒果园管理工作历的主要依据是芒果树物候期、当地气候条件及树龄树势。要在总结历年管理经验的基础上，结合当年的各种实际情况来制定。

(2)工作历可按月、旬或周制定。

(3)在工作历中安排工作除提出技术措施外，还应有产量、质量要求，用工用料计划，以便进行成本核算，体现经济效益。除此，工作历执行过程中还应有相应的监督和检查制度。

(二)芒果园管理工作历涉及的主要工作

1. 土壤管理

(1)施肥。包括施基肥、追肥的时期，肥料种类，施肥量，施肥方法。

(2)灌水排水。时期，方法，灌水量和要求。

(3)中耕除草。时期，深度，使用除草剂的时期，种类和方法。

(4)深耕和改良土壤。时期和方法。

(5)修筑梯田。时期和要求。

(6)修树盘。时期和要求。

(7)种植绿肥。种类，播种和翻耕的时期和方法。

2.树体管理

(1)整形修剪。包括定干,冬季修剪,夏季修剪等,提出具体的修剪方案。

(2)保花保果。人工授粉时期及方法,施用激素和微肥保花保果的时期、种类、浓度和喷布要领。

(3)疏花疏果。人工疏花疏果的时期和药剂种类、浓度、喷布要领。

(4)果实套袋。数量、时期和要领。

(5)树皮涂白。时期和要求。

(6)预防自然灾害。如霜冻及台风等,提出做预防工作的时间和方法。

3.采收与分级包装和贮藏

(1)采收。不同品种的采收时期和要求,预计产量和对品质的要求。

(2)分级。确定不同品种的分级标准。

(3)包装。器材的准备,包装方法和要求。

(4)贮藏。时期和要求。

4.病虫害防治

(1)药剂准备。石硫合剂配制数量,其他药剂的采购数量。

(2)防治工作。各种病虫害出现时期,防治方法,喷药种类和浓度。

5.其他管理

(1)清园。时间、方法和要求。

(2)补栽。树种和品种,数量,方法和要求。

(三)芒果园工作历制表

附表　芒果管理工作历

岗位(面积):　　　　　　品种:　　　　　　树龄:

时间	物候期	工作项目	技术措施要求	用工	用料	备注

四、实习报告

制定的芒果从开花到采收管理工作历,哪几项措施是重点?为什么?

五、考核办法

实训成绩以100分计,其中,实训态度与表现占20分,操作过程占30分,实习报告占50分。

本章小结

- 基本理论
  - 1. 种类和品种
  - 2. 生物学特性
    - 生长结果习性
    - 对生态环境条件的要求
  - 3. 生产技术要点
    - 育苗、栽植
    - 土壤管理、施肥
    - 树体管理
    - 保花保果技术
    - 果实采收
- 实践技能
  - 芒果主要品种认识
  - 芒果生长结果习性观察
  - 芒果整形修剪
  - 芒果园管理工作历的制定

复习思考题

1. 如何培养芒果优良的结果母枝？
2. 简述芒果园土肥水管理技术要点。
3. 简述芒果整形修剪技术要点。
4. 如何进行芒果的保花保果？

第七章　香　蕉

知识目标

- 理解并掌握香蕉的生长结果习性及生态特性。
- 掌握香蕉的优质高产栽培要点。

技能目标

- 能够识别香蕉的主要种类、品种。
- 熟练掌握香蕉的育苗、建园、定植、土肥水管理、植株管理等操作技术。

基本理论

香蕉是热带、亚热带地区广泛栽培的重要水果。在世界水果产量的排名中居第二位，仅次于柑橘，是我国南方四大水果之一。香蕉果实质地柔软，清甜，而且有香气，风味独特，营养价值高。香蕉的鲜叶、假茎、花序可作饲料，干叶含钾较高，粉碎后可作肥料。香蕉除鲜食外，还可加工果酱、香蕉干片和酿酒等。生长快，投产早，产量高，销路好，经济效益高。

香蕉原产东南亚和中国南部，目前我国海南、中越边境、泰国及印度还分布有种子的野生香蕉。香蕉经济栽培主要在南北纬 30°之间的热带和亚热带地区。2004 年全球香蕉收获面积 454.6 万 hm^2，总产量为 7 062.9 万 t。我国有 11 个省(区)栽培香蕉，主要分布在广东、广西、海南、福建、云南等地。2004 年全国收获面积 24.5 万 hm^2，总产量为 575 万 t。总的趋势是，我国热带、南亚热带以香蕉为主，中亚热带以粉蕉和大蕉为主。近年来，香蕉生产沿着标准化、区域化、科学化、商品化方向发展，提质增效，更好地与国际市场接轨。

生产中主要存在下面几个问题：单产低，一般平均亩产只有 1 200～1 500 kg，不足高产国家的1/3；易受自然灾害的影响（如台风袭击，低温霜冻），产量极不稳定；品种杂、品质差、外销竞争力低；蕉园机械化程度低，基本上为手工操作；香蕉危害性病害有发展趋势，如束顶病，叶斑病，炭疽病等，近年发现香蕉花叶心腐病。

第一节 种类和品种

香蕉在植物分类学上属芭蕉科（Musaceae）芭蕉属（*Musa*）。目前生产上栽培的香蕉都是由两个原始野生种即尖叶蕉和长梗蕉杂交后代进化或由某一野生种进化而来的，栽培的香蕉绝大多数为三倍体。

香蕉为多年生粗壮高大的草本果树，根据植株形态特征及经济性状，我国习惯把它们分为香蕉、大蕉和粉蕉（包括龙牙蕉）三类。以下介绍主要的优良品种。

（1）天宝蕉。假茎160～200 cm，围茎60～70 cm，叶柄粗短；花柱、花 丝宿存；果皮薄，肉质柔软，味甜浓香。抗风力强，耐寒力较差。

（2）浦北矮蕉。假茎130～160 cm，围茎60～80 cm，长势粗壮，叶柄短，叶片长椭圆；果轴短，株产15～25 kg，果实品质好。抗寒力强，有一定抗风力，宜密植。

（3）威廉斯。假茎200～250 cm，围茎60～80 cm，叶柄短，叶片大，初出常带紫斑；果轴长，7～14梳，株产20～35 kg；果较大而齐；果皮薄，肉质甜，品质好；抗病力较弱，对枯萎病敏感。

（4）巴西蕉。假茎220～250 cm，围茎70～85 cm，叶柄较细长，而且直立；果穗较长，疏型好，果指长达24～26 cm，生长壮旺，抗风力较强，抗病力中等，耐肥高产，亩产可达4 000～5 000 kg，品质好。

（5）威廉斯8818。假茎240～300 cm，围茎60～80 cm，果穗整齐，外观好，适应性广，省肥，亩产3 000～4 000 kg，但抗风力较差，抗寒力中等。

（6）广东香蕉2号。株高200～265 cm，假茎周长55～65 cm；果穗10～11梳，果指18～23 cm，可溶性固形物约20%，单株产量22～32 kg。丰产优质，果形好，适应性强，抗风力较强。受冻后恢复生长较快。

此外，还有红皮香蕉、西贡蕉、大种高把、红河矮蕉等优良品种。

第二节 生物学特性

一、生长结果习性

(一)根

香蕉没有主根,由球茎抽出的细长肉质不定根组成,常常是由 2～4 条一组并生。新根白色,老根淡黄色;幼根先端披根毛。是吸收水分和矿质养分的主要部位,老根外层组织逐渐木栓化,吸收作用减弱,只起固定作用。球茎上部长出的根较多,大部分为水平分布,集中分布在 10～30 cm 的土层中,其伸展宽度可达到 100～300 cm。从球茎底部抽生的根不多,多为垂直生长,深达 100～150 cm。香蕉根系好气,既不耐旱也不耐涝;适宜生长温度 20～35℃,高温高湿的 5～8 月生长量最大,10 月以后随温度下降根系生长量逐渐减少,寒冷冬季基本停止生长(图 7-1)。

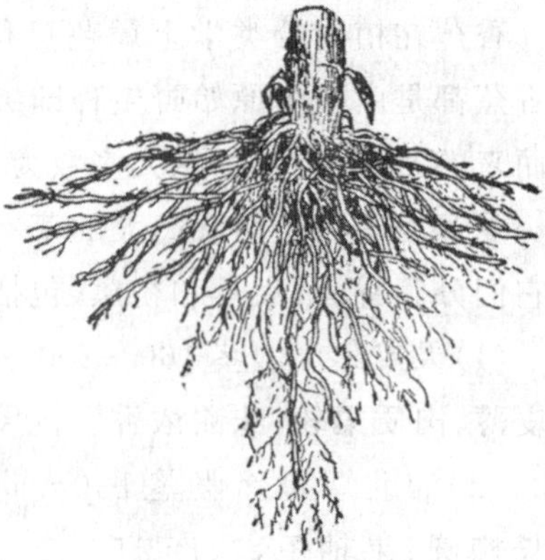
图 7-1

(二)球茎(地下茎)

香蕉的茎部可分为真茎和假茎,真茎即球茎,球茎着生芽眼和吸芽、根和叶,同时又是植株的养分贮存中心。球茎生长发育是否良好,直接影响花果的生长发育,叶面积的增加与球茎的增粗呈正相关,即地上部抽大叶时是地下球茎加速生长期,地上部生长旺盛期也是地下部生长的最快时期。当蕉株抽生一定数量的叶片后,地下茎顶端分生组织进行花芽分化、发育花序。地下茎生长适温是 25～35℃;其生长发育状况决定香蕉生长和结果,地下茎粗壮,地上的茎干和叶片也粗大,果指肥大,产量高。

(三)假茎

香蕉的假茎又称蕉身,由许多叶鞘呈覆瓦状互相紧密地抱合而成,汁多,呈圆柱形,起支持和运输作用。每片新叶都是从假茎中心伸出,把老叶及其叶鞘逐渐挤向外围,从而使假茎不断增粗,假茎的大小与地上部的叶片多少和大小呈正相关,即叶片多且大，则假茎粗大。

（四）叶

香蕉正常叶片由叶鞘、叶柄、叶翼和叶身组成。叶片宽大，中脉明显，具浅中槽，可使雨露顺其浅槽下渗，利于新叶和花序向上生长。新叶从假茎中心向上生长时，叶身左右半片互相抱卷着成圆筒形，当整张叶片全伸出假茎后，抱卷的叶片才自上而下张开。

香蕉从吸芽开始长出叶片到开花结果止，其叶片大小、形状均在变化。吸芽初期长出的叶片如鳞状，只有狭小的叶鞘，无叶身，约 10 片；随后抽出仅有狭窄叶身的小形叶，10～15 片；其后逐渐长出正常的大叶，叶片一片比一片大，直到花序分化开始，叶身达到最大，约为 15 片；以后抽生的叶片又逐渐缩小，在花序抽出前的两片叶子更小，最后一片直立生长，约 8 片。花芽分化后，叶片、叶柄变短而密集排列于假茎顶部，称为“把头”。叶片的生长发育与花芽分化、结果关系密切。叶片总面积大小与果实数量、重量、品质成正比；和果实发育所需时间成反比。抽蕾后蕉株保持 10 张以上的青叶才能保证果穗丰产优质。

（五）吸芽

香蕉的芽称吸芽，萌发于球茎上，根据吸芽的形状和着生的部位及发生时期的不同可分为剑芽和大叶芽。剑芽可接替母株，也可作种苗。剑芽因抽生时期不同可分为红笋和褛衣芽。红笋球茎粗壮，假茎上部尖细，顶部有几片尖窄的叶似剑。一般为初春抽生，色泽嫩红，故而得名。褛衣芽发生于上一年秋后，地上部生长慢，地下茎的养分积累较多，形成下大上小的形状，叶片狭小，似剑状。上年抽生的叶片，过冬后部分叶片枯死，干叶包裹身上而得名。香蕉母株抽生的吸芽数量过多会消耗大量的营养，影响母株的生长，结果产量减少。

（六）花

1. 花芽分化

香蕉一年四季都可以抽穗开花。因此，其花芽分化不受日照时数和温度的影响。生产实践表明，香蕉的花芽分化主要受叶片数和体内贮藏养分的多少影响。在一般情况下，达到一定叶片数，叶面积增大快，全株达到最大叶面积早则花芽分化早，相反则迟。大量试验表明，用吸芽种植，抽生大叶约 23 片时进行花芽分化，当抽生 28～36 片大叶时就可开花；用组培苗种植（种植时有 5～8 片小叶），种后抽出 30～34 片叶就可开始花芽分化。叶片生长的快慢，受品种、气候影响，当气温高，水肥充足，则叶抽生快，叶面积增大快，花芽分化可提早。

香蕉花芽分化时，在形态上最突出的变化是球茎生长点迅速伸长。花序形成是植株生长7～10个月之后才开始，但也受到品种、气候及栽培条件的制约。花芽分化1个月后花轴由地下茎向上伸长到假茎顶端。这就是说，在花序伸长到假茎顶部（抽蕾）前1个月左右，是果实段数和每段果指数的决定期。也就是说，花序分化前的营养状况决定雌花的段数和果指数，生产上为提高产量，十分重视花芽分化前的施肥管理，尤其是足量钾元素能增加雌花数量。

2.开花

香蕉的花序为无限佛焰花序。抽蕾时，花轴由地下茎向上迅速伸长到假茎顶部中央抽出，花序由数片象佛焰花苞保护。当花序下垂后，花序轴基部花苞先展开，以后向上开裂、脱落，露出数段小花，每段有10～20朵小花，双行排列，称为一梳或一个花段。香蕉的花性有三种：即雌花（子房长度占全花长的2/3）、中性花（子房长度占全花长度的1/2）、雄花（子房长度仅有全花长度的1/3）。在花序上排列次序为：基部为雌花，中部为中性花，先端的为雄花。

（七）果实

雌花子房发育成果实，果子圆柱形，有3～5个棱。果实为浆果，肉质细嫩。果肉未成熟时富含淀粉，成熟后，淀粉转化为糖。果皮和果肉未成熟前含有单宁。香蕉为单性结实，因此没有种子。一株香蕉一生只抽一穗，每穗梳数的多少与品种和营养有关，少的4～5梳，多的15～16梳。果实在断蕾初期发育慢（约30 d），50 d后发育较快。夏季从现蕾到收获约3个月，而冬季则需6个月。

二、对生态环境条件的要求

1.温度

香蕉属热带果类，性喜高温，不耐寒。作为经济栽培要求年平均温度在21℃以上，≥10℃年活动积温7 000℃以上，最冷月份平均温度不低于15℃，全年无霜或有霜日仅1～2 d。香蕉生长温度为15.5～35℃，最适宜温度为24～32℃，当气温上升到29～31℃时，生长最快。香蕉怕低温，忌霜雪，气温在10℃以下时，生长几乎停止，4～5℃时，叶片则受冻害，霜雪使蕉叶枯死，严重者使植株死亡。果实在12℃即遭受冻害，影响商品质量。香蕉不同的生育期其耐寒性不同，未展开大叶的吸芽最耐寒，已抽花蕾的植株最易受冻害。不同的种类耐寒力也有差异。大蕉的耐寒力较强，粉蕉次之，香蕉最弱。

2.水分

香蕉生长结果要求充足的水分，一般认为，适宜降雨量为1 500～2 000 mm，月平均降雨量为100～150 mm，每周为25 mm最为理想。在高温多雨季节，如不断供应所需的养分和水分，可促进香蕉生长迅速，出叶快，叶面积增大快，能提早抽蕾和提高产量。香蕉生长初期遇旱,会引起营养器官发育不良,生长速度和生长量显著下降;生长后期遇旱,特别是在花芽分化前遇旱,会使营养器官过早衰退,果实的梳数和果指数都减少,果指短小,产量低,品质差。但土壤中水分过多会导致烂根。

3. 光照

香蕉需要有充足的光照。在高温、多雨、光照充足的情况下,生长快,成花早,产量高。但香蕉具丛生性,彼此间造成一定的荫蔽环境不影响其生长发育。对光的要求,不同种、品种不同,大蕉比香蕉需要较多光照,强光易引起干旱,发生日灼病。光照不足,植株细弱,产量低,果实无光泽。

4. 风

香蕉为浅根性大型草本植物,叶大、干高、根浅。尤其结果期,重心上移,植株易受台风吹倒、折断。微风有调节气温作用,对香蕉生长有利。因此,在台风常经的路径,宜采取相应防风措施或不种,避免损失。

5. 土壤

香蕉生长对土壤要求不很严格,但以土层深厚,耕层 60～80 cm,富含有机质,疏松肥沃、水分充足,排水良好,地下水位较低的沙壤土,冲积土为最适宜。pH 6～6.5 最适,土壤碱性过大,香蕉叶柄会出现白色霜状物,生长不良;而 pH 5.5 以下时,由于土壤中镰刀菌繁殖迅速,在蕉类凋萎病严重地区,易侵害根系而发病。

第三节 生产技术要点

一、育苗建园和定植

(一)育苗

1. 吸芽繁殖育苗

我国有采用吸芽作种苗的传统,种苗要选头大尾小的吸芽。主要是褛衣芽和红笋。春种一般选用过冬的褛衣芽,而夏、秋栽植多选用当年抽生(2～5 月),高 0.6 m 左右的红笋。吸芽直接从蕉园挖取,挖苗时,用锋利的蕉铲从吸芽与母株相连处切离,尽量少伤母株地下茎,挖出的吸芽应有自己的地下茎,否则栽植不能成活。

2. 组织培养育苗

采用传统的吸芽苗作繁殖材料已很难加速良种繁殖的需要,而且大田蕉苗(吸芽)的发病率有逐年增加的趋势。组织培养苗是采用生物工程技术,取香蕉优良无病健壮母株吸芽苗的顶端生长点作为培养材料，经过消毒培养诱发成苗。从组培公司购苗，最好选择在 9 月底，通过分株假植培育，翌年 3 月份有叶 10～12 张时栽植较好。由于组培苗组织幼嫩，需及时喷药防治蚜虫，保证蕉苗健康成长。

(二)选地和整地

香蕉喜温忌冻。因此，较理想的园地小气候环境是周年无霜或霜冻不严重，空气流通，地势开阔。选择避风避寒，背北向南的地块；土层深厚、疏松、肥沃，不选用重碱、黏土、沙土或易积水的地段。沿海地区还要选择台风危害不严重，或有天然屏障的地势。

坡地栽植，过去常采用等高梯田种植，目前遂步推广深沟种植，方法是在等高线上挖一通沟，即 80 cm×70 cm×50 cm(沟面宽×沟底宽×沟深)，单行种植，沟内回表土，增施有机肥，回土后略呈沟状。这样，可充分利用自然降水，保持土壤湿润。

平地种植，建园时先深翻作畦，采用高畦深沟方式栽培，园地四周挖宽 1 m，深 1.5 m 的排灌沟，畦沟深 50～60 cm。一般畦面＋排水沟为 4 m，每畦植蕉两行，蕉穴离畦边 50 cm，行距 2.4 m，植穴的大小视质地而定。土质愈硬，挖的穴愈大，一般宽 60～80 cm，深 60 cm。

(三)栽植的时期

我国香蕉产区周年可种植，要取得较好的经济效益，应视当地的气候、土壤、栽培条件而选择栽植时期。植期是调节产期的主要措施。在冬季较暖，周年无霜，管理水平高，土壤肥沃的地区，可选择春种，2～3 月中旬种植，气温回升，雨水渐多，栽植成活率高，大苗种植如果管理得当，当年 10 月抽蕾，12 月至次年 1 月即可收获。大部分香蕉产区均采用春植。在冬季有不同程度低温寒害，管理水平不高的地区则宜选择秋植。秋植宜在 8～9 月份，以中秋前后为好，植后有 2 个月左右生长，当年扎好根，积累一定养分，过冬时已有 8～10 张大叶，抗寒能力较强，即使遇到轻度霜冻，对生长影响不大，次年春暖后生长迅速，到 7～8 月抽蕾，11～12 月收获，产量高、品质好，又可避免收雪蕉。

(四)栽植密度

栽植密度视种类、品种、土壤肥力、单造或多造蕉、地势、机械化管理程度而定。栽植方式采用长方形、正方形和三角形。一般单株植的株行距：矮蕉 2.0 m×2.3 m，亩植 145 株；中型蕉 2.0 m×2.5 m，亩植 125 株；高把蕉 2.3 m×2.5 m 或 2.7 m×2.7 m，亩植 91～116 株。根据广西香蕉产区的经验，目前推广种植的威廉斯以亩植 110～120 株较为适宜(即株行距为 2.3 m×2.5 m)，具果梳多、果指大、品质好、产量高等特点。

当然管理水平高，可适当种稀些，主要是肥水充足，植株粗大，叶片茂密，通风透光差；但在一般管理的情况下，则产量是随着密度的增加而提高，也不宜过密，否则会因相互荫蔽，中下层叶片早衰，延迟抽蕾，影响产量。

（五）栽植方法

1. 植穴准备

平地园先翻犁风化，然后起畦，每畦双行（规格如上述），按株行距挖定植穴，植穴宽 0.5～0.8 m，深 0.3～05 m，视土质而定，坡地深沟种植。每植穴施足基肥，穴施土杂肥 25 kg，磷肥 0.5 kg，尿素 0.1 kg，氯化钾 0.1 kg，猪粪或鸡粪 2.5 kg，作基肥，并与表土拌匀，填于植穴内，然后用表土回平或略高。沟植的，回土后沟内略低于沟面。

2. 种植方法

种植时要选好种苗，种苗好坏，直接影响产量和品质。优良种苗的共性是：地下球茎大，形状似竹笋，生长粗壮，伤口小，无病虫为害。用组培苗的，蕉苗生长正常，不用变异苗。定植时应注意以下六点：①种植深度以深于蕉头 6 cm 左右为宜，过深过浅均不利于生长，植穴适当施些煤灰，利于根系生长；②蕉苗伤口要统一朝向，利于以后整齐留苗，便于管理；③种吸芽的，把蕉头的芽眼挖除，种后减少营养消耗；④种苗按高矮、大小分片种植，便于管理；⑤种后将坭土踏实，淋水，做好覆盖、防晒工作；⑥大苗定植适当剪除部分叶片，减少蒸腾失水，提高成活率。

二、土壤管理

（一）中耕除草

香蕉根系分布在土壤的表层，耕作时容易伤根。中耕除草时尽量浅耕，耕深 2～5 cm 即可，可采用化学除草剂消灭杂草，如用克芜踪、农达、草甘膦等，使用时要注意，离开植株蕉头 60 cm 以上，蕉头周围杂草人工拔除。只要管理得当，经 3～4 个月后植株生长茂盛，叶片密接，阳光难以透进，则杂草难以生长。及时松土，秋植或留宿根蕉，一般在冬季寒冷过后早春回暖，新根发生前，进行一次深耕，以增进土壤透性和改善根系生长条件。掌握春节过后 1 个月左右。不宜耕作过早或过迟。如果深耕过早，极易受到"倒春寒"的影响而受冻害；耕作过迟，新根已大量发生，则伤根过多，影响根群生长。耕深的深度视当地环境而定，平原区，根系较浅，深度为 15 cm；山地蕉园，根群深生，耕深以 20 cm 左右为好。深耕时把隔年的旧蕉头挖除，以免影响根群及蕉头的生长；当年的蕉头要保留，它还有一定的营养，可供新根生长。

(二)施肥

1. 香蕉的营养特点

香蕉生长迅速，一年即可结果，产量高，必须从土壤中吸收大量养分，且根系浅，对肥料特别敏感。搞好肥水管理，可以增加雌花数目，控制开花期，增加果穗重量。据分析，香蕉植株各器官氮、磷、钾含量见表7-1，钾需要量最多，氮次之，磷最少。其氮、磷、钾含量的比例为4∶1∶(13～14)。

表7-1　香蕉植株各器官的三要素含量(干物质中%)

器官名称	N	P_2O_5	K_2O
假茎	1.07	0.28	8.20
主要根系	1.04	0.22	4.12
叶柄	1.03	0.28	4.20
叶片	2.24	0.38	2.93
果轴	1.28	0.86	14.28
果实	1.02	0.27	3.57

2. 香蕉施肥

香蕉的月生长量很大，施肥及时，才能获得高产。在生产上，经常把香蕉全生育期分为三个阶段：即营养生长期、花分化期和果实发育期。研究表明，香蕉营养生长期(1～5个月)对肥料反应最敏感，是重要的养分临界期，香蕉的生长和结果，重视香蕉全生育期的最初3个月的分生组织发育量(营养生长)，也看这阶段养分的供应情况而定。也就是说，初期少量多次施肥比后期大量施肥更重要。因此，香蕉的施肥是采用前促、中攻、后补的原则。即香蕉栽植成活后或者留荫后，应马上施肥，不可拖延，到抽花蕾时应施完大部分肥料，当然抽蕾结果后的施肥也不可缺少，它是果指增大的物质基础。营养不足，则产量会下降。各地的施肥量有所不同，一般每株用尿素0.5 kg，过磷酸钙0.56 kg，氯化钾1 kg，复合肥2 kg，花生麸1 kg。各生育期的施肥分量为：营养生长期35%，花芽分化期50%，果实发育期15%。

前促即营养生长期(约3.5个月)分8次施肥，N∶K比例是1∶(1～1.3)，在栽植后半个月开始淋施水肥，每隔10 d淋施一次，前4次肥的钾肥用氯化钾，以后改用硝酸钾则效果更好。施肥浓度随植株的长大而增加。

中攻分4～5次(约2.5个月)施肥，N∶K比为1∶(1.5～1.8)，每15 d施

一次肥。每株每次施复合肥 0.2～0.3 kg,氯化钾 0.15～0.2 kg;花芽分化前一个月重施肥,株施复合肥 0.4～0.5 kg,氯化钾 0.3 kg,花生麸 1 kg。后补(断蕾,幼果期)分 2 次施,以复合肥和草地木灰为主。每株用复合肥 0.3 kg,草木灰和猪粪 5 kg。

大蕉和粉蕉对肥水要求不如香蕉,肥料用量和施肥次数可适当减少。

3.施肥方法

可分沟施和撒施两种。冬春的基肥为沟施,即离蕉头 40 cm 处开一半圆形沟。沟深 20～30 cm,施后盖上土。尿素、钾肥、复合肥采用撒施,即在多雨季节施用,也可开浅沟(约 10 cm)施,施后盖土,花芽分化前后的 2～3 次大肥不适用沟施,可直接撒于地表,然后盖土,以免伤根。施后可灌跑马水,保湿土壤,提高肥料利用率。

(三)培土

香蕉地下茎抽生的吸芽会逐年上移,所以每年需要上泥培土。培土既有助于生长、延长结果年限,又可以起防止植株露头、倒伏。一般每年培土 2～3 次,培土的原则是旱季多培,雨季少培,雨天不培。如果雨天培土,会造成土壤板结,则会引起大量根群窒息死亡。一般在 3～4 月间天气转暖后进行,此期培土宜多,有平整畦面,避免积水,且具有覆盖作用,促进新根大量发生;第二次在 5～7 月,用量宜少;第三次在 8～10 月,用量宜多,有防止秋后土壤干旱,营养器官早衰的作用。使用的材料有垃圾、塘泥、河泥,也可结合中耕除草,把除下的草皮泥土培壅在根茎附近,既可腐烂做肥,又可作培土、防寒作用。

(四)灌溉,排水

1.灌溉

香蕉叶片巨大,根系分布浅,假茎、叶片、果实含水量在 80%以上,因此决定了香蕉需要大量的水分,土壤中含有适当的水分才能满足生长,尤以旺盛生长期需水较多,抽蕾期为需水敏感期,水分过多或者不足均影响产量,据测定,香蕉每制造 1 g 干物质,需从土壤中吸收 600 g 的水。有灌溉条件的蕉园,每株年平均可长叶片 32.8～37.3 片;无灌溉条件的蕉园年平均长叶片仅 28.9 片。因此,灌溉能加快香蕉生长,提早结果,增加产量。我国香蕉产区降雨多集中在 5～8 月,秋冬干旱,尤其坡地受干旱更为突出。因此,凡在 8～11 月,10 d 不降雨的,应灌水一次,保持土壤湿润。在水源充足,灌溉方便的蕉园可用沟灌,将水排入灌沟中,浸水至根下,日排夜灌。

2.排水

香蕉忌积水或地下水位过高。排水不良，积水或地下水位过高，会使土壤空隙长时间地充满水分。限制土壤和地面空气交换，造成涝害，引起烂根。华南地区，雨量集中，5～8月常有大雨或大暴雨。因此，在雨季来临前应结合培土修好排水沟，防止畦面积水。

（五）轮作

香蕉是耗肥量大的果树，如连作的年限过长，土壤肥力会下降，病虫害增多（香蕉束顶病、叶斑病、黑星病等，均由于连作的年限长，而发病率上升）。宿根年限长，留芽造成的株行距不一致，影响阳光的利用，也会造成田间管理困难。因此，种植一定年限后应进行轮作。广东，广西水田蕉有与水稻轮作，坡地与甘蔗轮作的习惯。香蕉连作多长的时间，视其发病率、单产、管理难易而定，一般4～5年后轮作水稻或甘蔗2～3年。

三、植株管理

（一）校蕾，断蕾和除残留萼片

香蕉在抽出花蕾时正好被叶柄托着，不能下垂，可人工将花蕾移侧，使其能下垂生长，称为校蕾。校蕾有利于花蕾下垂，防止果穗畸形或花轴折断。当花蕾开至中性花或者雄性花后，用刀将它除去，称为断蕾。断蕾的目的是减少养分消耗，提高产量。结合断蕾，一般每株只留8～10梳，多的疏除。断蕾的方法是在离最后一疏果8～10 cm处将花蕾割掉。断蕾宜在晴天中下午进行，使伤口愈合快，减少伤流液。不宜在雨天或者早晨雾水大时断蕾。当果梳的果指展开、蕉花有约2/3变黑时用手清除果指顶上残花萼片。

（二）防风和防晒

香蕉容易受台风吹倒，尤其结果后，重心上移，受害更重。沿海地区，在台风来临前的6月份，在假茎旁边立一支柱（木或竹）把果轴和把头固定，提高抗风能力。也可在四周的边株各打一木桩，园内各植株用尼龙线绑成棋盘式相互拉紧，最后把绳固定在木桩上，防风性能较好。亦可在植株抽蕾后用尼龙线绑缚果轴后反方向牵引绑在邻近蕉株假茎离地面约20 cm处，全园植株互相牵引，防止植株倒伏。

果轴在7～9月容易受烈日暴晒而灼伤，阻碍养分运输，影响产量。在7～9月间，可把果穗梗上的叶片拉下来，包盖果轴，也可用枯叶包盖。

(三)果穗套袋

套袋能有效地减少病虫害、农药污染和机械伤,果实色泽好,品质优。一般在断蕾约 10 d 后进行,果袋选用厚度 0.02～0.03 mm 打孔的浅蓝色 PE 薄膜香蕉专用袋。套袋时先将顶叶覆盖于果轴、果穗上再套袋,果袋上口扎于果轴,果袋要与果梳有 1 cm 以上的距离。套袋时标记日期,利于采收时确定成熟度。

(四)促进果实膨大

促进香蕉果实膨大除了保证充足肥水外,生产上可使用一些生长调节剂。在蕉穗断蕾时和断蕾后 10 d 各喷一次广东生产的“香蕉丰满剂”,对促进蕉指增长和长粗,提高产量和果指大小有良好的效应。使用 1～3 mg/L 浓度的防落素在开花期喷花对促进香蕉果指粗大和提高品质也有效果。

(五)防寒与受冻后的挽救措施

1. 防寒

香蕉喜温忌寒,10℃以下即不同程度受害。因此,在 11 月下旬即应采取防寒措施:①秋植幼苗,每一植株用塑料薄膜袋套住,下部用泥压紧;也可先将叶片绑住,再用稻草人盖顶。②对越冬幼果,先用稻草人包扎果轴上端,然后用双层薄膜袋套住果穗,袋上部紧系果轴。下部打开垂下,以排积水;如果连续低温阴雨,最好束紧袋的下开口,晴天日即打开。套袋宜用浅蓝色,果实外观才美,商品率高。③灌水护根,灌水可提高土温,对防霜有一定效果。

2. 冻后的补救措施

①受冻害的叶片会腐烂并会逐渐向下蔓延,春暖后及时割除被冻害的叶片,尤其是未张开的叶片,防止蔓延。②花蕾、幼果、假茎受冻害严重,应及时砍掉母株,加速吸芽生长,加强肥水管理,仍可获得一定产量。③提早中耕松土,及时施肥管理。尤其施速效氮肥如碳铵等,对促进植株生长有显著的作用。

(六)吸芽的选留与刈除

1. 新植蕉留芽法(春植)

在 2 月底栽植的香蕉,经 3 个月生长后(即 5～6 月),定植的吸芽即形成新球茎。母株 1 m 左右高时,开始发生吸芽。第一批吸芽可有 1～3 个,这类吸芽很快生成小圆阔叶片,以后生长慢,同时留吸芽过早,则会影响母株的生长,推迟抽蕾。因此,这批吸芽不宜留作接替母株。待 8 月初后长出的第二批吸芽,生长迅速,对母株依赖不大,从中选择一个生长粗壮的吸芽做后备母株,其余挖掉,这个芽在肥水充足的情况下，第二年7～8月抽蕾，10～11月收获，保证年年收正造蕉。

2. 宿根单造蕉留芽法（一年一造）

在土质，水肥条件较差，气温较低的地区，一般应掌握在10月间收获，这次果为“正造蕉”，广西大部和粤西一带宜以此法为主。要在10月份收获，就必须使吸芽在越冬时有大叶6～8片，留芽的具体时间一般是在6月上旬选留高33 cm（即1尺左右）的吸芽，这个芽一般是在5月中旬左右已露出地面，留芽时还应考虑留芽位置，要保证下一年合理的株行距。

3. 宿根多造蕉留芽法

多造蕉是指二年三造或三年五造。适宜实行这种留芽法的地区应是终年无霜，温度较高，光照充足，肥水条件好，栽培技术高的地区。主要根据母株生长情况决定留芽时期和次数，母株在7月以前收获的，则当年可选留二次芽，翌年收获2次。如母株在7月以后才收获的，则该年只留一次芽，翌年只收获一次。具体的留芽方法是：在收获一造蕉的当年留二次芽，第一次留芽应在2～3月，第二次留芽在8～9月，这样翌年4～6月收获一造，10～12月收获第二造。值得注意的是，第一次留芽与第二次应间隔6个月，使第二次芽留芽时，第一次芽已有23～24片叶，其营养生长阶段已完成，不受新留株的影响，收双造蕉的当年（即第二年）留芽在5～6月，下一年（即第三年）赶上收正造蕉。重复上述留芽法，即可收获二年三造或三年五造。

4. 除芽

每年所需的吸芽留足后，对多余的吸芽应及时除去，以免影响母株的生长和结果。母株留的吸芽多，养分消耗大，会造成产量低。吸芽的抽生，多在3～7月份，8月以后吸芽抽生明显减少，因此在3～7月间，每隔15 d左右除芽一次，8月份以后每月除芽一次。除芽时可用蕉铲从母株与吸芽连接处切离吸芽，但此法伤根太多。也可用蕉铲齐地面把吸芽铲除，然后挖掉生长点，以防再生。

（七）果实采收

采收时2人为1组，一人先用利刀在假茎的中上部砍切一刀，使植株缓慢倾斜，另一人用软物托住缓慢倒下的果穗，持刀人再将果轴割下，果轴长度要留15～20 cm，两人合作将果穗保护性转移，放置果穗要垫有棉毡、海绵等软物，避免果实间相互挤伤、擦伤和碰撞。有条件的大型蕉园可采用索道悬挂式无着地采收方式，即将砍断果穗缚吊在铁索上，从索道引至加工包装场地，从采收到包装，果穗不着地，机械损伤少，果实外观品质好。

实践技能

实训 7-1 香蕉种类和品种识别

一、目的要求

通过对香蕉三大类的植株、叶片、果实的观察，初步掌握香蕉的主要形态特征和划分依据，识别当地主要品种。

二、材料用具

(1)材料。香蕉、大蕉、粉蕉的代表品种的植株和果实。

(2)用具。皮尺，卡尺，水果刀，放大镜，锄，铲等用具。

三、实训内容

(一)蕉类的分类

1.香蕉类

植株生长健壮，假茎黄绿色而带紫褐色斑。叶片阔大，叶柄粗短，叶柄槽开张，叶基部对称，斜向上，幼叶初出时往往带些大小不等的紫斑。小果弯曲向上生长。幼果横断面为五棱形，成熟时棱角小而呈圆形，果皮黄绿色，催熟时常有炭疽病斑点，至使香味更浓，果肉更甜，皮较厚，果肉黄白色，无种子。吸芽紫绿色。

2.大蕉类

植株高大健壮。假茎绿色，叶宽大而厚，深绿色，叶先端较尖，基部近心脏形，对称，叶柄长而闭合。无叶翼，小果大，果身直，棱角明显，果皮厚而韧，果肉杏黄色，柔软，味甜略带酸味，无香气，偶有种子。吸芽青绿色。

3.粉蕉(包括龙牙蕉)类

植株高大，假茎淡黄绿色，叶狭长而薄，淡绿色，先端稍尖，叶基部不对称，叶背、叶鞘白粉较多，叶柄狭长，闭合，果身近圆形而微起棱，形较短小，成熟时果皮鲜黄色，皮薄微韧，但易开裂。果肉乳白色，柔软、甜滑，吸芽黄绿色。

(二)主要品种识别

(1)植株观察。在蕉园现场，观察记载当地主要品种植株的形态特征，将观察结果填入附表。

(2)果实观察。将叶、果实采回室内观察，将观察结果填入附表。

(3)识别香蕉主要品种。

附:香蕉品种记载表

品种: 记载人: 时间:

项目		记载内容说明
植株形态	假茎	高度、围径、颜色、蜡粉
	叶身	形状、大小、颜色、叶基形状、蜡粉
	叶柄	长或短、叶柄槽闭合或开张、蜡粉
吸芽	假茎	颜色
	叶身	颜色、特征
果实	果形	果身形状、大小、长短
	果实横断面	形状、棱角是否明显
	果色	颜色、特征
	果皮	厚薄、韧性
	果肉	颜色、风味

四、实习报告

(1)试从假茎、叶片及果实的形态特征差异对香蕉、大蕉及粉蕉加以区别。

(2)填写本地区 3～5 个"香蕉品种记载表"。

五、考核办法

实训成绩以 100 分计,其中,实训态度与表现占 20 分,观察过程占 30 分,实习报告占 50 分。

实训 7-2 香蕉生长结果习性观察

一、目的要求

认识香蕉植株各器官的形态特征,了解香蕉生长结果习性。

二、材料用具

(1)材料。刚抽花序的蕉株 1～2 株,雌花抽生数量已定的蕉株 6～8 株,成熟香蕉果指若干。

(2)用具。皮尺、卷尺、刀、锄、天平、记录本。

三、实训内容

选一株生长正常、刚抽生花序的蕉株，连地下球茎、吸芽和根系完整挖掘，用水将植株地下部冲洗干净，然后对植株进行观察。

1. 观察地上部器官

(1)叶片。叶片排列、形状、大小、叶脉、叶柄长短、叶翼、新叶抽生位置。

(2)花。花苞的形状，小花排列状况，雌花、雄花、中性花的形态及在花轴上的排序。

(3)果。果穗形态、果梳形态、果指外部形态及排列，成熟果指的大小、纵/横剖面、果肉色泽、种子有无、果皮厚度及韧性。

(4)假茎。假茎的高度、颜色、结构、质地、纵/横切面。

(5)果轴。果轴的形态、质地、长度、抽生位置。

(6)吸芽。吸芽形态。

2. 观察地下器官

(1)地下茎。形态、大小、质地及其上着生的器官。

(2)根。粗度、颜色、质地、数量。

(3)吸芽抽生的位置。不同位置吸芽大小和形态有无差别。

3. 生长结果习性

(1)逐片剥开1～2株抽生花序的蕉株的每一张叶鞘，仔细清点此两株蕉株各自所抽生的叶片总数。了解蕉株抽生花序与其叶片数量的关系。

(2)在蕉园选择6～8株花序雌花形成数量已定的蕉株并进行编号，列表记录各单株花序形成的雌花梳数，测量并列表记录各蕉株假茎离地面20 cm处的周长、单株青叶数量和叶面积(单叶面积以叶长×叶宽的数值估算)。根据测量结果判断单株营养生长状况与单株产量的相关性。也可等到采收时分别称重原先已编号的各蕉株单株产量，再分析单株营养生长状况与单株产量相关性的显著程度。

四、实习报告

列表测量记录蕉株营养生长状况与单株产量(或雌花梳数)，分析香蕉营养生长与产量高低的关系。

五、考核办法

实训成绩以100分计，其中，实训态度与表现占20分，观察过程占30分，实习报告占50分。

实训7-3 香蕉的留芽与除芽

一、目的要求

通过实习，初步掌握蕉类植株选芽和留芽的方法。

二、材料用具

(1)材料。香蕉生产园地。

(2)用具。锄头、钢尖、铁铲、手套。

三、实训内容

(一)选留芽

1."一年一造"留芽法

根据下一年香蕉预计收获的时期确定留芽的时间(一般10～12月收获为正造蕉)。在母株有22～23张大叶片时(8月)，即将花芽分化，此时留芽，吸芽对母株依赖不大。待吸芽高度30～40 cm时选留假茎粗壮、叶片狭长呈剑形、生长位置合理的1～2个吸芽作母株接替株，其余挖掉。留芽时香蕉花穗或果穗下方的吸芽、畦面边缘的吸芽和"大叶芽"不留，留芽方向要求一致。

2."二年三造"留芽法

在收获一造蕉的当年留二次芽，第一次留芽应在2～3月，第二次留芽在8～9月间，这样翌年4～6月收获一造，10～12月收获第二造。第一次留芽与第二次应间隔6个月，使第二次芽留芽时，第一次芽已有23～24片叶，其营养生长阶段已完成，不受新留株的影响，收双造蕉的当年(即第二年)留芽在5～6月，下一年(即第三年)赶上收正造蕉。重复上述留芽法，即可收获二年三造或三年五造。

(二)除芽

对不作母株接替株的吸芽，全部铲除。除芽时选用锄头或铁铲平地面，将吸芽的假茎去除，然后用钢尖扎入吸芽球茎中间点的生长点将生长点捣烂。夏季 5～8 月每 20 d 左右要除芽一次。

四、实习报告

简述香蕉选留芽的方法要点。

五、考核办法

实训成绩以 100 分计，其中，实训态度与表现占 20 分，操作技能占 50 分，实习报告占 30 分。

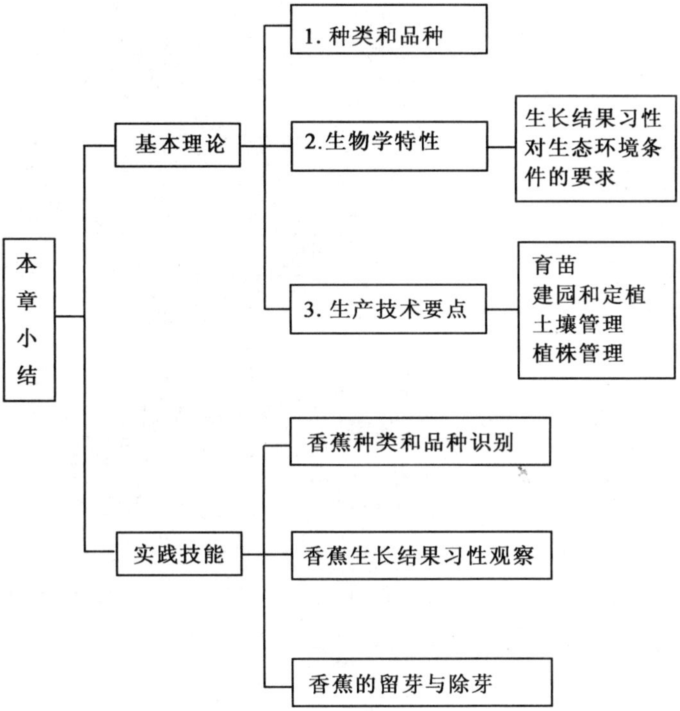

复习思考题

1.简述香蕉对环境条件的要求。

2.香蕉花芽分化与叶片生长的关系如何？花芽分化时期对肥水有何要求？

3.如何进行香蕉的留芽与除芽？

4.如何进行肥水管理才能获得香蕉丰产优质？

5.简述香蕉植株管理的内容。

第八章　菠　萝

知识目标

- 理解并掌握菠萝的生长结果习性及生态特性。
- 掌握菠萝的优质高产栽培要点。

技能目标

- 能够识别菠萝的主要种类、品种。
- 熟练掌握菠萝的选苗、育苗、定植、土肥水管理、留芽与除芽等操作技术。

基本理论

菠萝果实品质优异，鲜食风味独特，香气诱人，富含营养。含有糖、蛋白质、矿物质等。用途广，利用价值高。果实除鲜食外，可供制糖水罐头，被誉为“罐头之王”。可榨取菠萝汁，菠萝皮可提取菠萝蛋白酶。可作盆景。菠萝病虫害少，产量高，投资少，生长快，栽培管理容易，适应性强，投产早，经济效益高。

菠萝原产南美巴西，19 世纪以来，全世界菠萝栽培和加工业蓬勃发展，分布范围也由热带扩展到南北纬 30°之间。现全球有 60 多个国家和地区生产菠萝。2004 年全球菠萝收获总面积为 84.38 万 hm^2、总产量 1 528.74 万 t。世界菠萝贸易以菠萝糖水罐头为主。菠萝生产大国泰国、菲律宾每年出口菠萝罐头均超过 20 万 t。

我国菠萝栽培主产集中在广西、海南、广东、云南、福建、台湾等省(区)，云南南部有少量栽培，主产地有广东的徐闻、广州市郊，海南的文昌。海南、雷州半岛是我国菠萝最适宜种植区，其他产区大多仅属次适宜种植区。周期性冬季低温或霜害制约菠萝次适宜种植区的生产。

第一节 种类和品种

菠萝为凤梨科(Bromeliaceae)凤梨属(*Ananas* Merr.)的一个种。本属有8个种,但果实适宜食用作经济栽培的只有菠萝[*A. comosus*(L.)Merr]一个种。菠萝栽培品种较少,世界上只有60～70个,其中还有不少同物异名的。目前我国栽培品种可分为皇后类、卡因类、西班牙类三类。

1. 无刺卡因

又名沙拉瓦、夏威夷、美国种等。植株健壮高大,叶阔大,厚而长,开张,叶色常绿,叶槽紫色彩带不明显,叶缘无刺。果大,单果重1.5～3.0 kg,果眼浅,果形端正,加工成数较高,肉质柔软,多汁,香味较淡,纤维稍多,含糖量及含酸量均高,不耐贮运。植株萌发吸芽少,萌发期较迟,萌发部位较高,果园易早衰,单株有隔年结果现象,7～8月份成熟,用激素催花效果比菲律宾种差。

2. 巴厘

又名菲律宾。植株生长势中等,叶缘有小而密的刺,叶片短宽,叶面中央有明显紫红色彩带。果眼较小,呈棱状突起,果眼较深,加工成数较低。肉质细嫩,纤维少,香味特浓,含糖量高,果心小。

植株吸芽萌发数量较多,抽生期较早,芽位较低,经济收益年限较长。6～7月份成熟,利用激素催花效果较好。

3. 剥粒菠萝

原名台农4号凤梨,又称剥皮菠萝。植株生长壮旺,叶缘有硬刺,叶片开张,叶片较大且厚,叶色近赤紫色;果实较大,平均单果重1.5～1.8 kg,小果圆突,果肉深黄,肉质细密,香味浓,果心较大,果眼深。缺点是叶硬多刺,管理不方便。这种水果用手剥皮剥粒就可吃,吃法新颖,但市场尚接受不了。

4. 神湾

又叫新加坡、台湾种等,属皇后类。1915年从国外引入广东中山神湾种植而得名。植株较巴厘稍矮,株型较开张,叶较窄,叶缘有刺,叶面中线两侧有犬牙状粉线,叶背被白粉;植株分蘖力强。果重约0.5 kg,短圆筒形;果肉深黄、质脆、汁少,香味浓郁,品质甚佳,鲜食。早熟、不耐贮运,吸芽特多、果小、产量低,栽培日渐减少。

5. 台农 6 号

又名苹果凤梨。平均单果重 1.3 kg，大果单果重可达 2 kg，成熟时皮肉均显浅黄色，肉质细致，纤维少，多汁，清脆可口，具苹果风味。要求在高积温地区栽培才能生长结果良好。

第二节 生物学特性

一、生长结果习性

(一)根

菠萝是多年生单子叶常绿草本果树。无性繁殖芽苗的根系由茎节上的根点直接发生，初期为气生根。气生根分布在菠萝植株茎部和各种芽苗的叶腋里，耐寒、耐湿、耐旱、耐晒、耐热，它能在空气中长期生存、生活，能吸收水分养分，当气生根接触土壤后，即转变为地下根。菠萝地下根属于纤维质须根系，细长而分支多，无主根。可分为粗根、支根和细根三种。粗根由茎节上的根点萌发而成，是一级永久性根，粗≥0.2 cm，长可达 100 cm，一植株有 100～150 条。新生时具吸收功能，分生支根后，主营输导和支持作用。地下根 90%以上分布在离地面 20 cm 和植株周围 40 cm 范围的土层中。根系具好气性，疏松肥沃的土壤有利于菠萝根的生长，果园积水或苗木种植过深均对根的生长产生不利的影响。菠萝根生长的起点温度为 12～15℃，29～31℃生长最快。

(二)茎

菠萝茎为近纺锤形黄白色肉质圆柱体。分地上茎和地下茎两部分。地上茎长 20～30 cm，粗 2～6 cm，被螺旋状排列的叶片紧包而不裸露，每片叶的叶腋有 1 休眠芽，节上有根点。茎的最顶部是生长点，营养生长阶段不断分生叶片，发育阶段则分化花芽形成花序。茎埋入土的部分为地下茎，较短，与地上茎没有分界，其上的根点大部萌发为地下根。茎是最主要的营养物质贮藏器官，特别是淀粉和纤维素，茎的粗细长短，是植株强弱的重要标志。茎粗壮则植株生长强壮，叶大果大。

(三)叶

菠萝的叶片革质、狭长、剑状，中部较厚稍凹陷，两边较薄向上弯成叶槽，有利于雨水和露水积聚于基部，为根和叶基幼嫩组织所吸收。菠萝叶具有旱生结构，同时具有庞大的根系，因此较耐旱。不同种类的菠萝一生抽生的叶片数存在差异，卡因种60～80片，菲律宾40～60片，神湾20～30片。叶片生长受气候环境影响很大，菠萝原产热带，忌低温霜冻。温度高生长快，温度低生长缓慢或停止生长。冬季(11月至第二年的2月)由于低温干旱，几乎停止生长；3～4月气温渐高，雨季开始，生长开始，月生长1～2片；5～6月温度升高，光照充充足，生长加快，月生长3～4片；7～9月温度高，光照长，雨水多，为生长高峰期，月长叶5～7片，甚至8～12片；10月以后气候开始降低，进入旱季，生长下降。

同一品种，植株叶片多少、大小、厚薄与该株果实的大小、重量关系很大。在一定范围内，叶数多，叶片大，果也大。据报道，当把菠萝整个叶片束起来时，其最高的三片叶的叶面积总和(D)与果重有关，D大则果重，呈正相关。植株每1.2 kg鲜叶可生产约1 kg的果实。加强肥水管理，促进菠萝叶片旺盛生长，是获取高产优质的营养基础。

(四)花

1.花芽分化

菠萝正造花的花芽分化多在11～12月进行，其他时期分化为二造花(4月末至5月末分化)和三造花(7月初至7月底分化)。据观察，菠萝经过营养生长达到一定叶片数后便能分化花芽。无刺卡因有老熟叶35～50片，全株叶面积达1.5～2.5 m^2 时开始分化花芽。

菠萝的形态分化通常分为四个时期，即①未分化期，生长点狭小、尖；心叶紧叠不开展，叶基部呈青绿色。②开始分化期，生长点圆宽而平，向上突起延伸，心叶疏松开展，叶基部由青天绿色转为黄绿色。③花芽形成期，生长点周围形成许多小突起，为小花，花序的原始体，叶基部由黄绿转为淡红色。④抽蕾期，小果苞片分化完成，伸长突出，冠芽、裔芽原始体形，心叶发红。一个花序分化历期30～40 d。

2.抽蕾

菠萝生长到一定阶段，从植株中心茎的顶部抽出花轴，称为抽蕾。抽蕾前，从植株外部形态可观察到心叶变细，聚合扭曲，株心逐渐增阔，经20～30 d开花。

3.花的结构

头状花穗，由肉质中轴周围的100～200朵聚合而成。小花为完全花，无花柄，花瓣紫色，雄蕊6枚，雌蕊1枚，子房三室，小花基部有三片三角形萼片紧包着。

4.开花

开花顺序，基部小花先开，顺序向上开放，花期15～30 d，视花量而定。

(五)果实和种子

菠萝的果实为复果。开花到果实成熟需120～180 d。果形受温度和生长时间的长短影响，正造果生长时间短，小果数较少，多呈圆筒形；翻花果生长时间长，小果数多，果较大，但生长后期温度降低雨水减少，顶部小果发育不良，因此，基部大，顶部小，呈圆锥形。

不同时期抽蕾开花的果实，果形大小和品质有所不同，如菲律宾种：①正造果（2～3 月抽蕾），6 月下旬至 8 月上旬成熟，果柄粗短，裔芽多，果形小，品质好；占全年结果的 62%。②二造果（4 月末至 5 月末抽蕾），9～10 月采收，约占全年结果量的 25%，果形与正造果差不多，肉质疏松，汁较少，品质稍差。③三造果（7 月抽蕾），11 月以后采收，占全年结果的 13%；果实较大，但糖分和香气少，酸味高，纤维多，品质较差。

菠萝为异花授粉果树，一般自花不实，单性结实，无种子。

(六)芽

菠萝的芽依着生部位不同而有顶芽、裔芽、吸芽、地下芽 4 种。顶芽（冠芽），着生于果实顶部，正常植株为单冠芽，由于环境的影响也有复冠芽、鸡冠芽，冠芽在花蕾抽出时已形成，随果实发育而生长。裔芽着生于果柄及果实基部上，每株 2～6 个。吸芽着生于地上茎的叶腋上。一般 2～3 个。块茎芽由地下茎上的休眠芽萌发而成。

二、对生态环境条件的要求

1. 温度

菠萝原产热带地区，喜温暖，忌霜冻。一般年均温度在 21～27℃，无霜或有轻霜的地区才可作经济栽培，在年平均温度 21～27℃，12 月至第二年 2 月平均温度大于 18℃的地区，能达到丰产优质，可大面积栽培。菠萝茎在 25～30℃时生长最活跃；叶片在 28～31℃，相对湿度 80%时生长最快，15℃以下生长缓慢，在 10℃以下心叶不再分化，新根也不再发生，低于 8℃并持续 3 d 以上的冷雨天气会使植株烂心；低于 5℃持续较长时间叶色变黄、叶尖干枯；0℃气温持续 1 d 以上植株受寒害严重，果实和心叶腐烂，根系冻死。根生长适温为 29～31℃，低于 5℃或高于 43℃即停止生长。根 3 月开始生长，并随温度的升高而迅速生长，5 月下旬至 7 月生长达最高峰，10 月以后又趋缓慢，12 月至翌年 2 月近地表根系因寒冷与干旱而死亡。在温度高的地区，菠萝生长期长，生长量大，果大，产量高，品质好。

2. 雨量

菠萝耐旱，但生长发育仍需一定的水分，在年降雨量 500～2 800 mm 的地区均能生长，而以 1 000～1 500 mm 且分布均匀为最适。若雨水，灌水过多或排水不良，会因积水缺氧根呼吸困难而烂根，严重影响生长结果。在积水中浸泡 1 d，就会有大量根系死亡。如果水分不足，表现为叶色浅黄或红色，叶缘反卷，也影响抽蕾开花和吸芽抽生。

3. 光照

菠萝原生长在半荫的热带雨林，较耐荫。因此，合理密植造成菠萝群体内的自荫环境，减少强光对叶绿素的破坏，叶色保持青绿，对生长有利。但光照充足，光合作用旺盛，生长结果良好，果大，皮色美，糖多，品质好，产量高。光照不足则生长缓慢、果实含酸量高、品质差。但光照过强，伴随高温，叶片变成红黄色，果实也易灼伤。

4. 土壤

菠萝对土壤的适应性较强，红壤、黄壤、砖红壤等均能正常生长结果，但由于根系浅生，与真菌共生，好气性强，而且生长迅速，因此，更适宜疏松肥沃、温暖湿润、土层较深、排水良好，有机质丰富的酸性沙质壤土，pH 4.5～5.6。

第三节 生产技术要点

一、育苗与种植

(一)选苗与育苗

1. 吸芽繁殖

当母株吸芽高 10～15 cm 时，把吸芽摘下繁殖。对母株加强管理，促休眠芽萌发，继续剥离繁殖，这种方法适用于菲律宾种。卡因种吸芽少，要留作后继母株。种植的吸芽要求叶身变硬，叶片开张，长 25～35 cm，剥去基部叶片后现出褐色小根点时，即为成熟表现。种后 16～20 个月结果，果偏小，但果实品质好。

2. 冠芽繁殖

冠芽长约 20 cm，叶身变硬，上部开张，基部变窄，而且有幼根出现时摘下繁殖。用冠芽苗作种植材料的，果大，开花整齐，但种后需要 24 个月才开花结果。用冠芽作繁殖材料的，一般在 6～7 月摘下繁殖。

3. 裔芽繁殖

裔芽多影响产量，可适当选留 2～3 个，待芽长 18～24 cm 时摘下繁殖。定植一般经 18～24 个月才开花结果。

4.茎部繁殖

(1)老茎就地分株。将收果后的老株上已达 20～30 cm 的吸芽、裔芽及时摘下繁殖。

(2)全茎埋植。将老茎挖出,削去叶的大部,只留 3～4 cm 长的叶基以保护腋芽,并剪去缠绕在茎上的根,晾晒 1～2 d 后,埋入苗床里,出芽后分批摘下大苗繁殖。

(3)老茎纵切或横切。挖老茎骈叶、根,纵切成 2～4 块,或横切成 2 cm 厚的块,用草木灰或 0.5%的高锰酸钾液浸 10 min,晾干后种于苗床。可用沙覆盖,以不露切面为度,出苗后切出合格的芽苗,繁殖以 3～6 月份效果最好(7～9 月份温度高,10 月份后温度开始降低,均不利芽萌发)。

5.带芽叶插

把老株挖起,去根及枯叶,并对绿叶留长 25 cm 左右剪掉中、上部,选择腋芽饱满的连同着生部分茎及所属的叶切下,斜插于苗床(沙床)上,深约 1 cm,扦插时河沙含水量为 2%左右,头 7～10 d 勿淋水。待苗长 5 cm 并有幼根时移出繁殖。

(二)园地选择

菠萝采收期集中。一般采收高峰期仅半个月左右,必须及时采收调运。因此,宜选择靠近公路、沿河的坡地种植。为了减少冻害,注意选择地形。宜选择坐北向南的丘陵山地;江河两岸;四周有大水库的山坡;坡度不宜大于 25°。

(三)开垦整地

清理杂树、石块。用推土机清理杂树等,对局部地形初步整形推平。用中型拖拉机多犁少耙,犁深约 30 cm,但不宜把土耙得过碎,以免板结,透气不良。一般土团直径应在 5～6 cm 以上。除尽恶性杂草,如茅草、香附子等。15°以下的缓坡地可用平畦。全垦后,按照一定距离分幅,幅内分畦,一般畦面宽 100～150 cm,畦沟宽 30～40 cm,深约 25 cm。较陡的山坡用泥块、草皮块垒成土畦,心土放在畦面,种苗栽在垒起的草皮、泥块中。此法表土深厚、疏松透气好,排水良好,但费工多,易受干旱。保水保肥力差的沙砾土的山地采用浅沟畦种植,即开成 100 cm 宽的浅沟(深约 20 cm)种植,起保水保肥作用。但排水不良的黏土不宜采用。

(四)定植

1.施足基肥

菠萝速生快长,而丘陵土地肥力低,有机质和各种营养元素缺乏,很难满足快速生长的需要,定植时不施或少施基肥,则结果期推迟,产量低,品质差;而且菠萝种植密度大,叶片覆盖畦面,加之叶有刺,施肥操作困难,极易伤叶伤根,难施固体肥料，因此，种植前应施足基肥，果农认为“一基(肥)胜三追(肥)”。

施基肥的数量，一般视土壤肥力而定，丰产园的用量为每亩施绿肥 1 000～2 000 kg，猪牛栏肥 1 500～2 500 kg，花生麸 50 kg，氯化钾 20 kg，过磷酸钙 15 kg，石灰 50 kg。

2.定植时期与方法

在华南，只要有良好、新鲜的种苗，全年均可种植。但考虑到生根快，以气温高、雨水足的季节较理想，常在 3～9 月种植。在广西尤其以 8～9 月各种芽苗充分老熟，气温土温均较高，种后 7～10 d 发新根，冬至前还有一定的生长量，次年春天恢复生长早。而广东 5～8 月更好。海南则迟到 9～10 月还可种植。苗木分级，按大小分区种植；苗木分类种，即冠芽、裔芽、吸芽要分开种；用新鲜苗；种时剥去芽苗基部的枯叶和数片青叶，露出根点，便于快长根；裔芽基部的果瘤要切除后再剥叶片；浅种、压实，种时以不盖过中央生长点为好，一般冠芽种植深度为 3～4 cm；吸芽 4～5 cm，大吸芽可深些。由于浅种，易受风雨的影响而松动、倒伏、影响发根，因此，雨后要及时扶正。

具体操作：一手抓苗叶片，一手握小锄或竹片，在定植位置用小锄挖小穴后放入芽苗，扶正，用手压实植株周围土壤。

3.种植密度和方式

菠萝较耐阴，合理密植可起“自荫”、“覆盖”作用，夏降温、冬提温，增加土壤湿度，改善小区气候。同时可提高土地利用率和光能利用，减少杂草生长，节约人工投入。在一定密度范围内，密度越大，则产量越高，但单果重越轻，吸芽数越少。

在台湾地区能获得一级果而产量最高的那个密度就是合理的种植密度。规定无刺卡因种果实 1.5 kg 为一级果。种植密度还应考虑品种、环境条件、栽培水平和果实用途。在施足基肥、及时追肥、选种壮苗、激素催花的，坡度在 20°之内，无刺卡因亩植 3 000 株，菲律宾 4 000 株较合适。即无刺卡因株行距为 30 cm×40 cm，菲律宾为 25 cm×35 cm。

种植方式有三种，即双行单株、三行单株、多行单株。以双行单株“品”字形排列，更能合理利用空间和光照。

二、土肥水管理

(一)土壤管理

1.土壤耕作

菠萝定植时如果未用地膜或干草覆盖畦面，杂草会生长很快。需要定时人工或化学除草。

2. 培土

结果后，代替母株结果的吸芽是从叶腋抽生，因此，位置逐年上移，如果吸芽气根不能伸入土中吸收养分和水分，则影响生长，也易倒伏和早衰，为此应及时进行培土。培土的时期拟在采果后结合除草清园施重肥时进行为好。培土高度以盖过吸芽的基部为宜。

3. 土壤覆盖

菠萝园的土壤覆盖，主要是起到保持土壤湿润、松软，增加土壤有机质、夏秋季降温的作用；同时还能防止水土流失，有效抑制杂草生长，减少锄草用工等。一般覆盖材料为稻草、蔗叶、玉米秆等，也可以用黑色塑料薄膜，先铺后种，效果较好。

（二）施肥

1. 菠萝的营养特点

菠萝所需的矿质营养主要是氮、磷、钾、钙、镁、铁、硫、硼、铜。从叶片营养分析得知，菠萝需要大量的氮，比氮更多的钾，适量的钙，少量的磷，微量的铜、镁、铁和硼等。钾比氮多 1 倍，钙需要量居第三，比磷多两倍以上。每生产 1 000 kg 果实，植株要吸收 N 0.782 kg，P_2O_5 0.3 kg，K_2O 2.382 kg。比例为 26∶10∶79。

广西北湖园艺场亩产 5 000 kg 的菲律宾品种，每 1 000 kg 果实施 N 8.82 kg，P_2O_5 5.59 kg，K_2O 8.0 kg。比例为 3∶1∶2。

2. 施肥

菠萝园各生长发育阶段可进行土壤施肥，在施足基肥的前提下，一般分四阶段施肥。

(1)壮株肥。植后第二年 3 月亩施尿素 5～10 kg，6～7 月施尿素 8～10 kg，氯化钾 6 kg，9～10 月施尿素 5～8 kg、磷肥 10～15 kg、钾肥 6 kg。

(2)促蕾肥。抽蕾前的 12 月至次年 1 月间施下，促花蕾壮大。亩施磷肥 60 kg，农家肥 2 000～3 000 kg，沟施或穴施，施后培土。

(3)壮果促芽肥。4～5 月正是花期和各类芽的抽生盛期，需养分多，亩施尿素 15～20 kg。

(4)壮芽肥。7～8 月采果后施，母株吸芽迅速生长时，需要充足的养分，为促使芽健壮，施尿素 5～10 kg，花生麸 10～15 kg，氯化钾 15 kg，以液施为主。

部分菠萝产区年亩施肥量见表 8-1。在生长旺盛季节进行根外追肥，即 4～10 月，每月 1 次，有条件的最好 5～8 月每月两次。使用浓度为 0.8%～1%的尿素、0.8%～1%的硫酸钾、0.3%～0.5%的硫酸镁喷施。

表 8-1　亩产量菠萝 5 000 kg 的施肥量

地区	N	P_2O_5	K_2O
广西	35～60	14～40	13～50
广东海康	35	19	42
泰国	68.5	16.5	68.5

(三)水分管理

菠萝园积水会导致烂根，建园整地时要修整好排水沟；大雨或暴雨后需及时排除积水。进入旱季或月降雨量少于 50 mm 时，需灌水或淋水。

三、植株管理

(一)除芽和留芽

菠萝开花后，各种芽体(冠芽、裔芽、吸芽等)相继发生，如果全部保留，则养分分散，影响果实生长(增大)和接替母株的吸芽生长，应及时选留和除去。

1. 冠芽处理

摘除冠芽，具有使果形正整、果顶浑圆、美观的作用，过去认为冠芽还会影响产量。但近年来报告，冠芽不会影响果实增大，一般不必除去，特别在气温高、光照强烈的地方，应留冠芽防晒护果。除冠芽一般是待冠芽长 5～6 cm 时，用手推断，也称封顶。

2. 裔芽处理

着生在果柄上裔芽，会影响果实的发育，应及时分批除去。一般在裔芽 2～4 cm 时除掉。值得注意的是，一次摘除不能过多，因为一次摘除过多，则造成的伤口多，会引起果柄失水干缩，使果实斜倾，引至日灼病，发育不正常。

3. 吸芽的选留

一般应及时选留大的、接近地面的 1～2 个吸芽为翌年的结果母株。菲律宾种亩留 5 000 株，无刺卡因亩留 3 000 株，多余的及时摘除。吸芽的选留方法是留壮去弱，去高位芽留低位芽，去小留大。

(二)防晒护果

菠萝正造果在 6～8 月份成熟，此期气温高，阳光猛烈(海南省等)，极易发生日灼病，必须做好果实防晒工作。生产上常用的方法是：保留冠芽以遮盖保护果实；如果已经摘除冠芽，则在收果前 1 个月，利用本株的数片叶片束扎遮盖果实；也可用稻草、杂草遮盖保护。

(三)防霜冻

菠萝为热带果树,喜温忌霜冻。我国除台湾、海南、雷州半岛及云南南部的菠萝产区属热带气候外,大部分栽培区冬末初春常遭霜和寒害。

1.预防霜冻

(1)选择菠萝生态最适宜区和适宜区建立商品基地。在次适宜区栽培时,选择避风向阳、冷空气不易沉积、土壤疏松排水良好的地方建园。

(2)塑料薄膜覆盖。整畦用薄膜覆盖,四周用泥压紧。这方法能较多地避开平流型霜冻下冷风冷雨对植株的侵害,如生长点死亡、腐心等;也可减轻辐射型霜冻受害程度。有效地保护幼蕾、幼果和植株越冬。

(3)束叶。即用稻草把整株叶片束起缚扎,保护大部分叶片及心叶不受害。此法对一般的霜冻及冷风冷雨有一定效果,回暖后解缚,植株回青快,但重霜效果不显著。

(4)盖草。用稻草、杂草覆盖植株顶部,以不见叶片为度。保护生长点和叶片。此法防霜效果好,但冷风冷雨、冷雨灌入心部和叶基部引起烂心和烂叶基,低温湿冷时间长,受害更重。

同时应注意:①冬前不要过多施用氮肥,务使植株生长健壮充实。②避免接近抽蕾的大苗越冬,因为此期抗寒力弱,应以中苗越冬较为安全。

2.受冻后的补救措施

(1)割除枯叶、施肥、培土。对受害较轻,仅部分叶片受害干枯而绝大部分植株心叶未受害的菠萝园,将干枯叶割除,只顶部干枯,顶部未干枯,尚有青绿者不割。对全株叶片全枯的,全部割除,在春暖后的3月,进行重施肥培土,一般亩施土杂肥1500～2 000 kg,复合肥50 kg,促吸芽萌发。

(2)根外追肥。对受害较轻的菠萝园,应在4～9月生长旺盛时期每月喷施1%尿素水肥,促进生长。

(3)翻种更新。对受害严重的菠萝园应及早起苗翻种更新。

四、植物激素的应用

(一)控制花期与结果

菠萝自然采收期分为夏果和冬果。一般自然抽蕾率不高。如卡因种,正造花约为60%,翻花约为25%,两者合计85%,而用激素催花,则抽蕾几乎可达100%。同时,激素催花可错开开花、成熟期。催花可分期、分批进行,使有计划地催花、采收,延长果实供应期,提高经济效益。而自然开花,熟期集中,盛收期只有20～30 d,对市场供应和加工不利(表8-2)。

表8-2　催花时期与果实熟期的关系

催花时期	成熟时期
1～4月催花	7～8月成熟
5月	9～10月
6月	10～11月
7月	12月
8～10月	翌年4～6月
11～12月	翌年6～7月

1. 乙烯利催花

乙烯利催花效果最好,使用方便,无药害,安全可靠,生产最为常用。催花的植株须达到足够的生长量才能生长大果,菲律宾种有长35 cm以上,宽4.5 cm以上的叶片30片以上,植株重1.5 kg;无刺卡因种有长40 cm以上,宽5.5 cm以上的叶片35片以上,植株重1.5～2.0 kg以上。使用浓度一般为250～500 mg/L,每株用30～50 mL。温度高时可用低浓度,温度低时用高浓度。植株大则用量多些,加入2%尿素效果更好。无刺卡因要用较高浓度;菲律宾种可用较低浓度。

为了避免果实受寒害,催花期菲律宾种不应迟于7月上旬;无刺卡因种不应迟于5月上旬,因为卡因种发育期长。催花前1个月要停止施用氮肥。

2. 碳化钙催花

每株用碳化钙(电石)0.5～1 g粉粒放于菠萝株心中,迅速加入30～50 mL清水。也可溶成电石水后灌心,要求是即溶即灌。催花值得注意的是电石浓度不能超过2%(即50 g水用电石不能超过1 g);在晚上用药较好,尤其在午夜更好。上午9点以后效果较差。

(二)促进果实增大

在植株生长健壮,叶多、长、宽和厚的前提下,应用激素,可提高单果重和产量。生产上常用的激素为赤霉素和萘乙酸,使用时期和浓度见表8-3。值得注意的是,使用萘乙酸壮果,浓度超过50 mg/L对裔芽和吸芽有明显的抑制作用。因此,使用时只能喷果实;用药不当,具有副作用,如果心粗、酸多、肉粗、不耐贮藏、易日灼、易裂果等。

表 8-3 菠萝品种与使用激素浓度

品种	第一次(开花末期)	第二次(间隔 20 d)
菲律宾	赤霉素 20 mg/L+尿素 0.5%	赤霉素 30 mg/L+尿素 0.5%
卡因	萘乙酸 30 mg/L+尿素 0.5%	萘乙酸 50 mg/L+尿素 0.5%

(三)催熟果实

菠萝用浓度为 0.06%～0.1%乙烯利溶液喷果,果实提早成熟,成熟期较为一致,但降低果实贮藏性。在植株抽蕾后 100～110 d、果实颜色由深绿转为浅绿时喷果,夏季处理后 7～12 d 果皮转黄,冬季需 15～20 d 才转黄。

五、采收

(一)成熟标准

(1)青熟期。果皮由青绿色转为黄绿色,白粉脱落,有光泽,小果间隙的裂缝出现浅黄色。果肉由白色转黄色,变软,汁逐渐多。达 70%～80%成熟度,外运,加工用。

(2)黄熟期。果实基部 2～3 层小果黄色,果肉橙黄色,果汁多,糖分高,香味浓,达 90%成熟度,鲜食用。

(3)过熟期。皮色金黄,果肉开始变色,汁特别多,糖分下降,香味变淡,有酒味,失去鲜食价值。

(二)采收方法

采收时用手拿住果,用刀在果下留果柄长 2 cm 以上切断,取下果实,小心轻放,减少机械伤。采收后不宜堆放太高,避免透气不良,引起烂果。并及时分级包装外运。以晴天早上露水干后采收为宜,阴雨天不采收,以防发生果腐病。

实践技能

实训 8-1 菠萝主要品种认识

一、目的要求

通过对菠萝典型品种植株、叶片、果实的观察,初步掌握识别当地主要品种的能力。

二、材料用具

(1)材料。皇后类、卡因类、西班牙类菠萝代表品种的植株和果实。

(2)用具。皮尺、卡尺、水果刀、放大镜、天平、手持糖量计及绘图用具。

三、实训内容

(一)菠萝种类识别

1.皇后类

植株较矮小,叶缘有刺。果眼深,小果两侧向上突起,汁多味甜,香气浓,纤维少;果肉黄至深黄色。果实鲜食、制罐均宜。

2.卡因类

植株高大,叶缘无刺。小果阔而扁平,不突起,风味甜,微酸,纤维柔软而韧;果肉淡黄,多汁。由于果眼浅,制罐成数高,为制罐头的主要品种。分蘖力弱。

3.西班牙类

介于皇后和卡因之间。植株较高大,叶缘有刺或无刺。小果扁平,但其苞片基部突起,果眼大而深,风味芳香带酸,有纤维。果肉淡黄至金黄,供制罐头和果汁。

(二)主要品种识别

(1)植株观察。在菠萝园现场,观察记载当地主要品种植株的形态特征,将观察结果填入附表。

(2)果实观察。将叶、果实采回室内观察,将观察结果填入附表。

(3)识别菠萝主要品种。

附:菠萝品种记载表

品种:　　　　　　　　　记载人:　　　　　　　　　时间:

项目		记载内容说明
植株	树性	乔木,小乔木,草本,常绿,落叶
	形状	剑形,披针形,长椭圆形
	叶缘	刺有或无
	叶脉	明显,中等

续表

项　　目		记载内容说明
果实	果重	随机取 10 个，以平均数计
	果形	纵径/横径，形状
	果色	黄、红
	果眼	深或浅
	小果	扁平或突起
	果心	大或小
	果肉	黄、淡黄，风味
	可食率	可食部分占全果重
	可深性固形物	以折光仪测出
吸芽	数量	多或少
	发生部位	深或浅

四、实习报告

填写本地区 3～5 个“菠萝品种记载表”。

五、考核办法

实训成绩以 100 分计，其中，实训态度与表现占 20 分，观察过程占 30 分，实习报告占 50 分。

实训 8-2　菠萝生长结果习性观察

一、目的要求

认识菠萝植株各器官的形态特征，了解菠萝生长结果习性。

二、材料用具

(1)材料。选择卡因、皇后、西班牙等 3 种类型的菠萝植株各 1～2 株；生长正常、刚抽生花序开花结果的菠萝植株各1～2株；果实即将成熟采收的菠萝植株各5～6株；果皮成熟转黄的菠萝果实各2～3个。

(2)用具。皮尺、卷尺、刀、锄、天平、记录本。

三、实训内容

选两株生长正常、刚抽生花序的菠萝植株，连地下茎、吸芽和根系完整挖掘，用水将植株地下部冲洗干净，然后对植株进行观察。

1.观察地上部器官

(1)叶片。叶片在茎上的排列、形状、叶长、叶宽、叶缘是否有刺、新叶抽生位置。

(2)花。花序形状、着生部位、小花形状、小花排列、小花开放顺序。

(3)果。果实生长的位置，果实形态，果眼大小、形状及深浅。

(4)地上茎。剥离叶片后观察长度和粗度、形态。

(5)气生根。地上茎剥离叶片后观察气生根着生部位、形态。

(6)芽体。冠芽、裔芽、吸芽和蘖芽着生位置及各自形态差异。

2.观察地下器官

(1)地下茎。形态、大小、质地及其上着生的器官。

(2)根。粗度、颜色、质地、数量。

3.生长结果习性

选定5～6株即将成熟并采收的菠萝植株逐株编号，分别采果，称重各株单果重，统计相应的单株叶片，测量各单株标准“D”叶的叶长、叶宽、鲜叶重、茎净重，并列表记录各单株观察项目的数据，最后根据观测的数据分析菠萝单株营养生长状况与单株产量相关性的显著程度。

四、实习报告

列表测量记录菠萝植株营养生长量大小与单株果重，分析菠萝植株的营养生长与单果重大小的关系。

五、考核办法

实训成绩以100分计，其中，实训态度与表现占20分，观察过程占30分，实习报告占50分。

实训 8-3 菠萝的留芽与除芽

一、目的要求

通过实习，初步掌握菠萝植株选芽和留芽方法。

二、材料用具

(1)材料。菠萝生产园地。

(2)用具。锄头、钢尖、铁铲、手套。

三、实训内容

(一)裔芽处理

菠萝植株的裔芽长到 3～4 cm 时分批摘除，每次摘除 1～2 个，待伤口愈合后才进行下一次除芽。

(二)吸芽处理

“一种多收”园地按除弱留壮的原则在母株两侧选留低位吸芽 1～2 个作接替株，多余的吸芽全部去除，如果吸芽位置偏高就挖除原来母株，补种大吸芽。

(三)冠芽处理

冠芽是否去除需依销售方要求而定，当前鲜果销售的菠萝一般均要保留冠芽，多冠芽的植株只保留一个冠芽。如果要摘除冠芽则在其长到 5～6 cm 时，一手扶果，另一手将果实顶部的冠芽推断。

四、实习报告

简述菠萝选留芽的方法要点。

五、考核办法

实训成绩以 100 分，其中，实训态度与表现占 20 分，操作技能占 50 分，实习报告占 30 分。

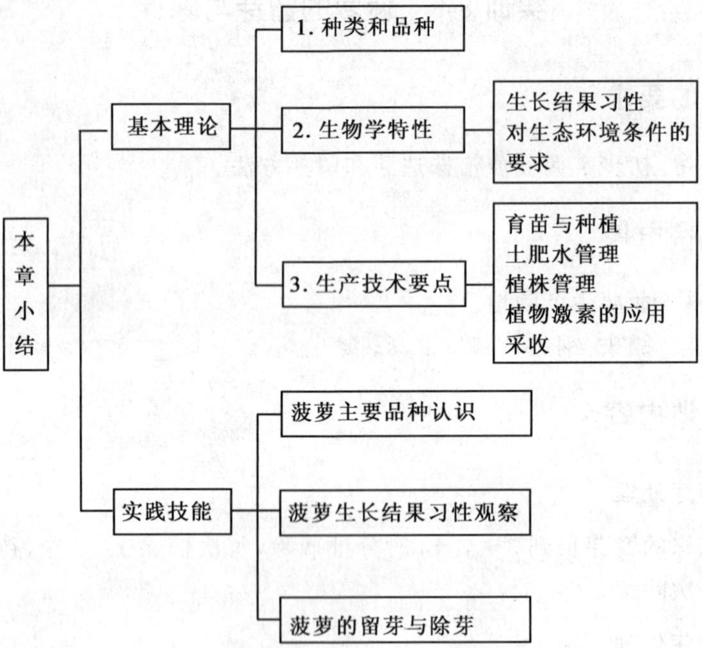

复习思考题

1. 菠萝茎叶的生长与果实生长有何关系？

2. 如何对菠萝进行人工催花？

3. 简述菠萝优质丰产栽培技术要点。

第九章 枇 杷

知识目标

- 了解枇杷主要种类与栽培品种。
- 掌握枇杷的生长结果习性及生态特性。
- 掌握枇杷育苗、建园和栽培管理的关键技术。

技能目标

- 能够选择适宜当地环境条件的枇杷栽培品种。
- 学会枇杷嫁接育苗、园地规划建设和苗木定植技术。
- 掌握枇杷土肥水管理、整形修剪、花果管理等操作技术。
- 具备独立完成枇杷园常规管理工作的能力。

基本理论

枇杷是我国南方重要的亚热带果树。其果形美观，色泽艳丽，果肉柔软多汁，酸甜适度，深受人们喜爱。枇杷营养丰富，果实除供鲜食外，还可制糖水罐头、果酱、果冻和果酒等。枇杷膏和叶片是我国传统的润肺止咳、清热化痰的良药。种子含有大量淀粉，可供酿酒和提取工业淀粉。枇杷枝粗叶绿、四季常青，是优良的庭院和绿化树种。此外，枇杷还是一种蜜源植物。枇杷适应性强，生长快，病虫害少，产量稳定，经济效益较高，为南方发展农村经济的良好树种。

枇杷原产我国南方，章恢志等的研究认为，四川大渡河中下游地区为原产中心，野生枇杷广泛分布在川、黔、鄂、滇等省。古书记载和近代考古的结果都证明，我国早在汉代就有枇杷栽培，距今至少有 2 000 多年的历史。枇杷最早由我国传到日本，被称为“唐枇杷”，以后再传到许多亚热带国家和地区。枇杷在世界上主要分布于南北纬 20°～35°的地区。中国是世界上最大的枇杷主产国，据 2004 年全国枇杷学术研讨会收集的数据，年产量 20 万 t 左右，约占全球总产量的 2/3；其次是西班牙，年产量为3万～4万t；第三是日本，年产量为1万余t。其他如土耳其、巴基斯坦、印度、意大利、巴西、以色列、法国、美国、墨西哥和澳大利亚等国有少量栽培。

我国的枇杷主要分布在长江以南各省(区)，其中以福建莆田、福清，浙江余杭的塘栖、台州的黄岩，江苏的吴县，安徽歙县为主产区；其他如广东潮安，湖南沅江，浙江衢县、德清、温州，福建仙游、云霄、福州郊区、霞浦、连江，湖北阳新，江西安义、临川，重庆，四川成都、攀枝花，以及广西、贵州、云南、台湾、等省(自治区)和陕西汉中地区也有栽培。

第一节　种类和品种

枇杷属于蔷薇科(Rosaceae)枇杷属(*Eriobotrya*)。本属有30种，我国有15种，主要种类是普通枇杷、台湾枇杷、云南枇杷、大花枇杷、栎叶枇杷等。作为栽培的只有普通枇杷一种。

枇杷栽培历史悠久，品种很多，据调查全国登记有350个以上。根据原产地的不同，可分为南亚热带品种群和北亚热带品种群两大类。生产上通常分为红肉类(红砂)、白肉类(白砂)和黄肉类三种类型。

现就主要栽培品种介绍如下：

(1)解放钟。原产莆田。果实卵圆形至长倒卵形，果顶凹，果基较长，微歪。一般单果重70～80 g，最大者达172 g。果皮橙红色，中等厚，果粉多，锈斑少，易剥皮，果肉橙红色，质地细密，甜酸适度，风味浓。平均种子5粒。5月上旬采收，丰产稳产，耐贮运。但成熟期遇雨有少量裂果。

(2)太城四号。果实倒卵形，单果重40～50 g，果面橙红色，果皮中等厚，易剥皮。果肉橙红色，质地致密，纤维少，汁多，甜酸适度，风味浓。平均单果种子1.4粒以下，单核率50%～70%。可食率高达74.1%以上。果实成熟期在5月上旬。本品种较丰产，裂果少，核少，质优，是鲜食和制罐兼优的中、晚熟良种。

(3)长红3号。1976年由福建省农业科学院和云霄县农业局合作，从实生树中选出的高产、稳产的枇杷新品种。果实长卵形或洋梨形，单果重40～50 g，最大的可达70～80 g以上。较早熟，丰产性好，成熟期一致，果大，大小均匀，果色鲜艳，核少、肉厚，为罐藏良种，也宜鲜食。

(4)洛阳青。果熟时，果顶的萼片周围仍呈青绿色故名(俗称青肚脐)，为本种特征。树势较强健，树形开张，丰产稳产。果中等大，平均单果重32.7 g，种子少

(平均每果 2.6 粒),可食率高(达 72.8%),可溶性固形物 9.5%,为制罐良种。

(5)大红袍。主产浙江余杭。果圆形,平均果重 37 g,皮色浓橙红,表面细薄茸毛,阳面有白色、紫色斑点。果皮强韧易剥,肉厚、橙黄色,质地粗,味浓甜,汁液中等,品质上等。6 月上旬成熟,耐贮运。适于鲜食和制罐。

(6)早钟 6 号。福建良种。平均单果重 52.7 g,果面色泽鲜艳,外观美,不易裂果、皱果和日灼,可溶性固形物含量 11.9%,汁多,味甜,品质优良。特早熟,成熟期在 3 月下旬至 4 月上旬。抗性强,结果早,丰产性好。

(7)大五星。四川良种。果大,平均单果重 62 g,最大果重近 200 g;色泽金黄,商品性好,果核小,肉厚,可溶性固形物 13.5%,在成都市郊 5 月中、下旬成熟。丰产性好。

此外,生产上还有森尾早生、白梨、软条白砂、白玉、金丰 1 号、红灯笼、单边种、香钟 11 号、夹脚、冠玉、田中、茂木等优良品种。

第二节　生物学特性

一、形态特征

常绿小乔木,树冠多圆头形,枝条较稀疏,盛果前层性明显。顶芽分叶芽、花芽和混合芽,芽体大而裸露,密被锈黄色绒毛;腋芽为叶芽,体小、扁平、三角形,紧贴叶腋。叶大而厚,倒卵形至长椭圆形,叶缘有缺刻,叶背有锈色绒毛。复总状花序,通常每穗有花 80～100 朵或更多。绿色萼片和白色花瓣各为 5 枚;雄蕊 20 枚,排成 2 轮;花柱 5 枚,基部联合,顶端分离;子房下位 5 室。果实由花托、子房和花萼构成,花托形成果肉、花萼形成萼筒、子房壁形成包在种子外面的内膜。果倒卵形、圆球形或扁圆形,成熟果淡橙黄色至橙红色,被绒毛(果粉)。果肉柔软多汁,有雪白、黄白、橙黄和橙红多种颜色。每果有棕褐色种子 1～5 枚(图 9-1)。

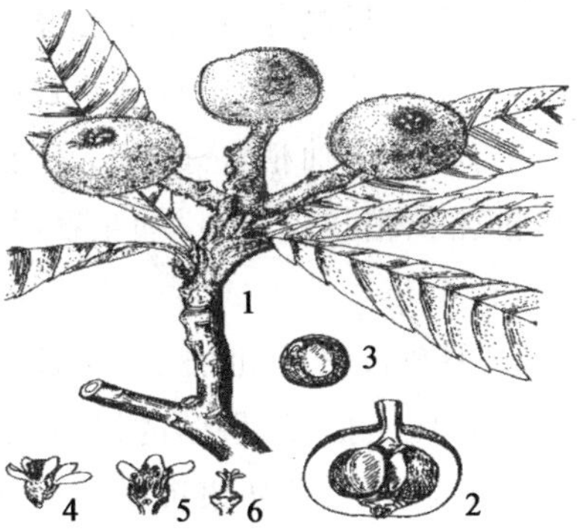

1.果枝　2.果实纵剖面　3.种子
4.全花 5.花纵剖面 6.雌花

图 9-1　枇杷

(李佳宁仿《中国果树分类学》)

二、生长结果习性

枇杷为常绿小乔木，嫁接苗 3～4 年开始结果，10 年后进入盛果期，40 年后产量逐渐下降，70 年后衰老，寿命可达百年之久。

(一)根系

枇杷根垂直分布，离地 5～30 cm 有 80%，30 cm 以下逐渐减少，50 cm 以下分布极少；根的水平分布，不论是粗根、细根或须根，都密集于离主干 100～160 cm 周围，到 200 cm 则逐渐减少，250 cm 以外就很少。由于根群分布较浅较狭，吸肥力弱，施肥不足，树体容易衰弱，且抗寒抗风能力都差。在栽培上应重视果园深耕，引根深入土层，使植株生长健壮。根系周年活动一般比地上部早 2 周。根系一年有 3～4 次生长高峰期，与地上部的枝梢生长呈交替生长。第一次根系生长高峰在 1 月下旬至 2 月下旬，是全年根系生长量最多的一次；第二次在 5 月上旬至 6 月中旬；第三次在 8 月中旬至 9 月中旬；第四次在 10 月下旬至 11 月下旬，生长量仅次于第一次。温暖季节根系活动一般在离地 10～30 cm，10 月以后气温下降，根系有向下活动的趋势。

(二)枝梢

枇杷的芽是鳞芽。枇杷主枝顶芽抽生的延长枝，生长缓慢，短而粗，而顶芽之下的几个邻近侧芽，所抽的枝条生长快而细长，成为扩大树冠的主要枝条。枇杷的芽萌发率较低，成枝力较强，因而树冠有明显的层性。花芽为混合芽，且多为顶生。枇杷每年一般抽梢 3～4 次，冬暖地区可抽梢 5～6 次。青壮树抽生春梢、夏梢较多，抽生秋梢较少，老树抽生秋梢则更少。

1. 春梢

2 月到 4 月中旬抽生，生长时期在 3～5 月。幼树及结果少的树抽生早而整齐，丰产树少抽，结果多的树冠几乎不抽春梢。春梢抽发有三种类型：①从上年营养枝顶端抽生；②从果穗基部腋芽发出；③从落花落果枝腋芽或疏折花穗后的断口附近抽出，这三种春梢如果生长充实，都能在夏季抽出夏梢，成为结果母枝的基枝或结果母枝。

2. 夏梢

5 月中旬到 6 月底抽生，生长时期在 5～7 月。从采果后的果枝顶部或春梢营养枝上抽生，这时枇杷果实已采收，养分集中供应，又逢温度适宜，水分充足。因此，夏梢抽生多而整齐，夏梢有恢复树势的作用，当年多能成为结果母枝，故枇杷大小年较不明显。采果之后及时增施肥料，保证夏梢抽生良好。

3. 秋梢

一般 7 月底到 8 月中旬抽生，生长时期在 8～10 月。大部分在当年的春、夏梢的顶端延生。进入结果期秋梢生长很短，着生 2～3 片叶，即于顶端出现花蕾，成为结果枝。有时在春梢或夏梢母枝抽生的同时，枝梢顶端 3～4 叶腋间发出 1～2 条生长迅速节间长的秋梢，当年不形成花穗，称为营养性秋梢。

4. 冬梢

11 月以后抽生，幼树及结果少的树在冬季气温高时抽发。但气温下降，有些还来不及展叶即停止生长，次年春继续延伸展叶，使与春梢难以区别。

(三)花芽的分化

枇杷的花芽为混合芽，属夏秋连续分化型。一般在夏梢停止生长后，由结果母枝在当年 6～7 月中旬开始花芽分化。整个花芽分化过程前半期是在芽内进行的，后半期是在萌发后进行，并且是边生长边分化到开花。

(四)结果母枝

枇杷的结果母枝，根据发生的时期有春梢结果母枝和夏梢结果母枝之分；根据抽生部位的不同，可分为顶芽枝结果母枝和侧芽枝结果母枝。顶芽枝结果母枝短而粗壮，其上叶片长而宽，花穗形成早而大，开花也早；侧芽枝结果母枝由侧芽抽生，枝长，节间长，叶小花穗形成迟而小，开花也迟。据福州观察 10～15 年盛果树，5 月底到 6 月中几乎全部的枝条都发生夏梢，红肉品种多数可成为结果母枝，白肉品种中一半以上可成为结果母枝。一般夏梢的粗度达 0.6 cm 以上才能成为良好的结果母枝。如果同一基枝上的夏梢数量多，因细弱而不能成为良好的结果母枝，必须除去多余的芽，使养分集中在留下的 1～2 个芽上，保证当年秋季成为结果母枝(图 9-2)。

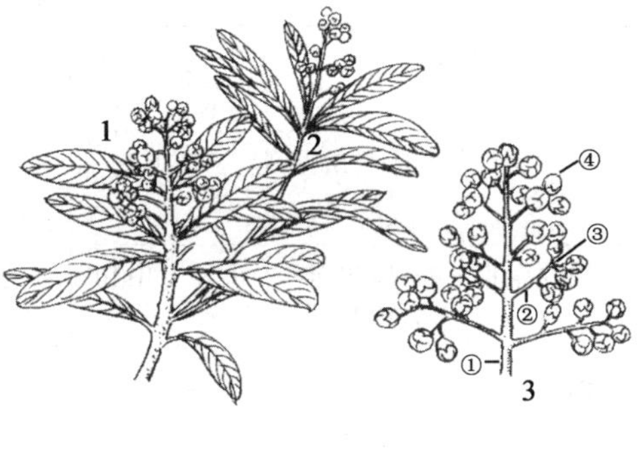

1. 顶生结果母枝　2. 侧生结果母枝

3. 花穗：①主轴；②支轴；③花梗；④花

图 9-2　枇杷结果母枝与花穗

(五)开花

枇杷花芽分化后,自花穗能识别,约经1个月开始开花。枇杷的花穗是圆锥状花序,小穗为聚伞花穗。每个花穗花数少则30～40朵,多的可达250～260朵,一般70～100朵。

枇杷分批开花,且花期特长,一般为10月至翌年的2月。每穗花期0.5～2个月,整株花期2～3个月。根据开花的早迟,一般分为头花、二花、三花。头花10～11月开放,由于果实生长期长,果大,品质好,但易受冻;二花11～12月开放,较头花受冻害少,品质次之;三花1～2月开放,受冻少,但果实生长期短,果小而品质差。以中期花坐果率最高,早、晚期的花坐果率较低。

(六)果实发育

枇杷果实是假果,由子房、萼片及花托发育而成,食用部分为花托。枇杷果实在冬季发育,树上越冬。果实发育前期因受气温限制幼果发育缓慢,中期生长迅速,4月中旬达到最高峰,然后逐渐变缓慢。因此,加强春季管理,多施速效性肥料,对当年产量的提高有显著的效果。

(七)物候期

枇杷的生长发育受温度影响最为明显,但开花期南北差异不大。现将几个主产区的枇杷物候期列表如下(表9-1)。

表9-1 几个主产区枇杷的物候期

物候期	安徽歙县	江苏吴县	浙江余杭塘栖	湖南沅江	福建莆田	广东广州
春梢抽生期	4月上旬至5月上旬	3月上旬	3月上旬至5月上旬	3月上旬至4月下旬	2月上旬	2月上旬
夏梢抽生期	6月初至7月上旬	6月上中旬	6月上旬至7月下旬	5月上旬至下旬	5月上旬	4月上旬至5月
秋梢抽生期	8月上旬至9月下旬	——	8月中旬至9月中旬	9月上旬至10月下旬	8月至10月中旬	8月
冬梢抽生期	11月上旬	——	——	——	11月上旬	11月至12月
开花初期	10月上中旬	10月下旬至11月中旬	10月下旬至11月中旬	——	10月下旬至11月上旬	10月至11月上旬

续表 9-1

物候期	安徽歙县	江苏吴县	浙江余杭塘栖	湖南沅江	福建莆田	广东广州
开花盛期	11月中旬	11月上旬至12月下旬	10月下旬至12月上旬	10月下旬至12月上旬	11月下旬至12月中旬	11月中旬至12月中旬
开花终期	2月上旬	12月上旬至1月中旬	12月中旬至1月中旬	——	12月上旬至1月上旬	1月下旬
果实成熟期	5月中旬至6月上旬	6月上中旬	5月上旬至6月中旬	5月上旬至6月中旬	4月上旬至5月中旬	4月上旬至5月上旬

三、对生态环境条件的要求

1. 温度

枇杷为亚热带常绿果树，由于新梢、叶和花穗密被茸毛，因此较柑橘耐寒。一般在年平均温度 12℃以上就能生长，以年平均温度 15℃以上的地区最宜栽培。由于枇杷是冬季开花，春季形成果实，因此，冬季温度高低对产量影响很大，成为能否经济栽培的主要因素。一般以花蕾最耐寒，花其次，幼果最不耐寒，幼果在−3℃时就受冻，花器在−6℃时严重受害。枇杷也不耐高温，夏季气温 35℃以上时，根系生长停滞，幼苗生长不良，果实易被阳光灼伤。

2. 光照

枇杷幼苗喜散射光，适当密植有利于生长。成年树过于荫蔽对生长不利，日照充足有利于花芽分化和果实发育。但夏季如遇烈日直射，则易引起日烧病，尤以雨后天晴时日烧病更为严重。

3. 水分

枇杷性喜温暖湿润气候，要求年降雨量在 1 000 mm 以上，过分干燥的土壤和空气不利于新梢、果实发育和花芽分化。但雨量过多、排水不良的园地积水霉根，早期落叶，影响花芽分化。果实成熟期多雨，果实着色差、味淡、易裂果。

4. 土壤

枇杷适应性强，不论平地、丘陵和低山地带都能栽培，但山地坡度过大或山脊地段，土壤瘠薄，易遭受旱害和风害。枇杷对土壤的适应性很广，红黄壤土、沙质土、江河冲积土、砾质土均可栽培，但枇杷根系忌水湿，以疏松透气、排水良好的土壤为最好。土壤的 pH 在 6～6.5 为宜。

第三节 生产技术要点

一、育苗与建园

(一)育苗

1. 嫁接育苗

(1)砧木苗的培育。以共砧为主,选用生长势强的如白梨、解放钟等的种子,大量育苗可从罐头厂获得种子。种子易丧失发芽力,洗净晾干后即播出苗率高。贮藏时可用洗净阴干的种子一份与干沙两份混合,放置阴凉干燥处贮藏半年后发芽率仍达70%～80%。

苗圃地以土层深厚、易排易灌、略带沙质的水稻田为好,旱地苗木主根发达,但侧根少。播前土地要经过深翻和施足基肥,整成宽1 m左右、沟深15 cm以上的畦。播种量撒播每公顷1 500～3 000 kg,宽幅条播750～1 500 kg。每千克种子360(解放钟)～500粒(白梨等)。要浅播和适当遮阴,否则发芽率不高。据观察,播种后盖土1 cm以上者,发芽率只有75%;如播时把种子压入土中不盖土只盖稻草,发芽率达90%～95%。幼苗期喜荫,怕夏季干热。播后搭荫棚,或在行间套种绿豆,均能明显提高出苗率,幼苗生长也较好。另外,要尽量争取早播,以利越夏。种子发芽后,要逐步把稻草抽稀,以防曲颈和梢枯。当年秋冬季要进行间苗和移苗。经8～12个月的培育,苗木高30～40 cm、干粗0.8 cm以上时,便可嫁接。

(2)小苗嫁接方法。枇杷小苗嫁接的方法有留叶切接、剪顶劈接、舌接和芽片贴接等,其中以留叶切接和剪顶劈接法较常用。

①留叶切接法。12月下旬至翌年2月中旬将一年生以上的砧苗基部留1～2片以上叶片剪干切接,每段接穗长3～5 cm、具单芽或双芽。接后用薄膜条包扎嫁接位和接穗的上切口,芽眼和其余的穗段不密封。接后15～20 d就可发芽,注意经常抹砧,做好苗地的排水工作,促进嫁接苗生长良好。2～3年生的砧木无法留叶的,则采用"倒砧切接法"。即把离地面20～30 cm处的砧干剪断3/4并折下,使上下仍有少量皮部和木质部相连,在断口处切接或插接。待接穗长出的新梢充实后,再把其上的砧木枝叶剪除。

②小苗剪顶留叶劈接法。福建莆田果农用此法快速育苗,从播种到出圃只需15～16个月。注意早播、施足基肥和加强管理,保证大多数的砧苗在第二年早春

干粗达0.7～0.8 cm以上。2月中旬到3月下旬，把幼砧上正在萌生、尚未充实的春梢剪顶1/2～2/3(此处的梢粗可达1 cm左右)，然后用3～5 cm长、具单芽或双芽的接穗在顶端劈接，接后包扎薄膜条保护(方法同切接)。一般接后10 d就可发芽，成活率80%～90%，当年秋季嫁接苗高度超过60～70 cm，可供出圃定植。

2. 茎尖组织培养育苗方法要点

(1)培养材料及其处理。剪取1～1.5 cm长的嫩芽，把茎尖修成0.8 cm左右。用饱和漂白粉澄清液浸洗，然后移入超净台，用0.1%L汞水消毒10 min，无菌水冲洗后，剥成2～5 mm嫩梢尖作为接种材料。以夏梢停止生长已一段时期、而秋梢尚未萌发的芽状态成功率较高。

(2)成苗阶段的培养。茎尖成苗经历萌动、展叶和发枝三个阶段。各阶段都受培养基、光照和接种材料来源及其生长状况的影响。茎尖在0.5 mg/L MS+6-BA+0.1 mg/L NAA+0.1～0.2 mg/L GA3培养基上能顺利展叶，而后转接到0.25 mg/L MS+6-BA+0.05 mg/L IAA中抽枝。

(3)成苗后的培养及移植。无性苗长到1～2 cm时切下，转到不含任何激素的1/2 MS培养基中，20 d就可生根。生根后的小苗长到适当大小时移出培养瓶外培养。移出前打开瓶塞，在较强光照下锻炼数天，使苗健壮，然后移入温室或塑料大棚内培土。

(二)建园

1. 园地的选择及开垦

枇杷适宜在山地栽培，以坡度不超过25°、土层深厚、排水良好、土质不过于黏重、含腐殖质多的红(黄)壤土生长结果最好。风害和冻害是枇杷分布的限制因子，沿海和海岛地区要选避风的地方建园，并营造防护林，有冻害的地方建园要注意小气候的选择。山地要修好等高梯田、排灌设施和道路系统，防止水土流失，并做好挖大穴、施足基肥等工作。平地果园要防止积水，最好深沟高畦或筑墩栽培。

2. 栽植

11月至翌年2月是枇杷定植的最好时期。移植时苗木应带土球，或根部沾泥浆保湿，并剪去叶片的2/3，以减少水分蒸发。需长途运输的，要做好苗木的包装工作。株行距一般为4～5 m，每公顷种植450～600株。注意浅植，栽后充分浇水以保证成活。

二、幼树管理

枇杷栽植后1～3年内称幼年期。要使枇杷适期投产，早期丰产和高产，树冠的迅速形成与合理的树冠结构是基础。

(一)施肥

枇杷幼树年抽梢3～5次,生长量大,无明显的休眠期,一年四季均需肥分供应。每年从2月至10月最好每2个月施一次肥,以速效氮肥为主。如用10%～30%人粪尿,每株施8～25 kg。11月至次年一次施越冬肥,以施有机肥为主,每株施10～20 kg。全年共施肥5～6次,有利促进新梢生长,迅速扩大树冠。山地红壤,每年或隔年施适量石灰(pH 5左右,亩施石灰20～25 kg),以中和土壤酸碱度,同时要适量施入钙和镁。

(二)间作

幼年枇杷园可充分利用行间、株间套种作物如花生、大豆、西瓜等增加经济收入,或种植绿肥就地翻压改良土壤。尤其目前山地果园土质差、肥料供应困难的情况下,种植绿肥以小肥换大肥以及利用套种作物秆蔓压埋,增加土壤有机质,是改良土壤的一个很好的途径。

(三)整形

枇杷树冠整齐,树梢生长量不大,生产上一般多用自然树形。但放任生长20～30年树冠很高,轮生较多,下部枝条早衰,产量下降,细小果增加,容易形成大小年结果,而且管理不便。因此应提倡对幼树进行适当整形,培养树冠较矮结构合理的高效益树形。根据枇杷干性强、层性明显的特点,一般采用高干分层形,也可采用变则主干形。

我国台湾省果农多采用杯状形或空心圆头形整枝,以增加结果面积、减少风害和便于管理。①杯状形多用于坡地风大地区和适合开张性的品种(如田中等)。苗木定植后,离地面高40～60 cm处留4～5个侧枝培养主枝,向四面伸展并拉成与主干呈40°～50°。第二年在主枝的适当位置留3～4个亚主枝,并将主干截顶,培养成无中心干的杯状形。以后需在主干中央保留若干侧枝遮阴,以免主干或主枝发生日灼。②空心圆头形适宜于平地深厚土壤果园和直立性品种(如"茂木"等)。苗木定植后在主干离地面30～40 cm处留3～4个主枝,以后同样留2～3层,层间距约60 cm,各层主枝需保持均衡生长。最后主干截顶,使植株不再增高,形成空心圆头形。

三、成年树管理

(一)土壤耕作

枇杷成年后即不宜间作,除应及时中耕除草外,每年秋季或春季应浅翻一次,秋季在10～11月进行,春季多在3月进行。翻耕深度10～15 cm。树冠下应浅,树冠外加深。冬季可在树冠下培一层河、塘泥、垃圾、杂草等，起保温防寒增加土壤有机质作用。

(二)施肥

结果树一般年施肥 4 次，其中采果后和春梢萌发前施重肥，占全年施肥量的 70%～80%。肥料常用的有人粪尿、饼肥、垃圾土、火烧土、鸡粪和化肥等。根据枇杷含钾最多的特点，要多施一些钾肥。据莆田城郊果农的经验，成年树的施肥：第一次春肥在疏果后(2 月下旬至 3 月上旬)，每株施人粪尿 50～100 kg、土杂肥 100～200 kg，促进春梢萌发和幼果长大；第二次夏肥 5～6 月采果后，夏梢萌生期。每株施人粪尿 50～100 kg，施肥 100～200 kg 或饼肥 2.5～4 kg，促进夏梢萌生良好，加速树势恢复；第三次秋肥在抽花穗前(8～9 月)，每株施人粪尿 25～50 kg，或化肥 0.5～1 kg，促进花穗壮大和秋梢生长良好；第四次冬肥在疏花后(11～12 月)进行，每株施人粪 25～50 kg，火烧土 50～100 kg，有利开花和提高坐果率。

枇杷结果树施肥三要素比例应当适当，一般氮、磷、钾的比例以 4∶2.5∶3 为合理。根据我国各地经验，成年枇杷树全年施肥量山地每亩为氮 12.5～15 kg，磷 10～12.5 kg，钾 12.5～15 kg。表土深厚肥沃园地则为：氮 10 kg，磷 6～7 kg，钾 7～8 kg。

(三)排灌水

枇杷比较耐旱，最怕土壤积水。排水不良时易导致主干腐烂，树势衰弱，严重影响产量和质量，甚至死亡。因此，及时排水、降低地下水位是平地枇杷园水分管理的重要工作。山坡地枇杷园往往优于平地枇杷果园，但干旱季节山地水源不足要注意灌水，保证各次梢抽发及果实生长。

(四)疏花穗、疏果

成年枇杷树开花数量很多，花期长，果核多又大，若任其自然结果，则养分过度消耗。使树势衰弱，易发生大小年结果，且使当年的果实变小，品质下降，成熟期参差不齐。

1. 疏花疏穗

东南沿海冻害少的枇杷产区，多有疏折花穗的习惯，以调节结果枝与营养枝的比例，一般为 1∶(1～2)有利年年丰产、稳产和果实成熟一致，大小一致。每年 10 月上旬至 11 月上旬花穗已明显，但尚未开花时疏花穗最适宜。早疏花穗可节省养分，促进疏折花穗后的枝萌生良好冬(春)梢。但疏穗过早，花穗好坏不易识别，且易发生重抽花穗，需要再疏一次。闽西北有冻害的地方，可不进行疏穗(花)，待低温过后才适当疏果。

疏折花穗的数量和方法，按树龄大小、树势强弱及品种而不同。初果树或生长衰弱的树要多疏去花穗，壮旺的盛果树少疏。通常一个枝条上有4穗者，需疏去1～2穗；有5穗的要留3去2；大果形的品种，如解放钟、大钟等则4穗要疏去2穗、5穗则去掉3穗。疏时要先把叶片少和花穗发育不好，或有病虫害的花穗去掉，并掌握去外留内、去迟留早、去弱留强和树冠上部多疏的原则，有利树冠扩大，减少日灼病发生。此外，还要根据抽穗早晚和多少而定。通常要留下抽穗早的短果枝上的花穗，去掉抽穗迟、花穗小的枝条，使其抽生营养枝，遮阴树身，调节相对一致的成熟期。花量多的大年树要多疏穗，而花量少的小年树则要适量多留，以确保当年产量。疏花疏穗时要用剪刀剪平，防止乱拉乱折枝。

疏花蕾时间宜早，花穗支轴分裂后即可进行。一般疏去上部支轴的花蕾，留中部及基部迟开的花蕾，有冻害地区不宜疏花。

在日本有疏花蕾的做法，分以下三种方式：①摘除花穗的上半部；②摘除基部两个支轴和顶部数个支轴，保留中部3～4个支轴；③在上面两种方法的基础上，再把留下支轴上的先端花蕾摘除。通常大果形品种每穗仅留2～3个支轴，中小形品种每穗留3～5个支轴。保证以后每穗有4～6个果。

2.疏果

枇杷坐果率高，无论是否已进行过疏花穗的枇杷树，在正常年份都还存在结果多，成熟不整齐的问题。及时疏果可明显增大果粒，使留下果大小均匀、成熟一致，提高果实质量，便于采收。福建莆田果农多在2月下旬前后疏果，枇杷花穗上的残花已落尽、幼果有蚕豆大时进行。冷凉地区，最好3月中旬左右待晚霜过后，能区别好果与坏果时进行较妥。

疏果时先摘去一部分过多的果穗（去留的原则同疏花穗），然后逐穗进行疏果粒。先疏去病虫危害的果、畸形果、小果，然后疏去过密果。每穗留果量视品种、树势、结果枝强弱而定。果形大的解放钟、大钟，每穗留4～8粒果。树旺、结果枝叶多强壮的可适当多留；反之则少留。最好留下果穗中段的果实，并注意选留花期相近、大小一致的幼果。

（五）修剪

成年枇杷树的修剪比较简单，修剪量也轻，着重于结果母枝，结果枝的更新，合理留枝和通风透光。

修剪分春季和夏季两次。春季修剪在2～3月春梢抽发前进行。主要是短截树冠上部未结果的营养枝，疏除密生枝、衰弱结果母枝以及病虫枝、枯枝。夏季修剪在采果同时或采果后夏梢抽发前进行，主要是疏除密生枝、衰弱结果枝、短截徒长枝等。详见实训3。

衰老树的更新修剪一般在春季进行。采用“半露骨”更新，分两年进行。第一年着重疏删树冠外围和顶部密生、细弱2～4年生枝。生长强壮的尽量保留，并适当短截一部分，剪留长度为5～15 cm，使当年结果和抽生夏梢。树冠内部的2～4年生枝除过于衰弱者应疏除外，大多短截，促进夏梢。内膛中心干上萌发的新梢也尽量保留，使其形成树冠内部绿叶层。这样，既压缩了树冠，充实了内膛，还能结少量果实。第二年着重剪截树冠顶部和外围原保留的2～4年生枝，疏删密生细弱结果母枝，促使树冠外围萌发夏梢。树冠内部的枝梢除少量细弱者外，余均保留。枇杷枝条愈合能力差，所以要注意剪口保持平滑，大的截口要涂接蜡、波尔多浆等保护。

(六)防冻

枇杷虽为较耐寒的常绿果树之一，但因其花期和幼果期正值冬季低温时期，尤其冬季低于0℃的地区，栽植枇杷要防止冻害，确保丰产、稳产。防冻措施介绍如下。

1. 选择耐寒品种

凡花期迟、花期长、花穗下垂的品种比较耐寒。

2. 培养健壮树势

加强肥培管理，培养强壮树势，能增加树体抗寒能力。强壮树一般比衰弱树花期迟，花量多，结果率高。于12月底低温来临之前追施一次有机肥，天气干旱时结合灌水一次，防止冻旱。11月至12月中旬每周于树冠喷一次0.4%尿素或硼砂，也有一定防冻作用。

3. 延迟开花期

枇杷的花比幼果耐冻，迟开的花往往能使幼果避过低温寒潮，结果率比早开花的高。因此幼果期有霜冻地区可以采取延迟开花措施来防止冻害。具体办法有：①晾根，开花前，将根部土壤扒开，深10～15 cm，对直径1 cm左右的粗根，任其晾晒7～10天；②秋季施肥，9月多施氮肥能延迟开花；③摘花蕾，日本采取摘除花穗上部1/2的办法，延迟开花高峰1个月，以避免冻害，提高坐果率。此外，如能在低温来临之前进行灌水，可以明显提高抗寒能力。

4. 地面覆盖及培土

严寒来临之前在树冠地面覆盖河泥、垃圾、杂草或地膜，可提高土温，保护根系，增强耐寒力。

5. 束叶或花穗套袋

枇杷开花后将花穗下部叶片向上束裹花穗，或把花穗用纸套袋住，对保暖防冻有一定作用。尤其是顶部及西、北方向易受冻害的花穗。疏果时将纸袋除去。

此外,有霜冻的夜晚还可在果园熏烟防寒。

(七)其他管理

1.防日灼与裂果

枇杷的成熟前期常逢雨天,降水过多,果园排水不良,易致裂果。果实由青转黄。如雨后骤晴,初夏的阳光直射,特别在无风的午后,气温突增,果面温度可增至34~35℃,以致日灼严重,严重影响产量和品质。

预防裂果与日灼的根本措施在于肥培管理,使枝叶茂盛。此外,在转黄期注意水分的管理。尤其高温天气,可于午前午后树冠喷水等。福建莆田采用果穗套袋防日灼,效果很好,但成本高些。

2.采收

枇杷的成熟期不一致,必须选黄留青,分批采收,采收过早明显影响品质。根据不同采收期的糖酸分析,适时采收能增进品质。但采收过迟则果实贮运性能变差,影响树势。一般以九成熟时采收为宜,外运的达八成熟即可采收。

枇杷果软多汁、皮薄、果梗脆、易受伤而降低贮藏性能,并有损果实美观。因此采收时应认真细致,用剪刀剪果,切勿手折或硬拉。并应手捏果柄,避免手指触落果毛或果面受伤。果柄不宜过长,注意轻拿轻放。采后果实及时分级装运,每竹篓或木箱不宜装太满,以免果实重压受损。一般经认真采收,常温下可以贮藏15~20 d。

实践技能

实训9-1 枇杷生长结果习性观察

一、目的要求

通过对枇杷的树冠形态结构,抽梢特性和结果习性的观察,了解其生长特点和结果习性。从而为进一步学习枇杷的栽培管理打下基础。

二、材料用具

(1)材料。当地枇杷主要品种的幼树和成年树。

(2)用具。皮尺,钢卷尺和标杆,记载表。

三、内容及方法

(1)观察枇杷的树形、树姿及树势,干性强弱,层性明显程度,开张角度。

(2)分别观察枇杷幼树、成年树的单枝延长枝的生长特点,观察中心枝和侧生枝上端顶芽及其下邻近侧芽的形态、大小和萌发后的生长势。

(3)观察成年树各季所抽枝梢及叶片形状、大小、色泽、质地,叶背有无茸毛及茸毛颜色等。

(4)调查枇杷成年树的春梢、夏梢结果母枝占结果母枝总数的百分比,观察秋梢结果的特点。

(5)观察枇杷花序着生的部位,开花顺序,每花序开花数量。

四、作业

(1)阐明枇杷幼树和成年树的树冠形态结构的差异及出现差异的原因。

(2)指出枇杷成年树各季抽生的新梢和叶片在形态上的区别。

(3)根据结果习性调查,简述枇杷不同结果母枝的结果特点及其利用价值。

实训 9-2 枇杷的整形修剪

一、目的要求

通过实际操作,基本上学会枇杷的整形和修剪方法,初步掌握枇杷的整形修剪特点。

二、材料用具

(1)材料。枇杷的幼树和成年树。

(2)用具。修枝剪,手锯,高梯,保护剂等。

三、内容及方法

(一)整形

枇杷顶端优势强,任其自然生长,中心干非常明显,层次分明,树形高大。整形时为适应这种特性,一般多采用分层的变则主干形。

枇杷的分层树形,主干高 40～60 cm,主枝 3～4 层,全树共 10～12 个主枝。第一、二层各留 3～4 个。第三、四层各留 2 个主枝,层间距 50～80 cm。各主枝着生副主枝 2～3 个。3～5 年后即可形成树冠。

整形步骤。枇杷定植后在 60～80 cm 处短截。待剪口下方抽出枝条后，选上方较强的分枝作中心干延长枝。在其下选 3～4 个方位合理、生长健壮的斜生枝条作主枝，其余的芽尽早除去，以节省养分。

在栽植后的第 3～4 年，如上法选留主枝及中心干延伸枝，但这两层的主枝应少于第 1～2 层。树冠形成后，最上部留一斜生枝为顶生枝。

在枇杷整形阶段，若主枝、副主枝先端出现花蕾应及时摘除，以利继续延伸。

(二)修剪

枇杷的修剪方法比较简单易行，一般以轻剪为主，重剪会导致树势衰弱。

主要是疏除过密枝、枯枝、徒长枝，使养分集中，有利通风通光，避免内膛荫蔽，枝条光秃，结果部位外移，使形成立体结果。

(1)过密枝修剪。枇杷分枝力强，除顶生枝外，常有 1～4 个侧枝，应留强壮者 1～2 个，将其余的删除。

(2)徒长枝的修剪。幼年树或生长旺盛的树易发生徒长枝扰乱树形，宜从基部剪去。如所在部位有空隙，可留 1/2 或 1/3 短截，使抽生结果枝。

(3)骨干枝的修剪。为保证主枝及副主枝的强势生长，在其上如有较强的枝梢发生，宜从基部剪除或于基部留一部分枝回缩。剪除大枝时要慎重，要观察大枝本身及其周围枝的情况，不能造成树冠有大空隙，引起日烧，有时要分 2～3 年才将基部剪除。

(4)结果母枝修剪。结果母枝过多而与树势不相适应时，应疏除部分弱的结果母枝。对留下的过多的结果母枝和大、强结果母枝宜在基部留 2～3 个芽短截，以便明年再发新梢，成为结果母枝。

(5)结果枝的修剪。结果枝在果实采收后，生长势弱的从基部剪去，其余的在基部留 2～3 个芽短剪，促使腋芽抽生夏梢，并从中选留 1～2 条发育良好的枝条，使当年形成结果母枝，次年继续结果。

四、作业

1.简述枇杷变则主干形的整形要点。

2.通过实习操作，说明枇杷树的修剪特点。

- 本章小结
  - 基本理论
    - 1.种类和品种
    - 2.生物学特性
      - 形态特征
      - 生长结果习性、物候期
      - 对环境条件的要求
    - 3.生产技术要点
      - 育苗建园
      - 幼树管理
      - 成年树管理
  - 实践技能
    - 枇杷生长结果习性观察
    - 枇杷的整形修剪

复习思考题

1. 本地区枇杷优良品种有哪些？所在地应选哪些品种进行适地适栽？
2. 枇杷的枝梢生长有何特点？采果后为什么要促进夏梢？
3. 枇杷开花有何特点？为什么花期短或花期早的品种产量不稳？
4. 如何加强枇杷幼树管理，尽快形成合理树冠开花结果？
5. 成年枇杷园如何加强肥水管理，提高产量，延长经济年限？
6. 大年树如何进行合理修剪，如调节结果枝与营养枝比例，调节花量（疏蕾、疏花穗）等？
7. 调查当地枇杷生产存在的主要问题，并提出改进措施。
8. 枇杷对环境条件有何要求？其经济栽培的主要限制因子是什么？
9. 枇杷如何进行疏花疏果和套袋？
10. 枇杷怎样防寒防冻？

第十章　梨

知识目标

- 理解梨栽培的意义、分布；生产上主要栽培品种。
- 掌握梨生长、结果习性及对外界环境条件的要求。

技能目标

- 能够进行梨园常规管理。
- 会灵活运用梨园栽培管理技术至其他果树的栽培，达到触类旁通。
- 熟练掌握育苗、栽植、土水肥管理、整形修剪、花果管理和采收等梨园栽培管理技术。

基本理论

梨树是我国主要栽培果树之一，果实供鲜食，肉脆多汁，酸甜可口，风味芳香优美。富含糖、蛋白质、脂肪、碳水化合物及多种维生素，对人体健康有重要作用。梨果还可以加工制作梨干、梨脯、梨膏、梨汁、梨罐头等，也可用来酿酒、制醋。另外，梨果还有很高的医用价值。梨木细致，软硬适度，是雕刻印章和高级家具的原料。

我国是梨属植物中心发源地之一，国内栽培的白梨、砂梨、秋子梨都原产我国。根据《诗经》、《齐民要术》等古籍记载，我国梨树栽培的历史在 4000 年以上。梨树是我国南北各地栽培最为普遍的一种果树，2000 年梨树栽培面积及产量分别为 125.85 万 hm^2 和 922.3 万 t，分别占世界面积和产量的 69.7% 和 54.3%，为世界首位，居我国水果面积和产量的第三位，仅次于苹果和柑橘。目前我国梨主要栽培区域为温带梨区，以河北、山东、河南及苏北、皖北、陕西南部最多；其次为干寒梨区，以新疆、甘肃、宁夏、青海栽培较多；此外，在温带和亚热带以及热带地区也有栽培。早熟梨在我国南方地区一般在 7 月份成熟，比北方提早一个多月上市，极具市场潜力。

第一节 种类和品种

梨为蔷薇科(Rosaceae)梨属(*Pyrrus*)植物。目前全世界梨属植物有35种，我国生产上栽培的主要有砂梨、白梨、秋子梨和西洋梨四个种。南方主要发展砂梨和少数白梨品种。适合南方栽培的主要品种有：

(1)翠冠。浙江省农业科学院1980年用幸水×(杭青×新世纪)杂交培育而成。树势强健，果实圆形稍扁，平均单果重250 g，大果可达350 g，果皮黄褐色，果顶绿色，果面平滑，果点中等大、中等密度，果面分布不规则锈斑，蜡质少。果心小，果肉乳白色，细嫩而松脆，汁多味甜，可溶性固形物含量12%～13%，品质上等。7月下至8月初成熟。

(2)西子绿。浙江农业大学用新世纪×(八云×杭青)杂交培育而成。果实扁圆形，平均单果重190 g。果皮浅绿色，充分成熟后变黄色。果皮洁净无锈，果点小而少，表面有蜡质，外表美观。果肉白色，细嫩多汁，味甜有香气，品质优，可溶性固形物12%。7月下旬成熟。可用黄花、杭青作授粉树。

(3)黄冠。河北省农林科学院石家庄果树研究所用雪花梨与新世纪杂交培育而成。果实圆形，平均单果重235 g，大果可达360 g，果皮黄绿色，套袋后乳黄色，果面光滑细腻，果点小而较密，无果锈，蜡质多。果心小，果肉乳白色，肉质细脆，石细胞少，汁液多，风味较甜，稍有清香。品质上。果实可溶性固形物含量11.4%。石家庄8月中旬成熟。

(4)早美酥。中国农科院郑州果树所1982年用新世纪与早酥杂交培育而成。果实圆锥形，平均单果重230 g，大果可达400 g，果皮黄绿色，果面光洁，果点小而密，无果锈，蜡质多。果心较小，果肉乳白色，肉质脆，石细胞少，汁液多，酸甜适度，无香气。品质上。果实可溶性固形物含量11%～13%。在郑州地区7月中旬成熟，延迟采收果肉会发绵。

(5)中梨1号。中国农科院郑州果树所选育，平均单果重220 g，最大450 g，果实近圆形，果面较光滑，果点中大，翠绿色，采后15 d鲜黄色，苏南等地栽培有少量果锈，果心中等大，果肉乳白色，肉质细脆，石细胞少，汁液多，可溶性固形物质含量12%～13.5%，甘甜可口，有香味，货架寿命20 d，冷藏可贮藏2～3个月，抗旱、耐涝、耐瘠薄，对轮纹病、黑星病、干腐病抗性较早酥梨强，果实7月中下旬成熟。

(6)喜水。日本品种，由明月×丰水育成。果实圆形，平均单果重303 g，最大果重 524 g 以上，是目前国内极早熟梨中果形最大的品种之一。果皮褐色，果面光洁，果点密，中等大小，蜡质中等。果心中等大小，果肉乳黄色，肉质细脆，石细胞少，汁液多，风味甜。7 月中旬成熟，品质上。果实可溶性固形物含量 11.5%～12.5%。对黑斑病抗性强，对锈病等抗性中等。

除上述以外，还有幸水、丰水、金水酥梨、玉水、新杭、金水 2 号、柠檬黄、脆绿、清香、苍溪梨、六月雪、荔浦雪梨安农 1 号、爱甘水、黄金梨、长寿梨、鄂梨 2 号等优良品种。

第二节 生物学特性

一、生长结果习性

(一)生长特性

梨为落叶大乔木，干性强，层性明显。幼树多直立，树冠圆锥形，结果后开张呈圆头形。一般 3～5 年开始结果，经济寿命长达 50～80 年。

1. 根系生长与分布

梨属深根性果树，根系分布较深广，其分布与土壤条件、砧木种类有很大关系。在黏质土壤中，根系分布范围窄，近干处根系密集；沙质土壤中根系分布广，近干处根系稀少。在土层深厚肥沃、疏松条件下，根系的水平分布可比树冠大 2～4 倍，垂直根系深达 3～4 m；土层浅薄或地下水位高的情况下，垂直根生长明显受阻，多不超过 1 m。一般吸收根多集中在 20～60 cm 的土层中。

梨的根系在 5～7℃时开始活动，生长较地上部萌芽早，一般有两个生长高峰。第一次高峰出现在大部分新梢停止生长，叶面积基本形成后的高温季节之前，即 5～6 月间；第二次高峰出现在果实采收后，即 9～10 月间。此时高温已过，树体养分重新积累，有利于根系生长。落叶后根系生长渐趋缓慢，乃至停止。

2. 芽的类型和特性

梨芽均为单芽，依芽的性质有叶芽和花芽之分。叶芽为生长芽，着生在枝顶端的为顶芽，着生在叶腋内的叫腋芽。梨的花芽为混合芽，花芽萌发后，先抽生一段短枝，有时这一短枝极短而无叶片，在其顶部着生花序，开花结果。

3. 枝梢生长特点

梨树萌芽力高而成枝率低，除枝顶 1～3 芽能抽发长梢外，其余芽多抽生短枝或叶丛枝。叶丛枝长度一般不超过 3 cm，只有一个顶芽(叶芽)，其下只有叶痕而无腋芽。

梨的新梢生长时期短而集中，短枝 7～10 d，长枝 40～60 d 即停止生长，成年树新梢停止时期一般在 6 月中旬。由于梨的新梢生长主要集中在生长季的前期且生长量小，故与当年果实发育及花芽分化争夺养分的矛盾较小，坐果率较高，花芽也较容易形成。

叶片的生长主要集中在前期的 4～5 月，从展叶至形成只需要 16～28 d，小叶品种更短。据观察，叶丛枝上如有 5 个以上健全叶片，当年一般可形成花芽。由于梨树叶片生长快且停长早，养分积累迅速，对花芽形成、果实膨大均十分有利。

(二)结果习性

1. 结果枝类型

梨的结果枝可分长、中、短三类。

(1)长果枝。长度在 15 cm 以上，顶芽及近顶腋芽为花芽。初结果树上比较多。

(2)中果枝。长 5～15 cm，顶芽为花芽，有时也有腋花芽。为成年树初期的主要结果枝类型。

(3)短果枝。长度在 5 cm 以下，顶芽为花芽。进入盛果期的梨树此类果枝逐渐增多，为南方梨树主要结果枝。结果枝结果的同时可能抽生果台副梢，形成花芽连续结果，逐渐形成短果枝群。

多数南方品种都以短果枝和短果枝群结果为主，生长旺盛的西洋梨和部分砂梨品种如苍溪梨、早三花、明月等中长果枝占一定数量。短果枝群的寿命与树体营养及光照条件关系密切。

2. 开花结果

梨大部分品种，花芽分化属夏秋分化型，分化开始期在 6 月中旬至 7 月。

春季气温达 10℃以上时梨树花芽即可萌发，气温增至 15℃以上，梨花盛开，花期一般 5～7 d。天气晴朗，温度高时花期早而短，反之则长。开花期的早晚与品种有很大关系，一般可分为早、中、晚三个类型。如苍溪雪梨、金川雪梨、黄蜜梨、康德等为早花型；明月梨、博多青、长十郎、菊水、黄花梨、金水 2 号等为中花型；晚三吉、太白、开菲、巴梨等为晚花型。每类花期一般相差 2～3 d。掌握不同品种的开花期，可作为配置授粉树的依据。

花芽萌发后先抽短新梢，一般长 2～3 cm，先端着生伞房花序，每花序 5～9 朵花，基部花先开，发育好，坐果率也高。短缩新梢因输导组织发达，养分流通量较大，因而比较肥大，称为果台。果台基部着生少数叶片，并常于叶腋抽生 1～2 个副梢,称为果台副梢,营养充足时可形成花芽连续结果。

有时在秋季9～10月会发生二次开花。二次开花是花芽当年分化当年秋季萌发之现象。其原因主要是栽培管理不当,特别是因病虫危害或严重干旱造成早期落叶,加快花芽发育进程,使树体处于被迫休眠,一遇降雨,温度条件适宜时,即出现二次开花和二次生长现象。秋季开花消耗树体养分、减少了来年花量,使次年产量大受影响。故生产上必须注意梨树秋季的肥水管理和病虫防治,防止早期落叶引起的二次开花。

梨为异花授粉果树,绝大多数品种自花授粉结实率仅达1%～10%,因此必须配置授粉树。梨花具有受精能力的时间5～7 d,以开花后1～2 d受精能力最强。

3. 果实发育

梨有落花重落果轻的现象,第一次落果在开花后30～40 d,较少发生第二次落果,有些品种有采前落果现象。

梨果实生长期一般分三个时期:果实快速增大期、果实缓慢增大期和果实迅速膨大期。果实快速增大期,从子房受精后开始膨大,到幼嫩种子开始出现;果实缓慢增大期,自胚出现到胚发育基本完成为止;果实迅速膨大期,从胚占据种皮内全部空间到果实成熟为止。

二、对环境条件的要求

1. 温度

梨树比较耐寒,但种类之间有较大差异。秋子梨耐寒力最强,可忍受−30℃低温,白梨和西洋梨次之,能耐−23～−25℃低温,砂梨耐寒力稍弱,冬季温度一般不能低于−23℃。我国南方各梨区一般冬季无冻害威胁,但偏北地区早春萌芽后如遇晚霜易使花果受冻。此外,梨树冬季一般需要2个月以上7.2℃以下的休眠期,这是我国南方栽培梨树需要考虑的重要因素。

2. 水分

水是梨树生长、结实等的一切生命活动的命脉,梨果实含水量80%～90%,枝叶、根含水50%左右。亩产2 500 kg的成年梨树,一亩一年耗水量约为400 t。这个数量恰好相当于600 mm的年降水量。长江流域及其以南梨产区,年雨量1 000 mm以上,雨量偏高,应选用豆梨、砂梨作砧木,嫁接砂梨等抗涝品种,并有排水设施。

3. 光照和风

梨是喜光的阳性树种,年需日照至少1 600～1 700 h。若光照不足,往往造成生长过旺,表现徒长,影响花芽分化和果实发育;如果光照严重不足,则生长衰弱,甚至死亡。因此,在园地选择、确定栽植密度和整形修剪时应考虑光照条件。

风对梨树产量的影响显著。大风影响昆虫活动,影响授粉,采果前的大风可加剧采前落果。我国沿海地区台风大的地方必须考虑栽培方式。日本多采用棚架固定就是这个原因。微风有利传粉和提高光合强度。因此,建园时要同时营造防护林,改善小气候。

4. 土壤

梨对土壤要求不太严格。无论是壤土、黏土、砂土,或是一定程度的盐碱、砂性土壤,梨都有较强的适应力。但是,梨的生理耐旱性弱,故以土层深厚,土质疏松肥沃,有机质含量丰富,透水和保水性能较好的沙壤土或壤土最为适应。

梨对土壤酸碱度的适应范围,pH 值为 5.4～8.5,最适范围为 5.6～7.2,豆梨砧适合偏酸性土,杜梨砧耐碱性土。梨的耐盐力因砧木不同而有别,土壤含盐量 0.14%～0.2%可正常生长,0.3%以上易受害。栽培品种的砂梨宜偏酸,其他品种可稍偏碱。

第三节 生产技术要点

一、育苗与栽植

(一)育苗

梨树苗木都用嫁接法繁殖,即先播种砧木种子,培育出砧木实生苗,然后再嫁接上所需的品种。

我国梨树砧木资源很丰富,适合南方的乔化砧有:野生棠梨、豆梨、杜梨、砂梨等;矮化砧有:牛筋条、中矮 1 号、中矮 2 号等。梨的砧木一般采用实生繁殖方式繁殖。砧木种子播种期有春播和秋播。秋播可免除层积手续。春播种子要先进行层积。播种分床播和直播,播种深度为 2～3 cm。

梨树嫁接一般春季用枝接,秋季用芽接。枝接一般在早春树液开始流动时进行。长江流域在 2 月下旬至 3 月下旬。只要接穗贮藏得好,不使萌芽,迟至 4 月开花前后仍可嫁接。嫁接方法采用切接、劈接、皮下接和腹接均可。枝接常用切接、劈接等方法。芽接用 T 形芽接和嵌芽接等方法,时间以 8～9 月为最适宜。

(二)栽植

梨树栽植时间在落叶后至翌年萌动前均可栽植。长江流域及江南各省区一般栽植时期以11～12月为宜。秋栽有利于根系伤口愈合，缓苗期短，次年生长早而旺盛。如春栽，应在发芽前进行。冬暖地区，11月至次年2月均可栽植。

梨多数品种自花不实或自花结实率很低，因此栽植时须配置授粉树。授粉品种应与主栽品种亲和力强，花期及开始结果时期一致，花粉量多，并具一定经济价值。授粉树配置时，当主栽品种和授粉品种果实经济价值相仿时，可采用等量成行配置，否则采用差量成行配置，主栽品种与授粉品种的栽植比例为(2～5)∶1。

二、土肥水管理

(一)土壤管理

土壤管理制度有清耕、覆盖和生草等，现代果园管理提倡生草法。幼龄梨园全园生草，成龄梨园行间生草、行内清耕覆草。适宜的草种有白三叶、苜蓿、苕子、鸭茅草、高羊茅等。待草根深扎、草体丰茂时，留茬10～15 cm刈割，割下的草覆于树盘和行内。

(二)施肥

1.基肥

基肥能够均匀长效地供给梨树营养，还可以改善梨园土壤的理化性，是保证梨树稳产优质的基础。基肥以农家肥为主，可混少量氮素化肥和磷肥。基肥的施用量占全年施肥总量的70%以上。施用基肥的最佳时期为果实采收后的秋末。采用环状沟施、放射状沟施、弧状沟施、条状沟施等方法，沟深40～60 cm。

2.追肥

追肥是指从梨树萌动前后到果实采收，根据梨树生长和结果情况，以及不同生育期的需肥特点，而补充追肥的肥料。追肥的种类一般为速效化肥。生产上的追肥，一般可分为催芽肥、花芽分化肥、壮果肥和采后肥四个时期(表10-1)。其他施肥时期和施肥量以当地的土壤条件和树势确定。施肥方法有环状沟施、放射状沟施等，沟深15～20 cm；全年根外施肥4～5次。

表10-1 追肥时期和种类

名称	追肥时期	追肥种类	作用
催芽肥	萌芽前2～4周	以速效氮肥为主	促进开花结果、长叶发枝
花芽分化肥	新梢停止生长，花芽分化前	除氮肥外，应补充速效磷、钾肥	促进花芽分化，增加花芽数，提高花芽质量，提高坐果率
壮果肥	果实迅速膨大期	以速效磷、钾肥为主	促进果实膨大、提高花芽质量
采后肥	果实采收后及早补施或结合基肥	以速效氮肥为主，配以速效磷、钾肥	给树体及时补充养分，恢复树势，促进叶片同化

(三)水分管理

(1)灌水。梨一般有以下几个需水关键期:①发芽前后到开花期,这时正是梨树需水多的时期,因此,凡未冬灌者应在发芽前充分灌一次,它能促进新梢生长,增加叶面积,为当年丰产优质打下良好基础。②新梢生长和幼果膨大期,这个时期需水量大,此时幼梢、幼根、幼果对供水均非常敏感,若水分不足幼叶和幼梢就夺取幼果和根系中的水分,造成幼果皱缩或脱落,影响根系正常吸收。③果实迅速膨大期,在6～7月份,此时不仅果实膨大需要一定水分,且花芽分化也需要一定量水分供应。④采果前后和休眠期,采果之前不宜灌水过多,灌水宜在果实采收之后,结合秋施基肥进行。

果园灌水的方法有沟灌、盘灌、穴灌、喷灌和滴灌等,不同的方法具有不同的特点,生产应根据实际情况选择使用。滴灌更能节约用水,可以全部自动化,极大地节约劳力;滴灌可为果树创造最适宜的土壤水分、养分和通气条件,促进果树根系及枝、叶生长,从而提高果树产量并改进果实品质。

(2)排水。果园排水不良使果树根系的呼吸作用受到抑制,妨碍微生物活动,从而降低土壤肥力;此外,在黏土中,大量施用未腐熟的有机肥后,如遇土壤排水不良,由于这些肥料进行无氧分解,使土壤中发生一氧化碳或甲烷等还原性物质,将严重地影响地下部和地上部的生长发育。

排水的方法,平地果园可依地势在果园或四周修筑排水沟,把多余的水分顺沟排出园外;山地果园要做好水土保持工作,使其既保持水土,又能将多余水分及时排掉。对于已受涝害果树,首先要排出积水,进行抢救,并将根颈部的土壤扒开晾根,及时松土促进蒸发,尽快恢复根系机能。

三、整形修剪

(一)整形

梨树常见树形主要有Y字形、开心形、纺锤形、小冠疏层形和水平棚架形等。其中Y字形、开心形是目前生产上应用较多的树形,适于密植梨园采用。水平棚架形是从日本引进的一种新型栽培方式,具有抗风灾、省人工、果实品质优等优点,近几年在我国发展较快。这里仅介绍目前生产上常用的Y字形、开心形。

1. Y字形

(1)树体结构。无中心干,在主干上仅留两大主枝呈Y字形对称分布。每主枝配备侧枝2～3个结果枝,作为全树的结果部位。

(2)整形技术。苗木秋冬季定植后留60～70 cm高定干。次年春季萌芽时,留两个生长强壮的新梢，将其余的抹除。5月底至6月初，待新梢长到100 cm左右时，将保留的两个新梢分别东西方向拉成70°～80°，呈Y字形。当年冬季修剪时，在枝梢顶部弯曲部位短截，并抹去背生强芽。定植后第二年的5月底至6月初，将两主枝上萌发的直立新梢沿主枝两侧全部拉成水平状。第三年以后，把主枝两侧的结果枝，每隔40～50 cm培养成结果枝。结果枝组在主枝上的分布，上小下大，呈三角形。经过3～4年的培养，该树形基本完成。

2.开心形

(1)树体结构。无中心干，主干上均匀分布3～4个主枝，再在每个主枝上配备2～3个结果枝组。

(2)整形技术。苗木秋冬季定植后留60～70 cm高定干。待春季萌芽后，在主干上选留3～4个强壮的新梢作为主枝，将其余的抹除。待新梢长到100 cm左右时短截。第二年5月底至6月初，向主枝两侧拉成水平状。第三年再在主枝两侧培养2～3个较大的结果枝。结果枝组在主枝上，以上小下大均匀分布排列。树形经3～4年后基本形成。

(二)修剪

梨萌芽力强，成枝力低，盛果期大多以短果枝结果为主，修剪时应重点注意以下事项。

(1)结果枝组的培养与修剪。对幼树，常用先轻剪长放再回缩的方法培养结果枝组，无过大枝组时，特别是密植园，一般不重短截。对盛果前期和进入盛果期树的结果枝组，应进行精细修剪，同一枝组内应保留预备枝，轮换更新，控制结果部位外移。要灵活运用轻剪长放和短剪回缩修剪方法，使结果枝组既能保持旺盛的结果能力，又具备适当的营养生长量，防止早衰。

(2)辅养枝的修剪。由于梨树成枝力弱，在骨干枝之间的空隙处要适当多留一些辅养枝，以增强树势并利用其结果；当其影响主枝生长时应及时回缩，直至疏除。

(3)防止结果部位外移。对结果枝组及时回缩，使其始终不远离母枝，同时，要“疏外养内，去直留侧”。对伸向行间的枝要适当回缩，使行间距保持0.5～0.8 m空隙，以利于作业和通风透光。

盛果期应加重冬剪，对内膛弱枝更新复壮，使内膛和下部枝丰满后，再轮换交替结果，同时预防结果部位外移，保持树体结构。夏季修剪作为辅助措施，主要采用对旺枝摘心、扭梢和拉枝等技术，以促进花芽分化。

四、花果管理

1. 辅助授粉

梨的大多数品种自花不亲和，为提高结实率，需混植授粉树或进行人工辅助授粉。即使混植了授粉树，如遇花期阴凉、风大、昆虫活动少等情况，仅靠自然授粉也很困难。梨花授粉充足则种子发育良好、果实大而整齐；授粉不良容易造成减产和产生畸形果。

辅助授粉包括人工辅助授粉和蜜蜂传粉两种方法。授粉时期在盛花初期，即25%的花已开放，转入人工点授，此期为花序边花的第1～3朵，争取在2～3 d内完成授粉工作。蜜蜂是传粉的主要媒介，一般一只蜜蜂可携带5 000～10 000粒花粉，一箱蜂可保证5～10亩梨园授粉，蜂群之间相距100～150 m，用蜜蜂传粉可提高坐果率20%左右。

2. 疏花疏果

梨多数品种花芽容易形成且花量较大，常因坐果过多影响果形大小、品质和商品价值的提高，并致使树体营养失调，出现大小年结果。因此需进行疏花疏果。在授粉好、坐果率高的前提下，早疏比迟疏好，疏花比疏果好。疏花多在花序分离至开花之前进行，疏果应在谢花后2周左右，早期落果高峰之后进行。

疏花疏果要因树确定负载量，然后将多余花果疏除。一般先将骨干枝延长枝上的花果全部疏除，然后按"疏畸形花果，留正常花果；疏中心花果，留边花果；弱枝多疏，强枝多留"的原则进行。一般小果品种每花序留1～2果，大果品种每花序留1果。从叶果比要求看，一般砂梨要保持(25～30)∶1，西洋梨(30～40)∶1，枝果比例为(3～4)∶1。以菊水梨为例，株产45 kg左右的树留果适量标准约为400个，单果重平均115 g。疏果标准为每短枝留果1～2个，无果短枝与坐果短枝比例为3∶1，叶果比例为27∶1。

3. 果实套袋

套袋可提高果实外观品质，避免病虫危害，降低果实农药残留。果袋的种类很多，目前我国市场主要有青岛"爱农牌"系列、青岛"佳田牌"系列、青岛"三好牌"等20多种类型，具体选择哪种袋型应以梨品种而定。套袋时间一般在落花后15～45 d内，越早越好，套袋前要按负载量要求认真疏果，喷杀虫杀菌混合药1～2次，套袋时选择果形长和萼紧闭的壮果、大果、边果套袋，每袋只套一只果。

4. 采收

采收时期主要取决于品种成熟期、果实成熟度、果实用途及气候条件等。白梨和砂梨采后即可食用，一般果面呈现该品种固有色泽，果肉由硬变脆，种子变成褐色，果柄易和果台分离时即为成熟。供鲜食的此时即可采收；用作贮藏的宜适当提前在8～9成熟时采收；加工制罐用的应在接近充分成熟时采收，制梨膏和梨酒的应充分成熟后采收。

梨果采收时必须带果柄采摘，其操作是用手握住果实、轻轻向上提拉，或一手托果，用食指碰压果柄离层处即可采下。切忌用力向下拉扯，否则易损伤果台和果柄。梨果汁多皮薄，采收过程中应轻拿轻放，防止果实损伤。

实践技能

实训10-1 梨生长结果习性观察

一、实训目的

通过实习了解梨生长结果习性，学会观察果树生长结果习性的方法。

二、材料与工具

材料：选择当地梨主要品种为代表，各选幼树、盛果树和衰老更新树的正常植株进行观察。

用具：皮尺，钢卷尺，放大镜等。

三、实训内容

果树的生长结果习性涉及的内容很多，本实训进行重点观察。观察对比时应注意选择树龄、生长势等近似的植株。于休眠期或开花期进行2～3次，并可与物候期观察实训结合进行，主要实训内容为：

(1)观察梨的树姿(直立、开张、下垂等)，树形(圆锥形、半圆形、圆头形等)，干性强弱，分枝角度，层性明显程度等，找出其树体结构特点。

(2)枝条类型。识别长、中、短梢，梨春梢、夏梢及其分界部位。长梢停止生长后能否形成顶芽。春梢、夏梢分界处芽的充实程度。

(3)成枝力、枝类变化。幼树延长枝剪口下发长枝数。幼树随树龄的增加，总枝数逐年增加，主要是中短枝比例增加，但长枝比例下降。

(4)花芽和果枝类型。花芽为混合芽。花芽在果枝上的位置，有无腋花芽。长、中、短果枝的划分。幼树开始结果的年龄和果枝类型。

(5)花数、开花。每花序数，同一花序各花的开花顺序和坐果率高低。

(6)果苔副梢、枝组。花序下有果苔副梢。果苔副梢的长短、多少，副梢成花能力。单一果枝连年结果或隔年结果。结果枝组的类型、组成和分布。

四、实训报告

总结梨生长结果习性。

五、考核标准

成绩按100分计：实训态度10分；实训过程40分；实训报告50分。

实训10-2　梨的整形修剪

一、实训目的

通过梨幼树的整形和成年树的修剪，掌握梨幼树整形的基本原则、方法和成年结果树的修剪技术。

二、材料与工具

材料：梨幼树、成年结果树。

用具：修枝剪、手锯、梯子、木桩、麻绳，伤口保护剂等。

三、实训内容

（一）梨树整形

南方梨常用的树形有小冠疏层形、Y字形、开心形、棚架形、纺锤形等，根据各地的实际情况，选择适宜的树形进行整形。

（二）成年结果树的修剪

1. 初结果树的修剪

（1）延长枝。修剪长度略短于幼树，约50 cm，一般仍在春梢上、中部剪截。外围应少重截、多长放、适当疏剪，内部应多短截、少疏剪。

（2）枝组的培养与修剪。枝组的培养因枝而异，长枝宜用“先放后缩法”；中庸枝采用“先截后缩法”；如需培养大型枝组，宜用“连截法”；强旺枝宜用连放法。

2. 盛果期树的修剪

（1）骨干枝。延长枝可轻剪长放，缩放结合，以维持延长枝一定的生长势。延长枝弱时要重缩，下垂时回缩，利用壮芽进行抬枝。

（2）调节生长与结果关系。一般来说每年保持梢长30 cm，每年抽生新梢不减少。结果枝数占总枝数控制在30%～50%为好。

(3)枝组的更新。每一枝组的修剪应分别以结果枝、预备枝、更新枝3种枝做好预备更新修剪。保持叶芽与花芽的比例为3∶2或1∶1较为适宜。

3. 衰老树的修剪

老树修剪宜早不宜迟，在刚衰老时就进行更新，效果较好。衰老的大枝、骨干枝，一般可在2～6年部位，利用隐芽(枝段中、下部位)或壮枝进行缩剪更新。

四、实训报告

通过梨树修剪的具体操作，谈谈你对梨树修剪的体会。

五、考核标准

成绩按100分计：实训态度10分；实训过程40分；实训报告50分。

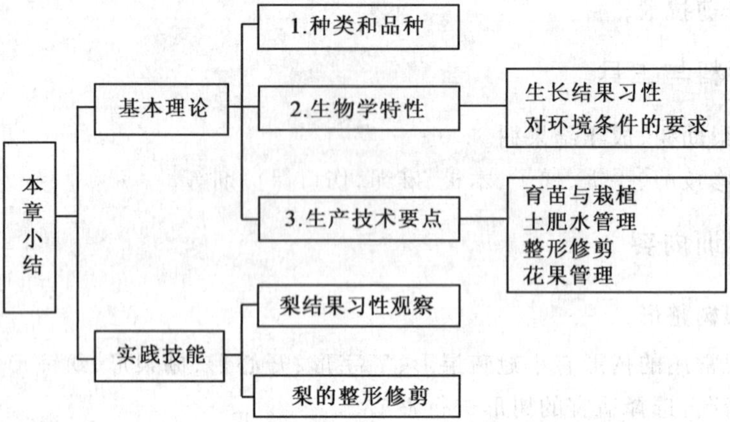

复习思考题

1. 简述梨整形修剪的要点。
2. 简述梨疏花疏果的方法。
3. 为什么说梨树比较容易实现丰产？如何使梨达到丰产优质？

第十一章　桃

知识目标

- 理解并掌握桃的生长结果习性及生态特性。
- 掌握桃的优质高产栽培要点。

技能目标

- 能够识别桃的主要种类、品种。
- 熟练掌握桃园土肥水管理、整形修剪和花果管理等操作技术。

基本理论

桃原产于我国陕西、甘肃、西藏东部和东南部高原地带。在陕西、甘肃、黄河及长江分水岭、云南西部、西藏南部仍有野生桃分布。

桃果实外观色彩艳丽、汁丰味美，且具有特殊香气，营养丰富，含糖、有机酸、蛋白质、脂肪及维生素等营养物质。果实除适合鲜食外还可制罐头、桃干、果汁、果酱和果酒等。此外，桃树还可作为园林观赏，桃仁可入药或食用(甜仁桃)。

桃树适应性强，栽培管理容易，进入结果期较早，早期栽培效益高，易获丰产，因此栽培广泛。

2005 年全国各地区桃园总面积为 67.71 万 hm^2，全国桃产量达到 762.4 万 t，我国桃产量占世界桃总产量的 48.65%，是世界第一的产桃大国，其次为意大利和美国。我国桃产量前 10 位的省(区市)依次是：山东、河北、河南、湖北、辽宁、四川、江苏、北京、浙江、陕西。其产量总和占全国总产量的 81%。

第一节　种类和品种

一、主要种类

桃属于蔷薇科(Rosaceae)李亚科(Prunoideae)桃属(*Prunus L.*)，主要有以下几种：

1. 桃（毛桃、普通桃）

原产我国，主要栽培桃均属本种。有主要变种3个：

(1)油桃。毛桃芽变而来，主要特征为果实圆或扁圆形，果皮光滑无毛。

(2)蟠桃。主要特征为果实扁圆形，两端凹入，核小，扁圆形，有深刻纹。

(3)寿星桃。主要特征为树形极矮小，花重瓣，花色有大红、粉红、白色3种。为观赏桃树，可作矮化砧或育种用。

2. 山桃

北方桃的主要砧木。树干表皮光滑，枝细、直立，果小。

3. 扁桃(巴旦杏)

原产伊朗，果实熟后开裂，可取仁食用或药用。

4. 光核桃

原产西藏，其果核光滑无裂纹。

此外，还有四川扁桃、甘肃桃、新疆桃等种。

二、品种群

桃的栽培品种较多，全世界有3 000个以上，我国约有800个以上。栽培上根据品种起源、栽培历史、生态适应性及果实性状，将桃分为以下品种群。

(1)北方品种群。主要分布在黄河流域、西北和东北等地，以甘肃、陕西、河北、山西、山东、河南等省栽培最多。树冠较直立，果实带尖顶，肉质较硬，较耐贮运，抗寒、抗旱能力强，如移至南方抗病性差，产量低。按果实肉质有蜜桃亚群、脆桃亚群、面桃亚群3个亚群。本种优良品种有肥城桃、深州蜜桃、五月鲜、四月白等。

(2)南方品种群。主要分布在长江流域，以江苏、浙江、云南等省栽培较多。树冠较开张，果实顶部平圆或微凹，复花芽多，耐寒、耐旱能力差。本种适宜温暖湿润的气候，部分品种也适宜北方地区栽培。根据果肉肉质可分为硬肉桃亚群、水蜜桃亚群两个亚群。

(3)黄肉桃品种群。主要分布在西北、西南等地。树势强旺,树冠较直立,果实圆形或长圆形,果肉呈金黄色,肉质紧密,适宜加工制罐。

(4)蟠桃品种群。南北均有分布,江浙一带栽培较多。树势强健,树冠开张,发枝力强,复花芽多,果实扁圆形,两端凹入,果核纵裂,果肉柔软多汁,味甜,果实成熟时较易剥皮,多黏核。代表优良品种有白芒蟠桃、撒花红蟠桃等。

(5)油桃品种群。主要分布在新疆、甘肃等地。果皮光滑无毛,肉质紧密,离核或半离核。

三、主要品种

(一)普通桃

(1)上海水蜜。果实圆形或椭圆形,果顶微凹,平均单果重 120 g,最大果重 190 g,果实底色黄绿色,阳面有鲜红霞;果肉乳白色,近核处微红色,柔软多汁,味甜,香气浓,纤维较少,硬溶质,品质中上。黏核。果实在鲁中一带 7 月下旬成熟,生育期 125 d 左右。树姿半开张,树势中强,以长中果枝结果为主,花粉少,产量中等。

(2)玫瑰蜜。果实圆形,果皮底色淡绿色,着玫瑰色红晕,外观美丽,平均单果重达 140 g,最大果重 205 g。果肉白色,风味甜,有香气,黏核,一般不裂核。树势较强健,树姿半开张,以中长枝结果为主,坐果率高,丰产,适合露地或保护地栽培。

(3)砂子早生。果实卵圆形,平均单果重 170 g,最大果重 300 g。果皮黄白色,顶部及阳面有红晕;果肉乳白色,质细而脆,多汁,味酸甜适度,半离核,品质上。山东中部地区 7 月初成熟,耐贮运。树势中庸,半开张,树冠半圆形。以中短果枝结果为主。无花粉,需配置授粉树。花芽易受冻害。较丰产,适应性强。

此外,还有大久保、雨花露、五月火、春蕾、安农水蜜、早凤王、春艳、中华沙红等优良品种。

(二)油桃

(1)中油 5 号。果实短椭圆形或近圆形,平均单果重 175 g,最大果重可达 300 g 以上。果皮底色绿白,着玫瑰红色,果肉白色,硬溶质,肉质致密,耐贮运,不裂果,风味甜,香气中等。品质优,黏核。在重庆地区 3 月上中旬开花,5 月下旬成熟,果实发育期 72 d。属早熟白肉甜油桃新品种,树势强健,树姿较直立,花粉量大,适应性强,极丰产。

(2)南方早红。平均单果重 120 g,最大果重 240 g,果面着浓红色,果肉特硬,白肉,浓甜,具香气,品质极优。不裂果,无需套袋,成熟后可留树十天不软、不裂顶,是目前最耐贮运的油桃品种。自花结实,极丰产,果实在重庆5月中下旬成熟,适应性强。

(3)早红珠。果实近圆形,平均单果重92～97 g,最大果重120 g。果皮底色白,着鲜红色,果肉白色,果顶及皮下稍有红色,近核处无红晕,肉质细,硬度中等,汁液多,风味浓甜,芳香浓郁,黏核,耐贮运,品质上。果实发育期62 d。

(三)蟠桃

(1)早露蟠桃。果实扁平形,平均单果重68 g,最大果重95 g,果皮底色乳黄,果面10%覆盖红晕。茸毛中等,易剥离;果肉乳白色,近核处微红,硬溶质,质细,微香,风味甜,黏核。裂核极少。在郑州地区6月10日果实成熟。为早熟优良蟠桃新品种。品质优,丰产。

(2)早魁蜜。果实扁平形,平均单果重130 g,最大果重200 g,果皮乳黄色,果面有红晕,果肉乳白色,肉厚,肉质软溶,柔软多汁,风味浓甜,有香气,品质上等。黏核。于6月底至7月初成熟,果实生育期95 d左右。

(3)碧霞蟠桃。果实扁平,平均单果重130 g。果面绿黄色,有红晕。果肉乳白色,肉质细,汁液中等多,纤维少。味甜,品质上等。黏核,核小,北京地区9月中下旬果实成熟。

(4)美国红蟠桃。美国引入。平均果重185 g,最大果重400 g,果实扁平,果面100%着艳红色。硬溶质,味特甜,品质极优。核小,离核,无采前落果现象,抗裂果,即使遇长期阴雨亦不裂顶、裂果。自花结实,极丰产,较耐贮运。需冷量低,无枯芽现象。在重庆地区6月下旬可采摘上市。

第二节　生物学特性

一、生长结果习性

桃为多年生喜光小乔木,树高3～5 m,干性弱,层性不明显,树冠较为平展。发枝力强,树冠形成快,结果早,一般定植后2～3年结果。丰产早,定植后5～6年进入盛果期,早期经济效益好。桃经济寿命短,15～20年后渐进入衰老期。

1.根系

桃为浅根性果树,根系的形态及分布主要因砧木的种类及土壤特性不同而不同。一般根系的垂直分布主要集中在距地面 1 m 的土层内，但吸收根主要集中在距地面 10～40 cm 的土层内。水平分布于树冠直径 2～3 倍的范围内，吸收根主要集中在树冠垂直投影内。

桃的根系在年周期内，只要外界条件适宜没有明显的休眠期，在南方地区土壤通气条件良好，冬季根系也能生长。但一般在春季萌动前 60～70 d 就开始活动，当土温达到 4～5℃时，根系开始发新根。新根生长的适宜温度为 15～20℃，30℃以上时生长发育不良或停止生长。根系在年周期中有两次生长高峰期，第一次生长高峰期在 5～6 月，是一年中根系生长最旺盛的时期；第二次生长高峰期在 9～10 月，此时根系生长较前次弱。

2. 芽

桃芽分叶芽和花芽两种，芽也分单芽和复芽。叶芽为单芽，新梢顶芽为单一的叶芽。花芽为纯花芽，着生于新梢的叶腋部位。腋芽多为复芽，常见的复芽为一个花芽与一个叶芽并生的双复芽和两侧花芽、中间叶芽的三复芽，也可见双花芽、三花芽而无叶芽的。此外，还有着生于枝条下部的少量潜伏芽。

桃叶芽的萌发力和成枝力均较强，树冠形成快，投产早。桃芽还具有早熟性，生长旺盛的新梢一年可抽生二次或三次枝。枝条基部的少数芽不萌发而形成潜伏芽，潜伏芽的寿命短，树冠下部和内膛枝条易衰老而出现光秃，且不易更新。

3. 枝

(1)枝的分类。桃的枝条分为生长枝和结果枝。

①生长枝。生长枝按其生长强弱和形态可分为徒长枝、普通生长枝和叶丛枝，前两种主要形成树冠骨干。

徒长枝枝条生长强旺，枝条粗壮，节间长且组织不充实，一般长度在 80 cm 以上，可抽生二次或三次枝，主要用于培养枝组或骨干枝更新。

普通生长枝枝条生长中庸，枝条组织充实，芽体饱满，多着生叶芽，花芽少，多分布于骨干枝的外围，一般长度在 60 cm 左右，主要用于培养骨干枝或枝组。

叶丛枝是只有一个顶生叶芽的极短枝，长度较短多为 1 cm 左右，着生于枝条下部，营养状况好的可形成中、短果枝，否则第二年枯死。

②结果枝。结果枝按其形态和长度可分为徒长枝、结果枝、长果枝、中果枝、短果枝、花束状短果枝。

徒长性结果枝枝条生长较旺，长度多在 70～80 cm 以上，有少量二次枝。枝条上花芽多，且为复芽，但花芽质量差，坐果率低。一般见于树冠上部或内膛，可培养成枝组或作更新枝，也可将其拉平，利用它结果。

长果枝枝条生长健壮，组织充实，长度多为30～70 cm，一般无二次枝。枝条中部多为复花芽，芽体饱满，坐果率高，是多数品种的主要结果枝。一般多分布于树冠的中上部及外围，以斜生枝为好。

中果枝枝条较细，生长中庸，长度为10～30 cm，无副梢。枝条着生有单花芽、复花芽，多为单花芽。多分布于树冠的中部，为部分品种的主要结果枝。

短果枝枝条长度较短，为5～10 cm。多为单芽，复芽少。多分布于树冠的中下部，是北方品种群的主要结果枝。

花束状短果枝长度在5 cm以下，多分布于枝条的下部。生长弱，节间短，结果后不发枝或发枝弱。老树及弱树较常见。

上述各类枝条，因品种、树龄、树势及栽培条件不同而有所变化。南方品种群结果以中、长果枝结果为主，北方品种群以短果枝、花束状短果枝结果为主。幼树多为徒长枝或徒长性结果枝，结果初期至盛果期结果枝数量逐渐增加，多为中、长果枝，进入衰老期，短果枝、花束状短果枝及叶丛枝又明显增多。

(2)枝条生长。桃的新梢在生长期内有2～3次生长高峰期，一般为2次，幼树或强旺树会出现3次生长高峰期。桃多数品种3月上中旬萌动，3月下旬展叶，第一次高峰期出现在4月下旬至5月上旬，5月中旬生长趋于缓慢。第二次高峰期出现在5月下旬至6月上旬，6月下旬渐缓，至7月上旬基本停止生长，停长后枝条逐步充实成熟。但部分强旺的幼树直至8月上旬才停长，出现第三次高峰期。10月下旬至11月落叶，进入休眠期。

4.开花及坐果

桃树的花自花结实率高，但有部分品种自花结实率低，需配置授粉树。桃在平均温度达到10℃以上时进入开花期，适宜温度为12～14℃，花期一般延续3～4 d，多的为7～10 d。开花的早晚与品种、气候有关，同一植株内花的着生位置决定开花的早晚，而坐果与开花早晚有显著关系。一般上部花比中下部花先开，坐果也较好。

5.果实发育

受精后，果实开始发育，通常经历三个时期：

(1)幼果迅速生长期。自落花后子房膨大到核层开始硬化前，此时期子房细胞迅速分裂，细胞数量迅速增加，幼果迅速增大，果核大小定形。一般需要45 d左右，早、中、晚熟品种均无较大区别。

(2)缓慢生长期。又称硬核期，自核层开始硬化到硬化完成。此期果实外观变化不大，主要是核层硬化及胚的发育。其长短因品种不同而异，早熟品种较短为

14～21 d,中熟品种为28～35 d,晚熟品种最长为42～49 d或更长。

(3)果实迅速膨大期。自果核硬化完成到果实成熟,此时细胞数量不再增加,主要是细胞体积和细胞间隙的增大,以及细胞内容物成分的变化。外观上表现为体积迅速增大、重量增加、果面变色、果实硬度降低。

6. 花芽分化

桃花芽属夏秋分化型,其分化开始的时间依气候、品种、栽培管理及树龄树势而异。花芽分化主要集中于7～8月,此时枝梢大多已停长生长,树体养分供应充足,利于花芽分化。一般幼树比成年树晚,长枝比短枝晚,枝条上部比中下部晚。可以通过夏季修剪、适当追肥等措施促进花芽分化。

二、对环境条件的要求

1. 温度

桃是喜温的温带果树,年平均气温南方品种群以12～17℃,北方品种群以8～14℃为适宜。生长期的适宜温度为18～23℃,果实成熟期为24℃左右。桃进入休眠期后需要一定的低温才能通过休眠,需要7.2℃以下的低温时数,因品种而异,一般在50～1 250 h变化,多为400～1 200 h。需400 h以下的品种为低温品种,适宜在南方栽培。休眠期低温时数不足,第二年萌芽开花不整齐,开花质量较差。

桃的耐寒力较弱,花芽在休眠期遇－18℃的低温即遭冻害,花蕾期极低温为－6.6～－1.7℃,开花期极低温为－2～－1℃,幼果期为－1.1℃。

2. 水分

桃喜干燥且较耐旱,但在生长期仍需要充足的水分,否则影响开花、坐果、枝梢生长及果实发育。桃不耐涝,桃园积水1～3 d,即出现涝害甚至死亡。因此,建园时应因地制宜考虑水源及排灌条件。

3. 光照

桃最喜光,有“当阳桃”之称。干性弱、树冠开张、叶片狭长、内膛易光秃等特性均说明桃较喜光。但直射光过强,常引起枝干日灼,削弱树势。

4. 土壤

桃对土壤要求不严,一般的土壤均可栽培,但以微酸性及中性的沙壤土最为适宜。土壤要求通透性良好,pH 5～6时生长最佳。桃在沙质土和砾质土栽培时,生长容易控制,结果早,品质好、病害不易发生、盛果期长且易丰产。

此外,桃根系浅,在风大地区建园时,应设置防风林。

第三节 生产技术要点

一、育苗建园与栽植

(一)育苗

1. 砧木苗的培育

生产上普遍使用的砧木有山桃和毛桃。山桃为华北、西北、东北等地桃的主要砧木,南方地区多采用毛桃。毛桃能适应南方温暖多湿的气候条件,与栽培品种的亲和力强,嫁接成活率高。接后生长发育良好,根系发达,吸收能力强,耐受干旱和瘠薄能力强,寿命长。

砧木苗通常采用实生繁殖,春播的种子要进行层积处理,层积时间 60～90 d;秋播种子不用层积处理。

2. 嫁接

桃的嫁接在春、夏、秋三个季节均可进行,但秋季嫁接的成活率较高。桃树嫁接的方法较多,生产上常用芽接和枝接两种。

芽接的适宜时期是 7～9 三个月,此时砧木茎干增粗快,如要求当年出苗,则应适当提前至 5 月中旬,最迟不能超过 6 月中旬。芽接方法常采用嵌芽接和 T 形芽接。枝接应选择生长充实的长果枝,取其中段作为接穗,劈接、切接两种方法较为常用。

(二)建园及栽植

1. 园址选择及品种的选择与配置

首先,桃园应选择光照充足,地势较高,排灌条件良好、交通便利的地点建园,桃忌连作,注意不能选择前茬作物为桃或其他核果类的地块,如要种植须间隔数年。其次,要根据当地的气候、土壤、栽培技术及市场需求选择适宜的品种,做到适树适地适销。同时,注意早、中、晚熟品种的合理搭配,以及授粉品种的合理配置。

2. 栽植

(1)栽植时期。嫁接苗宜在落叶后至萌动前栽植,即 11 月至次年 1 月间。

(2)栽植密度及方式。桃树的栽植密度应根据品种、土壤、栽培技术来具体确定。如栽培品种生长强旺,土层深厚,则宜采用大株行距栽植。栽培管理水平高的可密植，反之稀植。一般在山地、丘陵可采用(3～4) m×(4～5) m，平地(3～4) m×(5～6) m。栽植方式较多，有长方形、正方形及等高栽植，应因地制宜选用。

(3)栽植技术。桃树的定植穴一般要求深 80 cm，穴底宽 100 cm，挖好后每穴施入足量底肥(腐熟农家肥 100 kg、尿素 1 kg、过磷酸钙 1 kg)，并与穴土混匀填入穴内，栽苗覆土，定盘浇水。

二、土肥水管理

1. 土壤管理

桃园土壤管理应做好土壤深翻、中耕除草、行间间作等工作。深翻改土应在秋季落叶后结合基肥施用逐年进行，深度在 30～60 cm。中耕除草根据降水、杂草生长等情况，在生长期内适时进行 3～4 次，保证园土疏松，无杂草，深度 10 cm 左右。幼龄桃园为了提高土地利用率，可在行间进行间作，常种植瓜类、豆类等蔬菜，也可种植绿肥。

2. 施肥

桃树施肥的时期及肥料种类、用量，主要根据桃树年周期内生长发育特点，以及品种、树龄树势、产量及土壤气候等因素来确定。一般每年 2～4 次。

(1)基肥。通常在秋季落叶后至休眠前施用，不宜过晚，常与深翻改土同时进行。基肥以迟效性的有机肥为主，辅以适量的速效性氮、磷、钾肥。

(2)追肥。追肥通常有花前肥、壮果肥、采前肥三次，具体施用的时期、肥料用量根据树势、产量、物候期等实际情况确定，树体营养状况好也可以少施或不施。肥料用速效性的氮、磷、钾肥，前期以氮肥为主，后期以磷、钾肥为主。

3. 水分管理

桃耐旱忌涝，在生长期内要有充足的水分供应，同时，南方夏季雨水较多，管理时应注意灌水与排水，做到适时适量，以保证树体正常的生长及结果。

三、整形修剪

1. 整形

桃树树形较多，应依据其生长结果习性和栽培方式等因素来确定。南方常用的树形有自然开心形、Y 字形等。

(1)自然开心形。自然开心形具有整形容易，结构牢固合理，寿命长等特点。整形要点：主干高度 30～50 cm，留整形带 20 cm 左右，第一年选择 3 个生长健壮、着生位置、方向好的新梢作为主枝。适当开张角度，第一主枝角度为 60°～70°，第二、三主枝角度为 40°～60°。以后各主枝选留 2～3 个侧枝，角度为 70°～80°，树高控制在 3 m 以内。同时,注意培养枝组及结果枝。

(2)Y 字形。Y 字形结构简单,整形容易,通风透光良好,便于管理,适宜矮化密植。整形要点:主干高度 30 cm,留整形带 20 cm 左右,第一年选择 2 个生长健壮、着生位置、垂直于行向的新梢作为主枝。适当开张角度,角度为 45°～55°,各主枝选留 3 个侧枝。第一侧枝距中心干 30～35 cm,第二侧枝距第一侧枝 40～45 cm,第三侧枝距第二侧枝 45～50 cm,各侧枝上注意配置枝组及结果枝,树高控制在 2 m 左右(图 11-1)。

此外,还可以采用自然杯状形、多主枝自然形及其他整形方式。

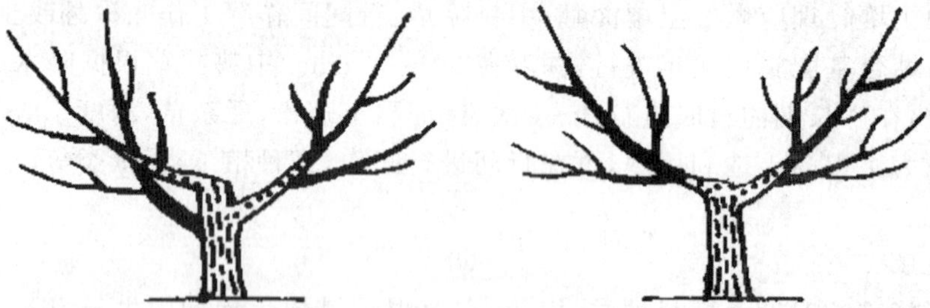

1. 自然开心形　2. Y 字形

图 11-1　桃树的主要树形图

2. 修剪

桃树的修剪可分为夏季修剪和冬季修剪。

(1)幼树期修剪(以自然开心形为例)。主要指定植后 1～3 年内的修剪,主要任务是构建树形,扩大树冠,培养枝组及结果枝。

①定植后当年修剪。定植后根据树形,及时定干,高度为主干高加整形带长度即 70 cm 左右,剪口下方留 5～7 个饱满芽。新梢长至 20 cm 左右时,选留 4～5 个生长方向合适且生长健壮的新梢,其余的疏除。留下的新梢长度达 30 cm 以上时,选择 3 个生长方向、长势旺的作为主枝培养,其余的摘心作辅养枝备用。冬剪时,适当开张角度,并在距主干 40 cm 处短截,剪口芽宜为下芽或侧芽,以便培养侧枝。如已有侧枝应在适当范围内选留侧向枝为第一侧枝,并在枝条中部选外芽短截。

②第二年修剪。春季萌动后,对主枝进行摘心,促发新梢以便选留侧枝。注意与第一侧枝方向相反,距离保持在 40 cm 左右。控制内膛直立枝及过密枝,可疏除或摘心,尽量加以利用。进入冬季,继续培养侧枝及枝组。

③第三年修剪。春季萌动后,注意选留主枝延长枝,培养第三侧枝。同时,控制强旺枝、过密枝,利用其形成枝组或辅养树体。冬季修剪,注意合理促控,维持树

形，有意识培养结果枝或结果枝组，形成早期产量(图 11-2)。

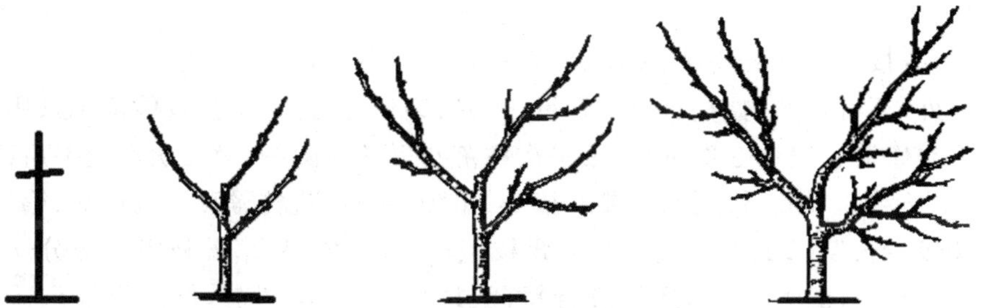

图 11-2　自然开心形整形过程示意图

(2)结果期修剪。经过 3 年的培养树形已基本形成，树体开始有一定的产量，即进入结果期。结果期修剪的主要任务是维持树形，保证树势强健，调节营养生长与生殖生长的均衡关系，保持高产、稳产。

骨干枝的修剪应本着维持骨干枝强健，控制其向外扩展的原则进行，并注意保持树势平衡，防止出现上强下弱及外强内弱的现象。结果枝的修剪，一般长果枝留 5～7 节花芽，中果枝留 3～5 节，短果枝留 1～2 节，花束状短果枝强留弱疏，徒长性结果枝轻截长放或改变角度，以果压势，再回缩形成枝组。结果枝的更新，果枝结果后发枝力减弱，需及时更新。具体方法有单枝更新和双枝更新。单枝更新是选较弱的中、长果枝，留 3～4 节芽重截，促其发壮枝，次年用于结果。双枝更新是同一母枝的选相邻两个果枝，上部枝轻截使其结果，下部枝留 2～3 节重截，促其发壮枝，积累养分次年结果。

(3)衰老期修剪。桃树一般在 15～20 年后进入衰老期，此时树冠下部及内膛逐步枯死，结果部位外移，中、长果枝减少，短果枝、花束状短果枝数量剧增。修剪时，注意逐年分批重缩骨干枝，刺激抽生强旺枝，用于更新骨干枝。也可利用徒长枝替代骨干枝或枝组，延长结果寿命。

3. 夏季修剪

夏季修剪的目的是维持树形、改善光照及通透性，缓和树势，减少无效生长，因此，幼树、旺树尤为重要。修剪的方法较多主要有：

(1)抹芽除梢。及时抹除骨干枝、整形带和内膛的萌蘖、嫩梢，避免出现徒长、竞争现象，减少无效养分消耗。

(2)摘心。摘除新梢先端的部分，改变顶端优势，控制顶部生长，促进下部枝叶、花果发育及花芽分化。

(3)扭梢、拿枝。用于竞争枝、背上枝、强旺枝，改变生长姿势及方向，缓和生长。

(4)疏枝。疏除纤弱枝、密生枝、竞争枝及下垂枝，减少消耗。

此外，还有短截、拉枝、曲枝、环剥、环割、刻伤等方法，可是具体情况采用。

夏季修剪一般分三次进行，第一次在落花后抹芽除梢；第二次在定果后或套袋前，新梢长约30 cm时进行，主要有摘心、扭梢、拿枝、疏枝、短截、拉枝等；第三次在新梢缓慢生长期(6月中下旬)，疏除强枝密枝，缓和树势，培养枝组。部分幼、旺树在新梢停长后(8月上旬)，还需进行短截、拉枝等，控制树势，但注意轻重适度，避免削弱树势。

四、花果管理

1.生理落花落果及其预防措施

桃的生理落花落果有三次，第一次在花后10～15 d，发育不完全的花脱落，此次落花主要由于上一年度养分供应不足，致使花芽分化不完全，影响花器发育，应在上一年度加强管理，增强树势；第二次在花后25～30 d，受精不良的幼果带果柄脱落，此次落果是由于授粉受精不良引起，生产上可进行人工授粉或养蜂传粉，提高受精率；第三次在果核硬核期，主要由于各器官间养分矛盾突出，养分供应不足而果实脱落，此次落果是养分供应不足的结果，可通过夏季修剪减少无效养分消耗，同时及时追施速效性肥料保果。此外，部分品种在果实采收前，出现果实脱落称为采前落果。

2.疏花疏果

疏花在花期疏除多余的花，注意要考虑到生理落花落果现象的存在，不宜疏除过多的花，为避免造成人为减产也可以不进行。疏果应在第二次落果后，待果实数量稳定后进行。注意坐果率高的品种宜早疏，早熟品种果实发育期短也宜早疏。疏果采用人工疏果，留果量视树势强弱、树冠大小、枝叶数量而定。一般早熟种20叶留一果，中熟种25叶，晚熟种30叶；也可根据果枝类型留果，长果枝留2～4个，中短果枝留1～2个，徒长性结果枝留4～5个。留果部位，长果枝枝势强的以中部为好，中庸枝留大疏小，中、短果枝留在先端。优先疏除畸形、小果、病虫果等，保留大果，同时注意生长方向。

疏果后，将疏除的果集中，并在远离桃园的地方处理，以免滋生病虫害。

3.套袋

主要作用是减少病虫害危害，防止裂果发生，保持果面清洁，提高果实外观品质。套袋应在最后一次疏果完成后2～3 d开始进行，此外，还要考虑当地病虫害发生的时间，应在发生前完成套袋。为了保证果实着色良好，在果实采收前 7 d 摘袋着色。

4.采收

桃的果实，必须在树上完成其品质、色泽、风味的形成，因此采收的时期尤为重要。要根据品种特性、果实外观品质、销售需求来决定采收时期，不宜过早或过迟。

实践技能

实训 11-1 桃生长结果习性观察

一、实训目的

认识桃各器官的外部形态结果、名称和特性，学会观察记载生长结果习性的方法；熟悉桃树枝芽生长特性，巩固桃生物学特性的相关理论知识。

二、材料与工具

(1)材料。选择当地桃园栽培桃树 2～3 株，要求是结果初期或盛果期。

(2)工具。枝剪、钢卷尺、记录本和绘图工具。

三、实训内容

(一)桃树枝条类型观察

(1)生长枝。按枝条生长强弱和形态，通过观察分别认识徒长枝、普通生长枝、叶丛枝，注意区别各类枝条长度、组织充实程度、副梢数量、着生位置等要点。

(2)结果枝。按形态分为徒长性结果枝、长果枝、中果枝、短果枝和花束状短果枝，观察记载各类枝条的长度，芽的类型、数量、质量、分布、所占比例、着生位置等指标。

(3)枝组。观察枝组的数量、着生位置、分布范围、分级级数、枝条类型等指标。

(二)桃树芽类型观察

分别观察桃芽的外部形态、着生位置，认识不同类型芽的特性。

(三)桃树花果生长发育观察

(1)花期。分别观察记载桃树花期的不同阶段，出现的时间和特点。

(2)果实生长发育。观察记载早、中、晚熟品种果实发育的三个时期幼果迅速生长期、缓慢生长期、果实迅速膨大期的时间及特点。

(3)生理落花落果。观察记载栽培桃树三次生理落花落果出现时间及特点。

本实训内容较多,部分内容持续时间较长,除课堂完成外,应充分利用课余时间进行。也可根据实际情况,选做部分项目。选定果树,挂上标签,注明观察项目、时间、人员,第三项的观察、记录和整理应以2～3人为一小组进行。

四、实训报告

实训完成后每人上交实训报告一份,要求除记载内容外,应绘制枝芽的示意图。

五、考核标准

成绩以100分计,实训表现20分,技能操作30分,实训报告50分。

实训11-2　桃的整形修剪技术

一、实训目的

练习桃树整形和修剪的基本方法,理解整形修剪的作用、原则和依据,熟练掌握桃树整形修剪技术。

二、材料与工具

(1)材料。不同生命周期的栽培桃树。

(2)工具。枝剪、手锯、梯子、小桶以及其他辅助用具。

三、实训内容

(一)冬季修剪

(1)整形。定植后根据丰产树形要求进行整形(见整形及幼树期修剪的有关内容)。

(2)修剪。根据不同年龄的树体进行修剪(见修剪的有关内容)。

(二)夏季修剪

本实训持续时间较长,应根据授课实际情况选择相应项目完成(见修剪的有关内容)。

四、实训报告

实训完成后每人上交实训报告一份。

五、考核标准

成绩以 100 分计，实训表现 20 分，技能操作 30 分，实训报告 50 分。

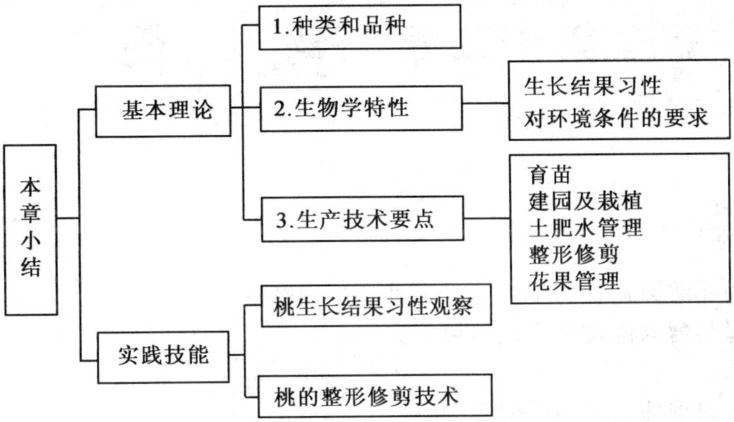

复习思考题

1. 简述桃的主要品种群及其代表优良品种。
2. 简述桃生长结果习性。
3. 桃树对环境条件有什么要求？
4. 桃园如何进行科学施肥？
5. 简述桃夏季修剪的主要工作内容及常用方法。

第十二章 葡萄

知识目标

- 理解并掌握葡萄的生长结果习性及生态特性。
- 掌握葡萄的优质高产栽培要点。

技能目标

- 能够识别葡萄的主要种类、品种。
- 熟练掌握葡萄园土肥水管理、整形修剪和花果管理等操作技术。

基本理论

葡萄是栽培历史最悠久的果树之一，是一种多年生的藤本果树。原产于北半球的温带和亚热带地区，而广泛栽培的欧洲葡萄主要起源于中南欧、北非、西亚等地。中国是葡萄重要的原产地之一，有许多宝贵的野生资源。

葡萄营养丰富，除鲜食外，可酿酒、制汁、制干等，并有一定的医疗保健功效。其栽培适应性强。我国葡萄主产区在新疆、湖北、山东、辽宁、河南等地。

第一节　种类和品种

葡萄属于葡萄科葡萄属的植物。按起源和分布地大体分为三个种群，即欧亚种群、北美种群和东亚种群。

一、主要栽培品种系统

1. 欧洲葡萄品种系统

(1)欧洲品种群。原产地中海、黑海沿岸和高加索、中亚细亚一带，是葡萄属中最重要的一个种，有 5 000 多个品种。

特点：卷须间歇，果皮与果肉黏着不易分离，丰产、含糖量高、含酸量低、风味优美；抗寒性、抗病性较差，绝大多数品种对葡萄根瘤蚜没有抵抗力。是鲜食、酿酒、制干、制汁的最好原料。主要品种有无核白、无核黑、牛奶、可口甘、粉红太妃、尼木兰、亚历山大等，原产我国的龙眼、瓶儿、白鸡心、黑鸡心等。

(2)黑海品种群。分布格鲁吉亚和摩尔达维亚共和国及罗马尼亚、保加利亚、希腊和土耳其等黑海沿岸各国。

特点：果穗中大，多紧密，果粒中大，多圆形，果肉多汁；生长期较短，抗寒性较强，但抗旱性较差。主要适于酿酒，少数用于鲜食；酿酒品种有晚红蜜、白羽、富明特等；鲜食品种主要有花叶白鸡心(白玉)、保加尔等。

(3)西欧品种群。西欧的一些国家，如法国、西班牙、意大利、德国、葡萄牙、荷兰等国。

特点：是在较好的生态条件下形成的品种群。果穗小紧密，圆柱或圆锥形；果粒小或中，圆形；果肉多汁；优良的酿酒品种有意斯林、黑比诺、白比诺、阿里戈特、赤霞珠、小白玫瑰、小红玫瑰、法国蓝、佳利酿、雷司令、品丽珠等。

2. 北美种群品种系统

特点：卷须连续，果皮易与果肉分离，种子与果肉不易分离；具有特殊的狐臭或草莓香味。可作为选育抗逆性品种砧木或选育砧木的原材料。代表品种康可、香槟、大叶葡萄等。

3. 欧美杂种品种系统

特点：欧洲葡萄与北美种群一代杂交、回交或多亲杂交育成的品种。如黑赛必尔、赛必尔 2 号、康拜尔早生、罗也尔玫瑰、白香蕉、黑佳酿、吉香、康太、巨峰、先峰、黑奥林、高墨、奥林匹亚、伊豆锦等。

4. 欧亚杂种品种系统

特点：东亚种群×欧洲葡萄。杂种后代在形态上多倾向于野生亲本，在品质方面多劣于栽培亲本。常用亲本：东亚种群的山葡萄、婴奥葡萄(抗寒)，欧洲品种黑汉、玫瑰香、白玫瑰等(品质优良)。获得品种：北玫、北红、北醇、公酿一号、公酿二号等。杂种与欧洲葡萄回交选育的品种有北方晚红蜜、早紫等。

5. 圆叶葡萄品种系统

特点：圆叶葡萄只在美国东南部的一些地方栽培；果实具有特殊的芳香和风味；葡萄酒也别具一格。采收后香味很快就损失掉。品种有斯卡佩隆、汉特、托马斯等。

二、主要栽培品种

1.鲜食品种

(1)早玫瑰。欧亚种。西北农学院1963年用玫瑰香与沙巴珍珠杂交育成,1975年定名。果穗中等大,重210～290 g,最大穗重365 g,圆锥形,紧密。果粒中等大,平均3.1～3.6 g,最大粒重6.5 g,圆形,紫红色,果粉厚;果皮中厚;肉厚多汁,味酸甜,玫瑰香味浓郁。品质上等,抗病力中等。适宜轻松的沙壤土和有灌溉条件的地段栽培。

(2)乍娜。欧亚种,1975年由阿尔巴尼亚引入我国。果穗大,平均重360～850 g,最大穗可达1 100 g,圆锥形,常带副穗,中等紧密或松散。果粒大至极大,平均重4.5～10.2 g,最大粒重17 g,圆形或椭圆形,粉红色,果粉薄;果皮中等厚;肉脆,味淡,稍有清香味,味酸甜,品质中上。产量较高,但易裂果,不抗白粉病和黑痘病。负载量过大时,易落果,果穗松散。越冬性弱。

(3)里扎玛特。欧亚种,别名玫瑰牛奶,1961年最先引入我国。果穗大至极大,平均重650～1 000 g,分枝状圆锥形,中等紧密。果粒极大,平均重10.4～12 g,圆柱形,红色,充分成熟时紫红色;果皮极薄,肉脆厚,味甜美。为早熟品种。树势极旺。品质优,但树势旺,抗病性差,干旱地区的最佳鲜食品种之一,宜用大篱架或棚架栽培。

(4)玫瑰香。欧亚种,原产英国。果穗中等大,平均重150～350 g,圆锥形或分枝形,中等紧密或松散。果粒大,平均重5 g左右,紫红色,果粉厚,果皮中等厚;肉多汁中,汁无色,玫瑰香味浓;味甜酸。品质极优,在良好管理条件下很丰产,因而是全世界著名的优良鲜食葡萄品种。

此外,还有巨峰、藤稔、京秀、晚红(红提)、粉红亚都蜜、红双味、维多丽亚、无核白鸡心、金星无核、夏黑、无核白等优良品种。

2.酿酒品种

(1)雷司令。欧亚种,含糖量高,产量中等,在欧洲葡萄品种中抗寒性较强,但果皮薄,易感病。酿制的白葡萄酒浅黄绿色,澄清发亮,果香浓馥,醇和爽口,回味绵延,是酿制干白葡萄的优良品种。

(2)意斯林。欧亚种。最早于1892年从西欧引入烟台。果穗小或中等大,圆柱形,果粒中等大,为晚熟品种。适应性强,较抗寒,抗病力中等,产量中等至较高。酿造的白葡萄酒禾秆黄色,清香爽口,丰满完整,回味绵延,酒质优。又是酿制起泡葡萄酒和白兰地的优质原料。

(3)霞多丽。欧亚种,原产法国,1951年首次从匈牙利引入我国。果穗小,果粒中小，为早熟品种。该品种产量中等，在果实成熟过程中糖度增加较快，酸度降低较慢；果实抗黑痘病的白腐病能力中等。酿制的白葡萄酒黄绿色，澄清透亮，香气完整，味醇和协调，回味幽雅，酒质极佳。长城葡萄公司还用以酿制起泡葡萄酒。

此外，还有白羽、赤霞珠、佳利酿、梅鹿特等优良品种。

第二节 生物学特性

一、生长结果习性

葡萄根系发达，再生力强，根压大，吸收力强，故葡萄抗旱、耐瘠、耐盐碱，不怕耕作伤根。

植株蔓性，不能直立，需设支架扶持。枝条称枝蔓，生长迅速，节间长，借卷须向上攀援生长，年生长量可达 1～10 m 以上。新梢由单轴生长和合轴生长交替进行形成，使新梢上的卷须呈规律性分布。欧洲葡萄的卷须及花序呈间歇性，美洲葡萄呈连续性。欧美杂种则间歇性不规则。葡萄新梢不形成顶芽，只要气温适宜，可以一直生长。自然生长情况下，养分不易积累，上部枝蔓多成熟不良。栽培上应勤加摘心，限制其加长生长。枝蔓生长具明显的顶端优势和垂直优势。

芽为复混合芽，又称“芽眼”。每节叶腋中存在两个芽，即夏芽和冬芽。夏芽是裸芽，随新梢生长当年萌发为副梢，有的品种副梢上可以生有花穗。冬芽外有鳞片包裹，一般在第二年春天萌发，其中除主芽外，还可包含 3～8 个预备芽，其中仅2～3 个发育较好。春季萌芽叶，经常产生双发芽、三发芽的现象，当主芽受损时，预备芽能补充萌发取代。葡萄的花芽为混合芽，但冬前花原基分化较浅，外形上不易与叶芽相区别。一般从枝蔓(结果母蔓)基部第 1～2 节开始，直至第 20 节以上，各节均能形成花芽。生长势较弱的品种，花芽着生位置较低；生长势强的品种花芽着生位置较高。此外还受气候和栽培技术所左右。花芽质量多以枝蔓中下部(基部第 4～5 节以上，10～15 节以下)的为最好。葡萄的预备芽和主芽一样，可以发生花穗的分化，但分化程度一般比主芽低，并依品种而异。

葡萄的花序为复总状花序(圆锥花序)，一般着生在结果新梢的第 3～8 节上，欧洲葡萄一般有 1～4 个花序，美洲葡萄一般有 3～4 个花序。每一花序上有小花 200～1 500 个，依品种而异。不着生花序的节位上，则相应着生卷须。在花序与卷须之间有各种过渡类型。大多数葡萄品种为两性花，能自花授粉正常结实。葡萄落花落果较严重。花后3～7 d开始落果,花后9 d左右为落果高峰,前后持续约2周,其后一般即很少再脱落。除品种因子外,花期低温阴雨,枝梢徒长,或是树势衰弱,土壤缺硼,都会造成大量落果。有些葡萄品种,有单性结实或种子中途败育的特性或趋向,可以形成无子葡萄,后者如无核白品种。有时则在正常的葡萄果穗中产生"豆果",引起浆果大小不一、成熟不一的现象,应予避免。一般美洲葡萄和欧美杂种葡萄的浆果内多具有肉囊。

二、对环境条件的要求

葡萄原产暖温带及亚热带地区,性喜温暖干燥的气候。但不同种类和品种其适生的条件和适应性不同。

1. 温度

葡萄各种群在生长各个时期对温度要求是不同的。如早春平均气温达10℃左右,地下30 cm土温在7～10℃时,欧亚和欧美杂交种开始萌芽;山葡萄及其杂种可在土温5～7℃时开始萌芽。随着气温增高,萌发出的新梢便加速生长,最适于新梢生长和花芽分化的温度是25～38℃。气温低于14℃时不利于开花授粉。浆果成熟期最适宜的温度是28～32℃,气温低于16℃或超过38℃时对浆果发育和成熟不利,品质降低。根系开始活动的温度是7～10℃,在25～30℃时生长最快。不同熟期品种都要求到有效积温,如早熟品种需有效积温2 100℃,中熟品种需2 500℃,晚熟品种需3 300℃才能充分成熟。

葡萄对低温的忍受能力,因各种群和各器官不同而异,如欧亚种和欧美杂种,萌发时芽可忍受−4～−3℃的低温;嫩梢和幼叶在−1℃、花序在0℃时发生冻害。在休眠期,欧亚品种成熟新梢的冬芽可忍受−17～−16℃,多年生的老蔓在−20℃ 时发生冻害。根系抗寒力较弱,欧亚群的根系在−5～−4℃时发生轻度冻害,−6℃时经2 d左右被冻死。

2. 光照

葡萄是喜光植物,对光的要求较高,光照时数长短对葡萄生长发育、产量和品质有很大影响。光照不足时,新梢生长细弱,叶片薄,叶色淡,果穗小,落花落果多,产量低,品质差,冬芽分化不良。

3. 水分

水在葡萄生命活动中有重要作用,土壤过分干旱,根很难从土壤中吸收水分和养分,光合作用减弱,易出现老叶黄化、脱落,甚至植株凋萎死亡。但水分过多也有害生长,汛期淹水,一般不超过1周,水渗下后仍能照常生长;淹水10 d以上,会使根系窒息,同样可造成叶片黄化、脱落,新梢不充实,花芽分化不良,甚至植株死亡。

葡萄各物候期，对水分要求不同。在早春萌芽、新梢生长期、幼果膨大期均要求有充足的水分供应，使土壤含水量达70%左右为宜。在浆果成熟期前后土壤含水量达60%左右较好。但雨量过多要注意及时排水，以免湿度过大影响浆果质量，还易发生病害。如雨水过少，要每隔10 d左右灌1次水，否则久旱逢雨易出现裂果，造成经济损失。

4. 土壤

葡萄对土壤的适应性较强，除了沼泽地和重盐碱地不适宜生长外，其余各类型土壤都能栽培，而以肥沃的沙壤土最为适宜。不同土壤对葡萄生长发育和品质有不同的影响。不适宜地区，可以通过农业工程及栽培技术进行改土栽培。

5. 其他

在葡萄栽培中，除了要考虑葡萄对适宜气候条件的要求外，还必须注意避免和防护灾害性的气候，如久旱、洪涝、严重霜冻，以及大风、冰雹等。这些都可能对葡萄生产造成重大损失。例如，生长季的大风常吹折新梢、刮掉果穗，甚至吹毁葡萄架。夏季的冰雹则常常破坏枝叶、果穗，严重影响葡萄产量和品质。

第三节　生产技术要点

一、建园与栽植

(一)建园

园地选择要考虑地形与地势，山地坡度要小于15°，平原地下水位在0.8 m以下。避免低畦田建园，选择相对地势高、排灌方便的地块。葡萄是喜光果树，故宜选择向阳的南坡。还需考虑水源的位置，保证旱能灌，涝能排 。

(二)种植规格

1. 棚架式

葡萄通风透光好，病害发生较轻，尤适用于南方多雨、潮湿的地区，栽种生长势强的品种。棚高一般1.6 ～2 m，每隔4 m设立支柱，上端齐平，柱顶上架设木杆，再在其上纵横拉8号或12号铁丝作成格子状棚面，格眼40 cm左右。葡萄栽种于棚下一侧或中央，枝蔓向架面另一侧或向四周均匀分布(图12-1)。

2. 棚篱架

株距1.3～1.5 m，行距4～5 m，每两行为一组合，组合间相距1.5 m。立体架

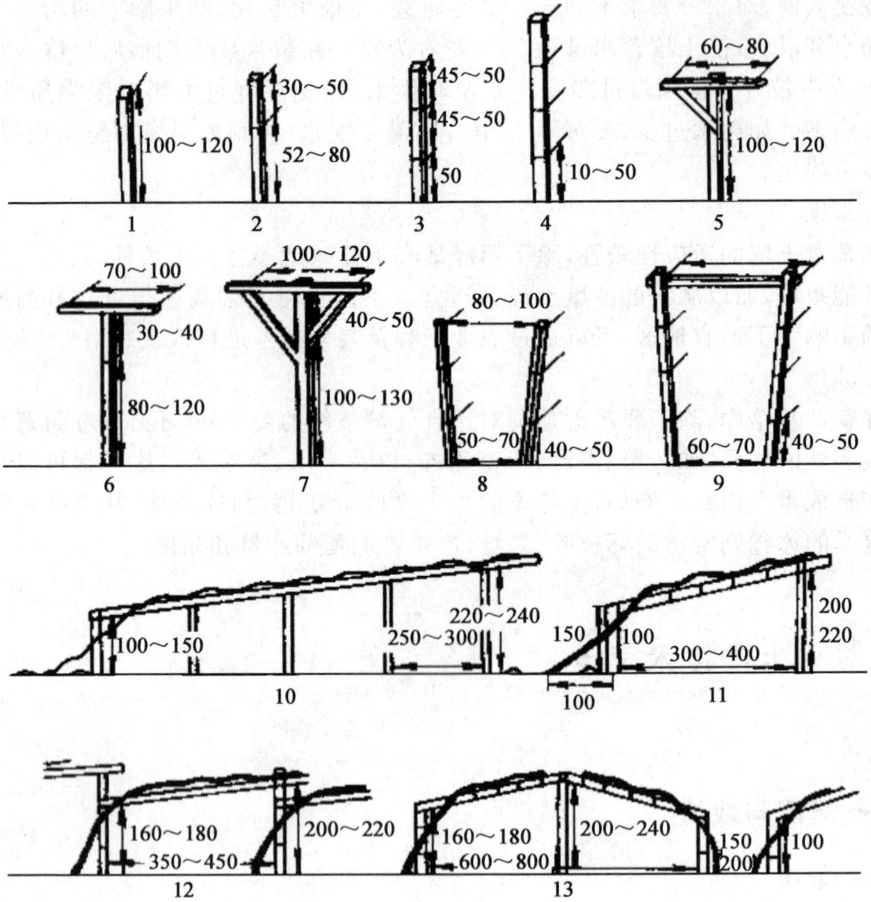

1～4. 单篱架　5～7. 宽顶单篱架　8～9. 双篱架

10～11. 棚架　12～13. 棚篱架

图 12-1　葡萄架式主要类型(单位：cm)

有平顶式和连叠式等。平顶式架面高 1.8～2 m。连叠式前部架高 2.2～2.4 m，后部架高 1.5～1.8 m。定植后 3～4 年内以篱架结果，以后篱架、棚架形成立体结果。立体架的优点在于：兼有棚架、篱架两种架面的综合优点，结果早，空间营养面积大，单位面积产量高。

3. 篱架

架面高 1.8～2 m，行距 2.25～2.5 m，株距 1.5 m 左右，每隔 4 m 立一支柱，挂 3～4 道铁丝。优点是通风好、光照足、栽培操作方便。

架材与搭架，搭设葡萄架的支柱用钢筋水泥柱或木杆，粗 10 cm×12 cm，长 1.4 m×2.6 m，埋设深度 60 cm。如拉铁丝的边柱应加粗到 12 cm×14 cm，长 3 m，向外倾斜 30°，以锚石加固。

(三)定植

1. 定植时间

葡萄春季和秋季均可栽植，因农事关系，多为春植。春植以 2 月为宜，因此时地温回升，葡萄根系开始活动及芽眼即将萌动。春植最迟不超过 3 月中旬(芽眼萌动期)；秋植时间定在落叶前 50 d 左右。栽后及时浇水保持土壤的湿度，利于苗木恢复生长。

2. 苗木选择与修整

苗木要尽量选用健壮的一级苗。定植前对机械损伤的主侧根和细根作适当的修整，但避免修剪过重，尽量保证苗木根系的完整性。

3. 整地挖沟(穴)

定植前需做好开沟作畦、挖定植沟、穴等工作，沙土结构的园地可采用穴植，穴深 60～80 cm。质地黏重的园地和红黄壤丘陵地建园，采用沟植为好，因为沟植排灌水好，能起到抗旱排涝的作用，沟深 60～80 cm，沟宽 80～100 cm。挖时取出的表土和深层土分别放置沟穴上部的两侧。对于土层较薄且底层土壤坚硬的园地，需采用高畦种植，畦高 25 cm、宽 100～120 cm。

4. 施足基肥

667 m^2 施优质有机肥 5 000 kg(以堆肥或厩肥为主)，过磷酸钙 50 kg(红、黄壤结构的用钙镁磷肥)。沟(穴)植在底部填 20 cm 左右的垃圾或杂草、秸秆之类的材料并踏实。再将有机肥、磷肥与表土混拌均匀或分层填入，再整成 15 cm 高、100 cm 宽的畦待植。施肥时，离畦面 30 cm 的范围内，不要施用肥料，以免烧根死苗。高畦种植的，先将足量的有机肥和磷肥撒施土层表面，然后进行深翻土，再整成 25 cm 高、100～120 cm 宽的畦待植。

5. 定植

按距离定点挖穴定植，边栽边培土，同时轻提苗木，使土壤尽量进入根系间，再培土压实，浇透水，掌握浅栽原则，使老剪口露出地面 3～5 cm。

6. 定植后的地膜覆盖

定植后，可以通过地膜覆盖，利用其增温、保水、保肥等优点，促进葡萄植株早发根、多发根，加速恢复根系的生长活动。地膜覆盖后，需将根际的破口用土封好，防止雨水大量进入。每株幼苗的地膜覆盖面积应在 1 m^2 以上，最好整畦覆盖，起到增湿、保肥、保水的作用，并可在多雨的年份避免土壤的持水量过多而引起烂根。在春季冷空气过后，温度回升过高时（有时地膜内温度达 40℃以上），必须在根系分布范围的地膜上加盖杂草等覆盖物，避免温度过高烫伤幼根（因为根系生长的最适温度为 22～23℃）。撤膜时间一般应在当地气温相对稳定，春季有短时间的高温来临前进行。不可在冷空气来临前撤膜，否则新发的幼嫩根系会因适应不了气温的急剧变化而受损，影响葡萄植株的健康生长。

二、整形修剪

整形修剪即枝蔓管理，其目的是使枝蔓合理布满架面，充分利用阳光和生长空间，构成丰产稳产的树形。要依据立地条件、品种、栽培习惯、架式等要求通过夏季修剪和冬季修剪来进行。一般原则是山坡地用独龙干式，温暖多雨地区用主干形；篱架常用扇形或水平形，棚架多用龙干形。

1. 夏季修剪

葡萄栽培过程中，夏季修剪非常重要。通过这项工作可以及时调节生长与结果的关系，改善通风透光条件，减少病虫害；有利花芽分化，促使果穗和果粒充分发育，保证枝蔓和果实能及时而充分地成熟，为当年和次年结果创造良好的条件。葡萄夏季修剪是一项技术要求很高的工作，幼树和结果树所采取的方式有所不同。

(1)幼树夏季修剪（以篱架单蔓龙干为例）。做好幼树定植当年的夏季整形修剪工作，能使葡萄提早结果，保证定植后第二年达到一定的丰产性。具体方法为：

①抹芽。时间在可辨别芽的质量好坏时进行。留强去弱，留接近地面的一个壮芽生长，其余一律抹除。

②除卷须。卷须在人工栽培的情况下，有害无益，既妨碍植株生长，又消耗养分，故应在幼嫩时及时除去。

③摘心。当幼树生长到 8～10 叶时，第一次摘心，以后除留顶端一个副梢继续生长外，抹除其他的副梢，培养成一根主蔓，定蔓后，及时引缚（但不宜缚得过紧）。当顶端副梢再长到 10～12 片叶时，第二次摘心。此次摘心后，除顶端留一副梢继续生长外，抽发的其余副梢均留 1～2 叶反复摘心。但在梅雨季节，应多留几片叶摘心，目的是缓和树势，防止主蔓的冬芽因雨水过多而萌发，保证次年能够结果。第二次摘心后，当主蔓生长到 1.6 m 左右时，再行摘心。此后顶端留 2～3 个副梢，4～5 叶反复摘心，至 10 月初，对各个生长点再进行一次全面摘心，从而完成幼树的夏季修剪。

(2)结果树的夏季修剪。结果树的夏季修剪包括抹芽、定梢、摘心、除卷须等项工作，目的是节省并集中树体养分，改善通风透光条件，保证当年高产丰收。

①抹芽。抹芽的目的是保证架面通风透光，枝蔓、花、果的充分发育和成熟。在4月上旬萌芽后进行若干次。抹芽方式：a. 对根际及老蔓上的不定芽除需留作更新蔓和补空外，一律抹去。b. 对结果母枝抹芽，需根据主蔓粗度和预定产量所要求的新梢数，确定抽发新梢所需的主芽数，抹去基部的弱芽，朝上或向下生长的芽和所有副芽，同时按一定距离疏除病芽。只有在主芽所萌发的结果枝不足时，保留一部分相对健壮的副芽，以便抽生结果枝结果，保证具有一定的结果量。c. 抹芽程度必须控制得当，开始时不宜过重，否则会引起新梢旺长，导致落花落果。强树幼旺树可稍迟抹芽，弱树和老树则应提早抹芽。

②定梢。a. 定梢时间分两次进行。第一次在新梢上出现花序，能区别结果枝与营养枝时进行。第二次在花前5～7 d或结合新梢摘心同时进行。b. 定梢数量根据预计的产量而定，保证有一定比例的结果枝和不结果的预备新枝，旺树可多留，小树应少留，结果枝的比例稍大于预备枝。结果枝基本上每15～20 cm时留一根。c. 定梢方法：第一次定梢以除去营养枝为主，凡细弱、过密、部位不当的枝条(背生枝、叉口枝)及不作预备枝更新用的营养枝等都除去，保留结果枝和补空用的、更新用的营养枝。此次除梢量占总除梢量的70%～80%。第二次定梢量最终决定架面的新梢密度，补充第一次除梢的不足(仅占20%～30%)。按所需新梢的数量，选留理想的结果枝和更新用的营养枝，除去有病虫、穗小和部位不合理的结果枝等。但在花序数不足的年份，则应保留全部结果枝，见花即留，以保证产量。

③主梢摘心。摘心的目的是避免浪费，集中养分供应花、果实的生长发育和树体养分的积累。a. 结果枝摘心在花前一周进行，预备枝在5月底至6月底进行。b. 结果枝摘心根据生长势而定，在花穗以上留6～9片叶摘心。原则上是中庸枝留6～7叶，强壮枝留8～9叶。预备枝摘心，除延长枝外，一般留8～10片叶摘心。主蔓延长枝摘心可根据具体要求而定。

④副梢处理。除副梢顶端1～2个副梢留3～4叶反复摘心外，其余副梢都采用“留一绝后”或“留二绝后”的方法处理。对摘心再抽生的副梢及早除去。副梢处理的程度应达到保证葡萄的叶果比30∶1的要求。

⑤绑蔓。绑蔓工作必须根据整形的要求进行。冬季修剪后，就要进行绑蔓，以后随着新梢的生长，不断进行绑蔓，绑蔓的方法采用“8”字形扣，打扣时不宜过紧，以免绞缢。预备枝上新梢的引缚以促进生长为主，架面上单枝更新结果母枝上的新梢除了结果枝倾斜引缚外，应在其基部选一新梢直立引缚，作为更新枝。

⑥除卷须。在整个葡萄生长期，结合其他栽培管理，及时摘除所有卷须，以节省养分。

2. 冬季修剪

幼树整形期间，每年冬季均应对各类枝蔓进行短截。粗壮的一年生枝作主蔓延长枝使用时，剪留 50 ～100 cm。过于长放不利于其上枝组的培养。其余较细弱的枝蔓，无用者疏除，需继续培养的留 2～3 芽短截，使次年抽梢壮旺，便于选留。对结果母蔓的剪留，通常分短梢修剪（留 2～4 节短截）、中梢修剪（留 5～7 节）和长梢修剪（留 8～15 节）几种，依品种的生长势而异。一般结果枝发生部位低，生长势较弱的品种多采用短梢修剪，或中、短梢混合修剪。结果枝发生部位高，生长势较强的品种，多采用中、长梢混合修剪或长梢修剪。

完成整形要求后的葡萄植株，冬季修剪的主要任务是选留结果母蔓，以及枝组和主蔓的更新。当采用中、长梢修剪时，宜采用双枝更新法修剪，即用一长一短两根母枝组成结果枝组，长的作中梢修剪，用以结果，短的用短梢修剪（留二芽）作预备枝，次年长的抽生结果枝结果，短的预备枝抽出两根枝蔓，冬剪时，疏去结果枝及结果母枝，对预备枝抽生的壮枝，再行一中一短修剪，组成新的结果枝组，以后每年反复进行。结果母蔓采用短梢修剪时，宜采用单枝更新，即只留一根结果母枝，不留预备枝，进行短梢或中梢修剪，引缚时行平缚或弓形引缚，应尽可能选留靠近主蔓的新枝，使结果部位不致外移过快。当每年单位面积上剪留的结果母蔓数相对恒定时，产量也就保持相对稳定。切忌作大幅度的调整。

葡萄枝组上的结果母蔓逐年结果致部位上升后，结实力逐渐降低。这时可用枝组基部发生的成熟新梢进行更新修剪，使结果部位重新回复到距主蔓较近的位置。当主蔓先端延长枝生长衰弱，或已无延伸部位，而后部枝组上发生有成熟良好的枝蔓时，可及时缩剪换头，将生长良好的枝蔓代替原头，并重新在更新部位上培养新的枝组。

一般当多年生的主蔓生长结果 8～12 年后，渐趋衰老，芽眼不能大量萌发，这时要进行大更新。在大更新之前，应先积极选留培养从近地表处发出的萌蘖，或由原生蔓基部发生的新梢，使其成为健壮的新蔓，占有一定的架面。当新蔓发生的新梢能逐步代替老蔓占有的架面时，可将老蔓除去。葡萄隐芽寿命长，更新比较容易成功。

葡萄冬季修剪时间一般在落叶后至次年伤流期来临前进行，以 12 月至次年 1 月最为适宜，如过早会影响树体营养积累，过晚则会引起大量伤流，导致植株衰弱，影响开花结果。优质的枝条应充分成熟，节间较短，节部突出，不平直，芽高耸，形大，充实，鳞片包紧，枝褐色，髓部小，横断面圆形，否则为劣质枝条，不宜做结果母枝。为防止剪口芽失水抽干，结果母枝剪截时应在节间进行，可留 2 cm 以上的桩或剪在上一节的节上。缩剪或疏剪时一般留 1 cm 的桩头，疏剪时要防止破伤。

①定植当年幼树冬季修剪（以单蔓龙干形为例）。在夏季修剪的基础上，为了保证第二年有一定产量，第一年应以单蔓龙干形为好。剪留的长度，应根据主蔓的粗度确定。如主蔓离地面 20 cm 处直径能达到 1.8～2.0 cm 时（只要定植当年加强栽培管理，一般都能达到标准），冬季修剪时，留 15 个左右的饱满芽剪除其余部分。主蔓上的副梢，必须全部剪除。

②定植第二年的树体修剪。利用当年的结果枝，每隔 20～25 cm 组成一个结果枝组。除顶端结果枝采用长梢或超长梢修剪作为延长枝外，其余结果枝一律行短、中梢修剪，以中梢修剪为主。

③结果树的修剪。从第二年起结果树的树形已基本形成，因此冬季修剪原则是以产定剪。根据所预定的产量指标确定修剪量，安排合理的结果母枝数。对已经结过果的结果枝全部剪除。对生长枝行短、中梢修剪，强枝中梢修剪，中庸枝短梢修剪，作为次年的结果母枝。掌握循环修剪的原则，有计划、有目的地进行重剪回缩，利用隐芽的萌发，重新培养结果母枝，控制结果部位上移。

3. 花穗整形

主要作用提高坐果率，控制产量，提高品质，控制葡萄果穗大小一致，形状一致，有利于果穗的标准化，调节花期的一致性，特别在无核化栽培中，减少疏果的工作量。

①花穗整理。在开花前 1 周到盛开时将副穗及以下小穗去除，保留 13～15 段，略略掐去穗尖。过早，不易区分保留部分，过迟，影响坐果。

②疏果穗。a. 在落果结束之后立即进行，此时为花后 6～8 d，10～20 d 内完成。一枝留一穗，弱枝及畸形枝上的果穗疏去。预备枝上果穗原则上全部疏去。疏果之后的穗数必须要符合预定产量的目标数，而且营养枝应占全部新梢的1/3～1/2。b. 在疏果穗同时，疏去过密、内生、横生、上下向交叉、畸形、小粒等，留下向外平伸的果粒。每一支穗最多不宜超过 4 粒。巨峰一般每穗保留果粒 30～40 粒，藤稔 30～35 粒即可；大穗形欧亚种保留 60～80 粒。

三、土肥水管理

（一）排水与灌溉

由于南方雨水大多集中在春季和梅雨季节，平原地区的园地，易造成内涝积水，严重影响葡萄的生长。因此，为做好雨季的排涝工作，必须使园地内沟沟相通，达到雨后畦面干燥快，畦沟不积水的要求。在冬季要整修排水沟渠，夏、秋季清理沟内杂草和泥块，保持沟渠畅通。

灌溉要视土壤墒情进行。一般要求土壤始终保持持水量在60%左右。在采前半个月应停止灌水，以免降低果品质量。每次灌水量以达到湿润土壤深度40～50 cm(根群密集处)为宜。

(二)施肥

对幼树施肥只是为了保证其营养生长的需要，促使植株生长旺盛，扩大树冠，达到早结果、早丰产的目的。而对结果树施肥不但要保证枝梢等营养生长的需要，还要保证开花、结果等生殖生长的需要，因此在施肥种类和方法上就有所区别。

1. 幼树施肥

幼树定植前虽然已施了基肥，但多是迟效性肥料，当年不可能全部分解而被植株所吸收。因此，在生长期中，需采取薄肥勤施的原则，追施速效肥，保证幼树生长发育对养分的需求。幼树施肥，应做到以下两点。

(1)第一次追肥的时间在新梢长至8～10叶后进行，以后每隔7～10 d施一次。8月份前，一般以速效氮肥为主，8月份后，以磷、钾肥为主，到10月下旬为止。

(2)除上述施肥外，每隔10 d，在傍晚(或上午露水干后，但以傍晚时效果最好)进行一次根外追肥。用做根外追肥的肥料有0.3%尿素、0.5%磷酸二氢钾、0.3%氯化钾等。在缺素严重的地方，还需注意对微量元素的施用。

2. 结果树施肥

结果树必须保持营养生长和生殖生长的平衡，因此在施肥上必须采取科学的方法。

(1)催芽肥。萌芽前，追施一次速效氮肥，以促进枝梢和花穗发育，扩大叶面积，每667 m^2 施肥量15 kg左右。方法是结合松土，在植株的根际周围浅沟施。

(2)花前肥。开花前，施一次磷、钾为主的复合肥料，以满足开花坐果的需要。方法同催芽肥。此次肥要控制氮肥的数量，否则会造成枝梢生长过旺，影响开花受精。

(3)膨果肥。谢花坐果后(一般8～10 d)，每667 m^2 施尿素10 kg，复合肥10 kg，以满足幼果膨大的需要。

(4)催熟肥。膨果肥施后10 d左右，每667 m^2 施钾肥20 kg，以促进果粒进一步增大，提高果实的含糖量。方法是先撒施土层表面，再浅翻入土中，然后浇透水。钾肥的施用不宜过迟，否则在挂果过多的情况下，对促进当年的果实成熟作用不大，同时使果实的抗病力下降，造成丰产不丰收。

(5)复壮肥。采收后,为了补充大量损耗的养分,需及时追施一次速效氮肥。隔半月后,再施一次磷、钾为主的肥料,以恢复树势,防止早期落叶,增强光合作用。

3. 秋肥

(1)时间。施秋肥是为了保证梢株第二年的丰产稳产,早施为好,最适时间在9月底至10月初。早施的目的是为了使施肥时损伤的部分根系愈合快,有利于根系的新陈代谢。

(2)施肥方法。以有机肥为主,加适量的速效氮肥。株施肥量为20 kg左右。具体操作:在植株一侧(下年在另一侧,交替进行)挖一条深25 cm、宽40 cm的沟(随树龄增大而加深),将腐熟有机肥与过磷酸钙施入沟内(比例为100∶1),与土相拌,加土覆盖,然后浇透水,此次施肥后,当年不需再施肥。

实践技能

实训12-1 葡萄生长结果习性观察

一、目的要求

通过对葡萄的枝蔓、卷须、花序等的观察,了解其生长结果习性。

二、材料用具

(1)材料。当地主要葡萄品种。

(2)用具。卡尺、钢卷尺、塑料牌。

三、实训内容

(1)枝蔓。主蔓、侧蔓、结果母蔓、结果蔓。

(2)卷须。着生位置观察。

(3)花序。着生节位观察。

四、实习报告

根据观察结果,总结所观察品种的生长结果习性。

五、考核办法

实训成绩以100分计,其中,实训态度与表现占20分,观察过程占40分,实习报告占40分。

实训12-2　葡萄整形修剪技术

一、目的要求

通过实习初步掌握葡萄生长期修剪和冬季修剪原则及方法。

二、材料用具

(1)材料。葡萄树。

(2)用具。枝剪、绳子等。

三、实训内容

(一)葡萄生长期修剪

内容详见本章相关内容。

(二)葡萄冬季修剪

内容详见本章相关内容。

四、实习报告

简述葡萄整形修剪应注意哪些问题?

五、考核办法

实训成绩以100分计,其中,实训态度与表现占20分,操作过程占50分,实习报告占30分。

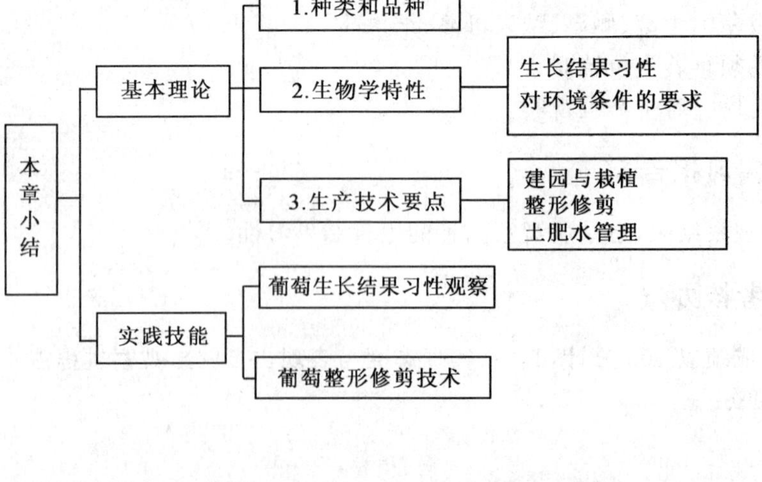

复习思考题

1.简述葡萄生长结果习性。
2.如何进行葡萄花果管理?
3.如何进行葡萄夏季修剪和冬季修剪?
4.简述葡萄的土肥水管理技术。

第十三章　其他果树

知识目标

- 理解并掌握毛叶枣等其他果树的生长结果习性及生态特性。
- 掌握毛叶枣等其他果树的优质高产栽培要点。

技能目标

- 能够识别毛叶枣等其他果树的主要种类、品种。
- 熟练掌握毛叶枣等其他果树的土肥水管理、整形修剪和花果管理等操作技术。

基本理论

第一节　毛叶枣

毛叶枣，又称印度枣、滇刺枣、台湾青枣，是热带、南亚热带常绿或半落叶性灌木或小乔木，其适应性强，耐旱、耐瘠，早结丰产稳产，无大小年结果现象，栽培条件好的果园，单株产量可达 250 kg，经济寿命达 40 年以上。果实香甜清脆，耐贮运，果实上市时间正是冬春鲜果供应淡季，因而是目前极具开发利用价值的经济果树之一。

毛叶枣鲜果营养丰富，素有“热带小苹果”，“维生素丸”之美称。果实除鲜食外，还可加工成干果、果脯、蜜饯等，有清凉、解热、祛痰、强壮之功效，果核、种仁可入药；叶子是牲畜的良好饲料；毛叶枣树又是紫胶虫和信德紫胶虫的优良寄主树，可用来放养紫胶虫，生产优质紫胶；毛叶枣树还是一种很好的蜜源植物。

毛叶枣本种原产中国的云南和印度。印度是世界上的毛叶枣生产大国，此外，泰国、越南、缅甸、马来西亚等也有规模生产。我国台湾、广东、广西、海南、云南、福建是主要产区。

一、主要优良品种

毛叶枣属鼠李科枣属植物。本属共有100种，我国约产13种，其中栽培上最重要的有枣和毛叶枣两种。毛叶枣按其出产地分为印度品种群、台湾品种群、缅甸品种群。

(1)五十种。又称高朗1号，是台湾选育的品种。果实呈长椭圆形，果重100～160 g，果皮颜色鲜绿，皮薄光滑，果肉白色，肉质脆嫩、细致，清甜多汁且无酸味，可溶性固形物含量10%～13%，贮运性好，品质优良。开花期5月下旬至11月上旬，成熟期11上旬至翌年2月中旬。树势旺盛，枝条粗壮，枝条刺少。易栽种管理，抗白粉病。

(2)脆蜜。从五十种中选出。果实椭圆形，果大，果重130～160 g，果皮鲜绿，皮薄，果肉白色，肉质脆嫩，清甜多汁，果实成熟后果肉不易变松软，可溶性固形物含量15%，品质特优，商品性好。开花期5月开始，果实成熟期12月到翌年2月。

(3)世纪枣。世纪枣因其品质可与"世纪梨"媲美而得名。果实长卵圆形，单果重约300 g，果皮薄但较粗糙，呈青绿色。果肉细嫩、清甜多汁无酸味，果实完全成熟后仍清甜可口，品质优良。果实成熟期10月中旬至翌年2月上旬。抗白粉病，枝条无硬刺，便于管理。

(4)大世界。果大，130～200 g，果实味甜、质略粗，比脆蜜皮厚，耐贮运，但外观不及脆蜜。成熟期10月至翌年2月，可留果到3月，晚熟。

此外，还有蜜思枣、苹果蜜等优良品种。

二、生物学特性

(一)生长结果习性

毛叶枣根系发达，树势壮旺，粗生快长。实生苗初期时垂直根强于水平根。一年生实生苗根系分布范围一般深度可达1.5 m左右，幅度也在70～100 cm以上。毛叶枣枝梢斜向生长，一年内抽生新梢3～8次，且呈连续生长，即顶芽向上生长，并随抽发侧枝，萌芽力强。枝梢耐修剪，生长强旺的树在肥水充足时，春季对主枝回缩修剪，半年内就可恢复树势。新梢当年内生长量达1 m以上，一年生的幼树树高达1.5m以上。枝条长、软、脆，生产需立柱或架支撑，防止断裂。

毛叶枣花芽分化与枝梢生长同步进行，花芽分化快，且能连续分化，枝梢长到哪里，花就开到哪里。毛叶枣成花容易，花量大，花果同枝，一年可多次开花，多次结果。8月以前开花坐果率极低，9～10月开花坐果率高。幼苗定植后2～3个月就能开花结果。

毛叶枣的二次枝为结果母枝，其抽生过程中在叶腋间开花、结果，并抽生结果枝（三次枝）。结果枝结果后干枯脱落，又抽出新的结果枝，供下季结果。二次枝出现衰弱（一般利用 2 次）时也会自然更新。一般结果母枝 1～2 年内结果能力强，以后逐渐减弱。在同一树冠内，只有不断补充新的二次枝，才能正常结果。如不更新，则抽生的结果枝细弱、产量低。结果枝抽生于枝干中部的结果能力强，上、下部的较差。毛叶枣的发芽能力强，一般生长一年或一季后，在二次枝、三次枝的附近可萌发 2～3 个芽。在毛叶枣的修剪上可利用这一部分芽更新二次枝、三次枝，以防树势衰弱或枯顶现象。6～7 月份，主干上易萌徒长枝，可利用这一特点，合理地更新主枝，进行修剪。

毛叶枣的着花密度较高，一个花序内有 14～40 朵小花。一般在结果枝中下部坐果，坐果率高，一般每个花序可坐果 3～5 个。毛叶枣的开花期延续的时间较长，最先开的是从二次枝上抽生的结果枝的花，这种花开得整齐，并易坐果。具体到一个结果枝上，开花时间平均 20 d 左右，但结果枝着生位置不同，花期也不一致。一般从二次枝上抽生的结果枝花期较长，而从一次枝上抽生的结果枝则更长。由于毛叶枣一次枝生长结果枝，生长期长，二次枝、三次枝继续生长，则花期更迟，因此出现边开花边生长的现象。

毛叶枣的开花顺序依花的着生部位不同而异，在同一树冠内，外围花先开，内部花后开，但二者相差不显著。同一结果枝上，基部花先开，依次向上逐节开放，前后相差 15 d 左右。同一花序内，一般下面或外围花先开，也易着果，以后随着花序的生长逐渐向上回转开花。由于外界条件不同，一朵花的开放时间也不一致，一般需 1～2 d。

毛叶枣白天开花，主要通过蜜蜂、苍蝇、蚂蚁等昆虫和微风传粉。生理落果有两次，前期生理落果以着果后 20 d 内为多，主要为授粉受精不良的幼果。果实进入硬核期时出现第二批落果，但数量较少。花后 40 d 内是果实快速生长期，花后 90 d 左右果核硬化，果实膨大又明显加快，花后 120 d 左右，果实开始由青绿转至浅绿或黄绿，果实成熟。从开花至果实成熟需 110～150 d，早熟品种需 110～120 d，晚熟品种需 130～150 d。成熟期 9 月至翌年 3 月，但多集中在 12 月至翌年 2 月。株产高，一般可达 50 kg 左右。

主要物候期：毛叶枣 2～3 月新芽萌动，3 月中旬开始抽芽，发育枝生长快，春、夏、秋梢连续生长，至 10 月底才基本停长。开花期长，除冬季采果、换叶期外，一年四季几乎都可看到开花，但以 5 月初至 6 月上旬较为集中，这次花形成第一批果实，8～9 月份果实成熟。9～10 月份又进入主花期，第二批花的果实 12 月以前发育较快，果实发育 112 d 左右。第一次落果期在 10 月中下旬，第二次在 11 月上中旬。次年 2 月上中旬果实开始成熟。落叶期在采果期间和采果后。

(二)对环境条件的要求

1. 温度

毛叶枣原产于热带地区，却比许多原产于热带的果树都更耐寒，在 −5℃ 条件下短时间不会冻死，但忌霜害。在 1 200 m 海拔下，年平均温度 18℃ 以上，极端最低温度不低于 −1.5℃，≥10℃ 的活动积温达 6 500℃ 以上，基本无霜的热带、亚热带地区生长快，投产早，品质优。一般在气温 14～16℃ 时，即可开始萌芽，17℃ 抽梢展叶，19～20℃ 现蕾，20～22℃ 开花，花能耐 30℃ 以上的高温。毛叶枣在绝对高温 49℃ 的酷热下仍能生长。

2. 光照

毛叶枣为阳性树种，光照充足时生长快，树势强健，花芽分化良好，花量大，坐果率高，反之坐果率低，落花落果严重。但适当的遮阴有利于果实膨大，外观好，但口感风味稍差。理想的栽培地要求日照时数在 2 400 h 以上。

3. 水分

毛叶枣的根系发达，抗旱能力强，也耐涝，但忌干燥和积水。年雨量在 500 mm 以上，相对湿度 >50% 的地区，毛叶枣都能开花、结果，但最适宜区年降雨量在 1 200 mm 以下。

4. 土壤

毛叶枣对土壤适应力强，可在微酸至微碱的沙土、石砾土、黏土和壤土等多种类型的土壤生长，耐盐碱。但以土层厚、肥沃、疏松、排水良好、pH 6～6.5 的沙质壤土栽培好，植株生长旺盛，果实品质好。

三、生产技术

(一)育苗

毛叶枣可用种子、嫁接、扦插等方式繁殖。目前，生产上多用嫁接繁殖。

1. 砧木的培育

一般选用酸枣即野生的毛叶枣和滇刺枣作砧木。采用毛叶枣种子培育时，宜在 2～3 月果实成熟时采种，因种子不耐藏应随采随播，种子洗净后敲破种壳播种，约经 15 d 后开始出苗。为提高种子发芽率，可用清水浸种 36～48 h，或用 5% 的石灰水浸种 24 h，有杀菌作用，有利于种子发芽。播种宜在 3 月底至 4 月初进行，播后用地膜覆盖苗床，保持苗床高温高湿可提高种子的发芽率。

2. 嫁接

实生苗长到径粗0.5～0.8 cm时即可以嫁接，嫁接高度离地面10 cm左右，砧木保留叶2～3片，嫁接方法常用切接、靠接、枝腹接和芽片腹接，适宜嫁接时期为4～9月，以5月为最好。靠接全年均可进行。

(二)栽植

1. 种植密度和种植时期

毛叶枣生长迅速，植株寿命长，枝条斜生、有刺，新植园初期可密些，如株行距为2 m×5 m、3 m×4 m、3 m×5 m，第三年再行间移到适宜密度，依次为4 m×5 m、6 m×4 m、6 m×5 m。营养袋苗全年均可种植，裸根苗宜在3～4月定植，而在雨热同期的云南省，则大都选择在6～8月份进行。定植时间以阴雨天或傍晚较好。

2. 品种选择和配种授粉树

毛叶枣优良品种繁多，各地应根据实际情况选择品种。毛叶枣为异花授粉果树，种植时需配种授粉品种。主栽与授粉品种比例为(6～7)∶1，两者距离不能超过50 m。

(三)施肥

毛叶枣生长快，生长量大，花期长，花量大，结果多。除冬季采果、换叶外，一年四季几乎都可看到抽梢生长和开花，尤其是5～6月份，青枣树经历枝叶生长、花芽分化、幼果发育、根系生长高峰等几个重要物候期，养分消耗极大；而6月、10月左右两次为主花期，开花与坐果期重叠，必须有较高的肥水条件才能获得高产优质。

根据台湾凤山农业试验所的推荐，毛叶枣依树龄的不同，其施肥量分别为：1年生纯氮用量190 g/株；2年生纯氮用量300 g/株；3年生(盛产树龄)纯氮用量380 g/株；主要营养元素的施用配比为氮∶磷∶钾=1.0∶0.5∶1.2。

幼树施肥以氮肥为主，勤施薄施以促生长；新定植的幼苗长出第一次新梢后，每隔7～10 d淋一次0.2%～0.3%尿素水肥，连续追肥3～4次；以后每隔40～50 d施一次复合肥，每次每株树施肥0.2～0.3 kg。10月中下旬至11月上旬每株施1～1.5 kg的腐熟麸饼肥，提高果实甜度。

二年以上的台湾青枣的施肥，应掌握好3个时期施肥。第一次在春季(4～5月)主干回缩修剪后、新梢抽生时，恢复树势，促新梢生长。应重施有机肥，配合适量化肥，每株施腐熟有机肥(20～30 kg)、石灰(0.5～1.0 kg)、复合肥(0.5～1.0 kg)，沟施。第二次在盛花期前(7～8月)施，促花芽分化和提高花的质量，以氮、钾肥为主，适当施磷肥。每株施复合肥0.5～1.0 kg，施后淋水。第三次在果实发育期

(10～11月)施，促果实增大和改善品质，每株施复合肥1～1.5 kg，若遇干旱，结合灌水。成年树花果量大，施肥宜重，5年生树每株年施腐熟农家肥30～40 kg，速效氮、磷和钾肥各1.5～2.0 kg、1.0～2.0 kg和0.5～1.0 kg，也可使用相应的复合肥。每年施肥2次，基肥于采果后(4～5月)施，以农家肥为主，配合适量化肥；追肥于果实发育期(11月)施，用复合肥并配合锌、硼微肥以利提高果实品质。

毛叶枣对微量元素的需求量比一般果树大，特别是开花挂果期(8～12月)，容易缺硼、缺镁、缺锌，需通过叶面施肥补充。在抽梢期和开花坐果期，每隔15 d左右喷施一次0.2%磷酸二氢钾加0.2%尿素；在果实膨大期10～11月，喷施0.2%硼酸+0.2%硫酸镁+0.2%硫酸锌等叶面肥3～4次；在果实采收前10～15 d再喷一次0.2 %磷酸二氢钾+0.5%葡萄糖液，增加果实甜度。

(四)整形修剪

1. 整形

丰产树形以三主枝自然开心形和多主枝自然开心形较为适宜。三主枝自然开心形树冠的特点是无中心主干，树干高度31～40 cm，定干高度为60 cm，在整形带内选留3个新梢作为三大主枝，主枝基角45°～60°。三主枝均匀分布在不同方向，形成开心形。随后在主枝上培养侧枝(二级分枝)，侧枝继续抽发新梢则形成当年结果枝(三、四级分枝)。多主枝自然开心形干高30～40 cm，主枝4～5个，每主枝留侧枝3～4个，主枝基角45°～60°，其他与三主枝自然开心形基本相同。

2. 修剪

(1)主枝更新修剪。毛叶枣与其他果树明显不同的是要进行主枝更新。由于生长快，挂果多，容易老化，需要年年进行更新，否则来年所结果实小、品质差、产量低。二年生以上的毛叶枣树，在果实采收后(每年2～3月)，需对主枝进行回缩更新，可采用如下方法。

①短截主枝更新法。每年春收果后，将主枝在原嫁接口上方20～30 cm处锯断，待新梢长出后，留位置适当、生长粗壮的3～4条枝梢培育成主枝，随后主枝上发生侧枝，侧枝上形成结果枝，当年7～8月即可长成原有的三主枝自然开心形树冠。

②预留支架更新法。将主枝留1.5 m短截，并剪去主枝上所有侧枝，然后于主枝基部约30 cm处环剥(剥口5～10 cm)，刺激主枝剥口下方萌芽，选留靠近主干处的1个壮芽，将其所发新枝引缚于原主枝上，培育成当年的新主枝。随后主枝上发生侧枝，侧枝上发生结果枝。原主枝在此成为自然而有力的支柱，可连续使用2年后锯除。

③嫁接换种更新法。毛叶枣容易发生芽变和自然杂交，新品种层出不穷，加上

毛叶枣嫁接换种容易，嫁接后当年就可开花结果，同时也起到更新树冠的作用，因此嫁接换种更新法常被果农采用。采果后，在主枝离地面 30～60 cm 高处锯断，用腹接法或切接法在每个主枝上接上优良品种接穗。腹接法由于不用剪砧，可提早到采果前进行，采果后再将接口以上锯去。

(2)长梢修剪。有些果农为提早开花或减轻劳作，于果实采后行长梢修剪，即把旧主枝留 1～1.5 m 长，剪除其上所有枝叶。1 个月后主枝上长出新梢，成为结果母枝。待其长至 50 cm 左右时再摘心剪梢，促使萌发新梢成为主要结果枝。采用这种修剪方式，要特别注意主干上的侧枝需健壮，着生位置要适当，过密、过弱枝要疏除。这样才能提早开花和结果。其优点是不仅能在 4～5 月提早开花，提前产期，而且至 8～10 月仍能不断开花结果。

(3)枝梢修剪。一般从 5～6 月开始进行，11 月全部果实坐果后结束。将交叉枝、过密枝、徒长枝、直立枝、纤细枝、病虫枝、拖地枝剪去。到了 11 月若结果已相当多，可将枝梢尾部幼果或花穗剪去。开花后期也可进行花枝修剪，每一个花枝剪去枝梢后留下 10 余个花序即可。

3. 搭架固枝

毛叶枣株形开张，枝软易脆，结果后枝梢往往低垂易裂。另外，由于枝梢上有刺，不固定果枝，枝随风而动，常把果实划伤，表面留下伤痕，影响外观。因此，常需立支柱或四周搭架，并将果枝绑缚固定。

(1)竹架。棚架高度一般控制在 80～180 cm，依树龄和主干高度不同而定。棚架宽度一般占树冠的 80%～90%。在树冠四方各垂直固定一根竹竿，再于两直立竹竿间横绑 1 根竹竿，支撑下垂的结果枝。竹架易霉烂，一般 1～2 年需更换 1 次。

(2)水泥柱架。先用钢筋、水泥、沙石预制成 8 cm×10 cm×250 cm 规格的水泥柱，柱的一端顶部预留 1～2 个直径为 1 cm 的孔洞。把水泥柱按 3～4 m 的间距立于行间，有孔的一端向上，柱入土 50 cm 左右。用粗铁丝穿于孔洞之间，以粗铁丝为骨架，再用稍细铁丝织成一离地约 2 m 高的水平网状棚架，网孔径 50 cm 左右。毛叶枣回缩更新后，通过培育 3～4 次分枝把枝条引上架。水泥柱架高度要适中，以便于栽培管理。枝条上架后平铺于网架上，增加了植株的通风采光能力，可提高果实产量和品质。水泥柱架不需更换，虽一次性投入比竹架高，但使用年限较长。

(五)花果管理

1. 疏花疏果

在 9 月下旬至 10 月上旬，果径约 0.5 cm 时疏果，每节选留一个果或每间隔一节选留一个果实，其他全部摘除，强壮枝多留，弱细枝少留。留果节位尽量靠近枝条基部，枝条末端的幼果、花穗一般不留。

2. 果实套袋

为了减少病虫害和机械伤，提高果实的商品性，可在 11 月中下旬且果径约 1 cm 时进行套袋，套袋工作可结合疏果进行。目前的套袋材料多用塑料胶袋，规格为宽 8～10 cm、长 12～15 cm，底部两端各剪一斜口，有利于透气排水的纸袋或塑料薄膜袋。

(六)果实采收

毛叶枣收获要及时，过熟不耐贮运，且品质下降；过青没有甜味，品质差。果实成熟时果皮由青绿色转为淡绿色或黄绿色，果实外观饱满、皮滑有光泽。毛叶枣花期长，收获期也长，果实成熟期不一致，因此要分批收果。采果时注意避免果实受伤，果实要带果柄采收。

第二节 杨梅

杨梅是我国南方特产水果之一，原产我国西南部，分布长江流域以南各地，主产江苏、浙江、福建、广东、广西、云南、四川、湖南及江西等省区。

杨梅营养价值高，是天然的绿色保健食品。杨梅除鲜食外，果实还可加工成糖水罐头、果酱、蜜饯、果汁等。杨梅树姿优美，枝叶繁茂，适于环境美化，是绿化造林的良好树种。杨梅树性强健，耐瘠、耐寒又耐旱，适应性广泛，易于栽培，投入少，经济寿命长，效益好，是开发山区经济、增加农民收入的重要门路之一。

一、主要优良品种

杨梅属杨梅科杨梅属的果树。本属全世界有 50 多种，原产我国的有杨梅、毛杨梅、青杨梅、细叶杨梅、矮杨梅和大杨梅共 6 个种，仅杨梅种供栽培。主要优良品种介绍如下。

1. 东魁

东魁原产地浙江黄岩，近年来，在全国各省产区最广泛种植。树势强健，树姿直立，树冠高大，呈圆头形。果实为近圆形，平均单果重 20 g，最大可达 50 g。果实成熟后呈深红色或紫红色。汁多，甜酸适度，风味浓，品质优良。成熟期为 6 月下旬至 7 月初。主供鲜食，也适用于罐藏加工。抗风力较强，成熟时不易落果，病害较轻，较适宜于贫瘠的丘陵山地栽培。

2. 荸荠种

荸荠种又称黑炭梅。荸荠种杨梅因果实成熟时呈紫黑色似荸荠而得名，主要产地是浙江余姚、慈溪。它是我国目前分布最广、种植面积最大的品种。荸荠种贵州叫科技杨梅，江西称杂交杨梅，云南又名大树杨梅。该品种具有适应性广、早果和丰产特性，是一般新区引种的首选品种。树势中庸，树冠较整齐，树形较矮。果实中等大，肉柱钝圆有光泽，平均单果重 10.7 g，汁多味浓，香甜可口，品质极佳。早期果实硬度佳，耐贮藏、运输，可远销国内外市场。既可鲜食，又可加工制成糖水杨梅罐头。该品种抗风力强，抗癌肿病与褐斑病，果实成熟后自然落果少，也不易被风吹落。6 月中旬至 7 月上旬成熟。

3. 早荠蜜梅

是荸荠种杨梅中选出的实生早熟变种。树势中庸，树冠圆头形。叶较小，果实扁圆形，果实较大，单果重约 9.5 g；完熟时果面呈深紫红色，光亮，甜酸适中，品质优良。既可鲜食，又可加工制成糖水杨梅罐头。6 月上中旬成熟，比荸荠种早 7～10 d 采收，是目前杨梅品种中最早熟的优良品种之一。结实率高，产量稳，抗逆性强。

此外，还有晚荠蜜梅、晚稻杨梅、丁岙杨梅、黑晶、洞庭细蒂杨梅等优良品种。

二、生物学特性

(一)生长结果习性

杨梅雌雄异株，雄株高大，枝叶茂密，而雌株矮小，枝叶稀疏。嫁接繁殖的树势强健，压条繁殖的树干矮而分枝多。树冠圆头形，层性现象明显，顶端优势较弱。嫁接苗一般 5～7 年始果，15 年左右进入盛果期。60～70 年后逐渐衰退，寿命可达百年以上。实生苗需经 10 年左右才能结果。

1. 根系

根系分布较浅，主根不甚明显，须根发达。实生的根系根深而粗，骨干根较多，须根较少；而压条繁殖的根系往往骨干根少，须根较多，大多细根分布在 0～60 cm 深的土层之内。根系与土壤中的放线菌等共生形成根瘤。

2. 芽

杨梅枝条上的顶芽均为叶芽，成熟枝上部多为叶芽，着生花芽的节位无叶芽。花芽圆形、较大，叶芽较瘦小，枝梢上的顶芽以及附近的 3～5 个芽容易抽发枝条，其下的芽多为隐芽，其寿命长。杨梅的花芽萌动期早于叶芽萌动期 20 d 左右，由上而下依序展叶。

3. 枝条

杨梅枝梢节间短，雌株比雄株更短。分枝呈伞状，质脆易断。杨梅一年内抽梢2～3次，可萌发形成春梢、夏梢和秋梢。其中春、夏梢可发育为翌年的结果母枝。春梢由头年老熟枝的叶腋间分化而成，生长最快，常有一根枝梢生长势强，顶端优势明显，生长量约15 cm，夏梢紧随其后抽生，生长量5～8 cm。秋稍由春梢或夏梢的顶芽持续生长的早熟性芽分化而成，生长量略大于夏梢。当年生长充实的春梢、夏梢的腋芽可分化为花芽，而成为结果母枝。秋梢发生较迟，花芽分化季节尚未成熟，故不能成为结果母枝。

根据枝条的性质，杨梅的枝条可分为生长枝和开花枝两类。生长枝可分为徒长枝（大于30 cm）和普通生长枝（小于30 cm），开花枝又可分为雄花枝和结果枝两种。杨梅雄株上着生雄花的枝称为雄花枝，雌株上着生雌花的枝称为结果枝。结果枝根据长度可分为：①徒长性结果枝，长度大于30 cm，其先端的腋芽有5～6个形成花芽，但这些花芽发育不良，开花后多数落花落果。②长果枝，长度20～30 cm，其先端有花芽5～6个，因其生长发育不充实，开花坐果亦不佳；中果枝，10～20 cm长，除顶芽为叶芽外，其下10节左右腋芽几乎均为花芽，结实率高，为优良结果枝。③短果枝，长度在10 cm以下，可生2～3个花芽，生长健壮时，结果亦良好。

4. 花与花芽分化

杨梅的花小，单性，无花被，风媒花。雌花为柔荑花序，有珠红、淡红、深黄、淡黄色之分。每一结果枝一般有4～26个雌花序，每一雌花序有7～20朵花，柱头2裂，呈蚕蛾须状开张，同一花序中的花朵自上而下开放。雄花为复柔荑花序，珠红色或淡红、深黄、淡黄色，花期先于雌花20 d以上，盛花期长达1个多月。一般雄花枝上着生花序10～60个，叶腋着生花序1～4个（呈条状、丛生状排列，有长穗和短穗之别），每一花序由15～36个花序组成，每一小花序有4～6朵花，每朵花有雄蕊2枚。花丝白色、鲜嫩，花药肾形，基部联合，内纵裂，花粉多。

杨梅花芽分化的生理分化期在7月中旬至10月中旬，形态分化期在7月中旬至翌年开花前，性细胞形成期在11月至翌年开花授粉前的春梢萌发期。

5. 果实

杨梅的坐果率为2%～4%，结果枝上的花序以顶端1～5节结果率最高，特别是第一节占绝对优势。养分充足的成年树，成熟的果实肉柱圆钝，种多、味甜、质软、可口；养分缺乏的成年树及未成年树，成熟的果实肉柱尖头形，汁少，风味欠佳。

(二)对环境条件的要求

1. 温度

杨梅属常绿果树，喜温暖气候，较耐寒、耐旱，适应性较强。要求年平均温度在15～20℃，最低温度不低于－9℃的气候条件。一般以1月平均气温为3℃，7月不低于29℃，花芽分化期在20～25℃为宜。高温干燥对杨梅生长不利，特别是烈日照射，易引起枝干枯焦而死亡。

2. 水分

杨梅好湿耐阴，要求水分充足。年降雨量在1 300 mm以上。特别是4～9月份要求水分较多。4～6月春梢生长和果实发育期如水分充沛，则新梢生长健旺，果实肥大，肉柱顶端多呈团钝，果肉柔软多汁。反之，会使新梢生长缓慢，果形变小，肉柱形尖，汁少味劣。7～9月份水分供应充足，有利于树体后期生长，能促发新梢，增加叶面积指数，增强光合作用，从而保证了营养物质的积累和花芽分化，为次年开花结果打下良好的基础。

3. 光照

杨梅是喜阴耐湿树种，忌高温烈日。在太阳照射不太强烈的地方，树势健壮，寿命长，果实汁多味甜，色泽鲜艳。故杨梅宜栽植在山阴地带，以北坡、东北坡为最好。

4. 土壤

以疏松、排水良好的含沙砾的沙质红壤或黄壤沙砾上为宜。土壤肥沃空隙度大，有利于根系生长，杨梅喜酸性土，以pH 5～6为宜。海拔高度适宜在2 000 m以下范围内。

此外，杨梅属风媒花，喜微风。杨梅由于树体高大易遭台风袭击。因此，不宜栽植在风口处。

三、生产技术

(一)育苗栽植技术

杨梅苗木繁育主要采用嫁接繁殖的方法。常使用切接、皮下接、劈接、嵌接或腹接等方法。嫁接时期因地区不同而异，一般在2月上中旬至3月中下旬进行。

杨梅分春植与秋植。春植在2月上旬至3月下旬，秋植在10月上旬至11月上旬。一般以春植为宜，此时气温逐渐回升，有利于根系的恢复和生长，雨水多，成活率比秋植高。

杨梅树冠较大，栽植时不宜过密，应根据品种、气候、土壤肥力及栽培管理措施来确定栽植密度，一般株行距为 4 m×5 m、5 m× 6 m，或 3.5 m×4.5 m。

杨梅雌雄异株，栽植时须配置授粉树，授粉树比例以 0.5%～1%为宜，其栽植应选择位置稍高处，以扩大传粉范围。

(二)整形修剪

1. 常见树形

杨梅树形有自然圆头形、自然开心形和主干形等几种。主干形是定植后，留干高 60～70 cm 修剪。其上发生的枝条为主干的延长枝，其下留 3～4 个作主枝，向四周开张，删除过多强枝。第二年在主干顶端延长枝上长度 60 cm 左右进行短截，在主干延长枝以下选择 3～4 个斜生枝做主枝。第 3 年和第 4 年也同样进行，树干逐年上升，依次选留。全树共有 12～17 个主枝有层次地展开。

2. 修剪

杨梅在生长期、休眠期均进行修剪。生长期修剪是在萌芽后至秋梢停止生长之前进行，主要是调整树体结构，减少无效消耗，改善通风透光条件，避免枝条郁闭，减少病虫危害，实现均衡生长与结果。休眠期修剪是在当年秋梢停止生长之后至次年春梢萌芽之前进行，一般在 10 月中下旬至次年 3 月中下旬进行。

(三)花果管理技术

1. 疏花疏果

(1)短截结果枝疏花。一般于 2～3 月中旬，对花芽分化过多的大年树，全树均匀地短截 1/5～2/5 结果枝，并疏除细弱、密生结果枝，同时每株施尿素 0.5～1.0 kg，促发营养枝。

(2)化学疏花。对大年树可在盛花期使用“疏 5”200 倍液或“疏 6”100 mg/kg 液疏花，疏花量可达 30%～50%，还能增大果实，提早成熟和增加优质果率。对于弱树或小年树(预计来年为大年树)，也可在果实采收后喷布 200～300 mg/kg 赤霉素，每隔 10 d 喷 1 次，喷 2～3 次，以增加秋梢数和抑制花芽形成率。

(3)人工疏果。疏果是克服杨梅结果大小年最有效和最简单的手段之一。但人工疏果费工极多，尚未在产区全面推行。做法是：盛花后 40～45 d，即 6 月上旬果实发育期前定果，长果枝留 3～4 果，中果枝留 2～3 果，短果枝留 1 果。

2. 保花保果

通过人工辅助授粉、合理施肥、合理灌水、修剪控长等措施来进行保花保果。也可于盛花期或谢花期对树冠喷布 15～30 mg/kg 赤霉素 1 次，一般可提高坐果率 20%～30%。

第三节　番木瓜

番木瓜又叫木瓜、乳瓜等。原产美洲热带地区，现广泛分布于世界热带、亚热带地区。我国引入番木瓜栽培已有300多年历史。现在广东、广西、云南、海南、福建及台湾等省区均有栽培。但以广东、台湾栽培最多。

番木瓜营养丰富，含有多种维生素，特别是维生素A含量较高，还含有丰富的番木瓜素和凝乳蛋白酶，具有助消化等医学作用。成熟的果实主要用做鲜食，青果可用作蔬菜食用，果实还可加工腌渍或制成蜜饯、果酱和果汁等。

番木瓜生长迅速，结果快，产量高，效益好，栽培简易。一般播种后6个月就能开花结果，每株可达150 kg，亩产可达5 000 kg以上，具有较高的经济价值。

一、主要优良品种

番木瓜是番木瓜科番木瓜属植物，本属有40种，主要分布在美洲热带地区。现栽培的主要是番木瓜种。

(1)穗中红48。穗中红是1972年广州市农科所以“穗中”做母本、“泰国红肉”为父本杂交选育出来的。该品种花期早，坐果率高，早熟，丰产，抗病性好，具有一般杂种优势等特点。但抗寒力较弱。

(2)泰国红肉。泰国红肉从泰国引入，果中等大，两性花结的果长圆形，果肉红色，肉厚嫩滑，味清甜，产量中等。

(3)美中红。美中红番木瓜是广州市果树科学研究所近年选育出的小果型番木瓜优良品种。两性花所结的果实纺锤形或倒卵形，单果重0.5～0.7 kg，果肉红色，肉质嫩滑清甜，品质佳。花性较稳定，两性株在高温期趋雄程度较轻，坐果较稳定。但对环斑花叶病的抗性较差。

此外，还有日升、红妃、香蜜红肉等优良品种。

二、生物学特性

(一)生长结果特性

1.根

番木瓜为肉质根，主根粗大，侧根强壮，须根多。大量的根系分布在表土下10～30 cm处。水位高，分布浅；如水位低，根系深入土层可达70～100 cm，故在低地起墩培土的栽植法，有利于根系生长。丘陵山地可开大穴，以诱根深生。在广州地区，3月份才见新根生长，此期月平均气温达17.9℃时，故番木瓜根系生长的起始温度在18℃左右。随着温度的升高，根系生长加快，而以5～6月发根旺盛，12月以后，新根生长减少。

2. 茎

番木瓜幼苗时茎干为实心，随着迅速生长茎干逐渐出现空心，成年番木瓜茎干表层半木质化，中层肉质性，中央空心，故易折断。番木瓜顶芽生长正常时侧芽受抑制，即使有侧芽萌发也不易生长为侧枝，故番木瓜茎干直立，一般不分枝，主干生长点受到伤害后，可促生侧枝。

番木瓜茎干上着生叶片，在叶柄着生的茎干上留有叶柄痕，成年树在夏、秋生长迅速的季节所形成的茎，在叶柄部形成"膈"，两膈之间中空形成节，冬季生长缓慢，茎伸长极少、节密，"膈"已连在一起，所以茎中空现象不明显。番木瓜茎干高矮、粗细，因品种、环境条件、树势、树龄、株性、栽培管理不同而异。环境条件良好，植株生势强壮，株高与茎粗的比值小，植株矮壮，有利于早结果、抗风和田间管理；定植时斜植有利于抑制植株长高，增粗树干，提早结果。在同一条件下，雌株生长慢，雄株长得快，两性株介于两者之间。

茎干每个叶腋处都有一个潜伏芽，一般不萌发，但老树风折或人为砍断，上端的数个潜伏芽即可萌发、生长成为侧枝，若仅保留最上的1枝，则成为主干的延长枝；若留2～4条，则斜向生长成为侧枝。幼苗定植时若苗干较长，可切去部分后才定植，使成长的苗株矮壮；被风所折或树龄较大、植株较高，所结的果较小，也不便管理，也可在离地面100 cm或更低处切断茎干，促进潜伏芽萌发，并选留数条培养成为侧枝继续结果。

在营养条件良好时茎干粗壮，叶片大且厚，叶色浓绿；若缺水缺肥，则茎干生长缓慢，叶片小，叶柄短，叶色黄绿，株形细小，茎干细，特别在下部着果较多时，茎干上部容易形成鼠尾现象。鼠尾现象一旦发生，很难恢复。故在挂果较多时，更要保证肥、水充足且均衡供应，以保持植株生长正常、结果良好。

3. 叶

叶片为5～7出掌状深裂，叶片自树干顶部抽出，互生，叶柄中空，长可达100 cm。颜色因品种而异。随着新叶陆续发生，下部老叶逐渐枯黄脱落，叶片寿命通常只有数个月。老叶脱落后，留下明显的叶痕。根据叶痕的大小和疏密，可以判断树势和树龄及种植季节。丰产树结实累累，一片叶要供两个以上的果实发育所需的养分，因此栽培要尽可能保证叶片正常发育，防止过早黄落。

由种子萌芽抽出的第1对子叶，呈椭圆形，第2、3片真叶成三角形，第4、5片开始呈三出掌状深裂，第9、10片真叶出现五出掌状深裂。随着幼苗的生长，叶片的缺刻逐渐加深。从叶片抽出至成熟，夏季需要经过20 d左右，冬季在30 d以上。在广州附近全年均可抽新叶，全年抽叶60片左右，若肥水条件好，一年可抽生90片以上。随着新叶不断抽发、生长，先发生的叶片不断衰老、枯黄脱落，叶子寿命一般4个月左右。在阳光充足条件下，树冠成圆头形，叶面积指数大，叶片也不会过早脱落；如过于荫蔽，则树冠呈伞形，叶面积指数小。光合作用最适温度为25℃。

4. 花、花性和株性

(1)花。植株生长到一定的叶片数，有了一定的营养物质积累后，便开始陆续花芽分化、开花结果。番木瓜一旦进入生殖生长，便能在营养生长的同时，不断地分化花芽而不受季节变化、气温和土壤干湿的影响。花着生每一叶腋的树干处。出现第一朵花的部位，因品种而不同，24～59片不等。两性株在高温干旱情况下易出现趋雄倾向，即出现雄花而间断结果。

(2)花性。番木瓜的花性种类较多，并且可随着气候的改变而不断变化，主要有3种类型：①雌花。花型大，花瓣5个，基部连生，子房上位发达肥大，雄蕊完全退化，结的果实多数近圆形，果腔大，种子较多。②雄花。花型小，花瓣上部5裂，下部成管状，10枚雄蕊。子房退化成针状，缺柱头，不能结果。③两性花。依花朵大小和雌蕊、雄蕊的发育情况又分为长圆形两性花（花中等大，发育的果实长圆形，果肉厚，果腔较小，单果最重，果实最好，价值高），雌型两性花（花大，发育的果实带棱或畸形，价值不大）和雄型两性花（花小，发育的果实圆柱形，较细小，呈牛角形，果腔小，种子少，价值也不高）。

(3)株性。一般可分为雌株、雄株和两性株3种。①雌株。只开雌花的植株。这种植株花性稳定，受外界环境条件的影响少，结果能力强，但所结的果肉比较薄，单果轻。温度低时子房发育不良。雌株花朵经授粉受精才能发育良好，未经授粉受精，则发育的果实细小，果肉薄，无商品价值。②雄株。基本开雄花，着生在叶腋抽出的很长的花梗上，数量很多，为总状花序。不能结果或很少结果，俗称“公树”。③两性株。两性株是主要开两性花的植株，花性往往受外界条件的影响而变化。在广州地区，总的趋势是，随着温度逐渐升高，由雌型两性花转而出现长圆形两性花、再出现雄型两性花和短梗雄花。相反，温度从高逐渐降低时，花性的出现由雄型两性花和短梗雄花转为出现长圆形两性花、再出现雌型两性花。由于广州7～8月温度高且偏于干旱，两性株都出现趋雄现象，即由雌型的两性花逐步向短柄雄花过渡，呈现间断结果现象。

5. 果实

授粉受精后果实开始发育。开花后 60～70 d 是果实重量增长高峰。果实为浆果，含水量 90%～92%。未成熟的果实富含白色乳汁。乳汁中含有大量的酶类，主要是木瓜蛋白酶。割取木瓜蛋白酶是番木瓜生产的另一个目的。

影响果实发育的主要因素是温度、授粉受精以及肥水等。温度增高有利于果实发育，低温则延迟成熟并影响品质，在每年 1～2 月低温条件下成熟的果实，由于形成多量的糖苷，具有明显的苦味，影响食用价值。

6. 种子

种子多少与雌蕊发育、授粉受精及外界环境有关。充分授粉的果实，一个果可有 1 000 多粒种子，有的果实只在基部有少数种子或全果无种子。种子多且发育良好，果实发育也良好且坐果率高。11～12 月，在成熟果中，往往具有已发芽的种子，如取出遇干燥即丧失发芽力。

(二)对生态环境条件的要求

1. 温度

番木瓜是热带果树，喜炎热的天气，忌低温霜冻。番木瓜适宜在年平均温度 22～25℃、最低月平均温度 16℃以上地区作经济栽培。生长最适宜的气温为 25～32℃；15℃是番木瓜生长的最低温度；10℃时生长停滞；当气温下降到 5℃以下时，地上部即会遭受不同程度的冻害；0℃时健壮叶片受冻枯死。但温度过高对番木瓜生长发育也不利，当温度高于 35℃时，番木瓜花的发育受影响，出现趋雄现象，会引起落花落果，影响产量。

2. 水分

番木瓜花果期长，雨水充足，有利于其生长和果实发育。但如地下水位高或积水易引起烂根，则对生长和结果不利。

3. 日照

番木瓜是喜光植物，需要充足的光照。若环境荫蔽或种植过密，则植株徒长、纤细弱，节间长，花芽分化不良，成花差，落花，落果，果小，产量低。光照强有利于提高果实品质。

4. 土壤

番木瓜要求土质疏松、排水良好的土壤环境，以 pH 6～6.5 的微酸性土壤为宜。一般番木瓜不宜连作。

三、生产技术

(一)育苗

1. 苗圃地选择

番木瓜苗期怕低温霜冻且更忌积水。为预防番木瓜环斑花叶病,应在远离旧番木瓜园 500～1 000 m 的地方育苗。宜选择地势稍高,冷空气不易下沉积聚、背北向南、阳光充足和排水良好的地方做育苗园地。

2. 容器及营养土的准备

为培育矮壮苗并能早种植、不伤根、成活率高和生长快,各地均用容器盛营养土育苗。常用的容器为黑色或白色塑料袋,直径 12 cm,高 16～18 cm,底部开 2～4 个直径约 1 cm 的小孔以利排水。营养土由较肥沃的沙壤土、充分腐熟的基肥和磷肥搅拌而成,基肥约占 5%,过磷酸钙约占 1%。营养土满袋装后,紧靠排列不超过 1 m 宽,长度依场地而定,但亦不超过 20 m 为妥,以便于管理。四周围填泥土保湿。

3. 取种与种子处理

番木瓜一般用种子繁殖。留种用的果实要黄熟过半时才采收,后熟转黄后剖取种子,把种子外表的胶膜除去、洗净,漂去不实粒即可阴干备用。种子可随采随播。播种前,种子要用 70% 甲基托布津 500 倍液消毒,洗净后再用 1% 小苏打($NaHCO_3$)液浸种 4～5 h,洗净后用清水浸种 20～24 h。用洁净的湿毛巾或棉纱布包妥,放于 35～37℃ 的恒温箱中催芽,或用自制灯箱、电灯泡提高箱内温度催芽。每天翻拌及湿水 1 次,当种皮裂开见白时取出播种。

4. 幼苗管理

播种后 10～20 d 出苗。出苗后要注意间拔弱苗和经常保持土壤湿润,但忌过湿。当幼苗长出 2～3 片真叶以后,要适当控制水分,以促根深生,防止徒长。至出叶 4 片时,可开始施 10% 腐熟稀薄尿水,每隔 15 d 施 1 次。苗期在长出 5 叶之前较易遭受冻害和染病,要加强管理。至长出 5 叶以后要进行炼苗,控制肥水供应,以促根系发达和防止茎叶徒长。次年春暖后即可移苗定植。

(二)建园

1. 选地

选择园地最好与旧番木瓜园有一定的隔离,旧园不宜连种。植地以选择背西北向东南、土壤疏松肥沃、地势高爽、排灌便利的土地为好。

2. 定植

番木瓜可春植或秋植,近年来多行春植。如粤中地区秋、冬育大苗,翌年 3 月上旬至4月上旬定植，植后逐渐天暖雨足，植株生长快。定植的株行距可根据不同品种的树冠幅度和各地的自然条件来决定：树冠幅度大的品种种宽一些，幅度小的种密一些；在荫蔽的平地略宽一些，山地、山坡地种密一些。一般可采用宽行密植，株行距1.5 m×2.5 m。定植用的苗必须是茎秆粗壮，叶片厚而阔，缺刻少，叶柄略下垂，生长壮旺的苗。定植要挖长宽深为70 cm×70 cm×70 cm的植穴，每植穴施优质腐熟的有机肥5～10 kg。植后注意浇水，遇刮寒风要稍加遮盖防寒。定植后3～5 d，如果发现幼苗的老叶柄（起苗时去掉叶片留下的叶柄）接触时容易脱落，这表明幼苗已经成活，可逐渐减少浇水。如果老叶柄不易脱落，顶芽凋萎下垂，就要赶快把下垂的顶芽切掉，并经常浇水，让树桩长出新梢来。

（三）肥水管理

1. 施肥

番木瓜在营养生长期氮、磷、钾的适宜比例是5∶6∶5，生殖生长期是4∶8∶8。

（1）初期促生长追肥。定植后的3、4月份，是促进番木瓜速生和提早开花的关键时期。此时期苗嫩根浅生，施肥由薄渐浓，由少至多，以氮为主，每10 d施1次，共施5次。在定植后10～15 d，叶片正常伸展后，每株施尿素10 g，撒施或对水淋施；再过约10 d追施第二次，每株施尿素10 g；此后每约10 d追施第三、第四和第五次肥，每株尿素20 g、30 g和30 g。在此时期结合喷杀菌剂每7～10 d叶面喷0.2%～0.3%的尿素液或磷酸二氢钾液，两者交替喷施更好。

（2）促花追肥。番木瓜定植后生出一定叶片数后便出现花蕾。现蕾前后要增加施肥量特别是磷和钾。在5月上旬每株追施复合肥（N∶P∶K＝15∶15∶15）100 g，5月下旬再追施同量复合肥，以维持植株生势强壮，花芽分化良好。为预防番木瓜缺硼症发生，每株配施硼砂5 g，同时结合喷药或单独叶面喷施0.2%的硼酸或0.3%的硼砂液，每周1次共4～5次。

（3）盛果期追肥。6月至10月是番木瓜继续生长、大量开花坐果时期，需多量肥料以满足下部果实发育和上部继续开花坐果的需要。6月上旬及下旬各施1次复合肥，每次每株100 g；7、8、9、10月各施1次复合肥，每次每株150 g，8月加施腐熟的花生麸肥，每株500 g，以便提高果实品质。

2. 水分管理

番木瓜生长迅速，周年需要较多的水分，用塑料膜或干草、土杂肥覆盖地面，有良好保水效果。但土壤不能过湿或积水，否则会造成烂根引起植株死亡。雨季要注意排水。采用深沟高畦的方式种植时，低地要保持一定的水位。如水位较高要培土，防止根系裸露。番木瓜根系比较浅，故可在树干周围进行覆盖，也可在树冠下开30 cm深宽的环沟进行压绿，诱导根系深生防旱。

(四)防寒

番木瓜不耐低温,冬季常受霜冻为害,故每年12月前,即应做好防寒准备工作。可将成束稻草一端捆扎,当遇上霜冻天气时,即将此稻草束下面张开,成伞状覆盖于植株生长点和幼叶幼果之上予以保护。树头则培土、树盘盖草。霜冻后在日出之前全株喷水洗霜。对挂果较多的植株,应疏除一些果实,以利植株抗寒越冬。

(五)砍伐雄性株

番木瓜雄性株不能结果,直接影响产量,若作为留种园,还会因其所繁殖的果园雄性株越来越多,失去栽培意义。故待植株已能辨别株性时,对雄性株要及时砍伐,并补植大小相等的雌性株或两性株。即使砍伐后未能补植,也让出空间给周围的植株,用增加单株结果量和增大果实给予补偿。

(六)疏花、疏果、除枯叶

番木瓜营养生长到一定叶片数后,每一个叶腋处均能成花,有的是单朵,有的是数朵成花序,但一般每一叶腋仅留1个最多两个果。雌性株一般坐果率高,仅留1个果;长果形两性株若间断结果的情况明显,则可部分留两个果;优质小果型番木瓜果小,为保证产量,在不降低商品果质量的前提下可多留果。对多余的花、果要及早疏去,以免养分浪费。广州地区,计划只收当年果实的果园,一般留果至9月份即可,单株留果20～25个,以后的花果全部疏去。疏花在开花后进行;疏果则在幼果期进行,越早越好。疏去畸形果、病虫果、过密的弱势果,使留存的果实分布均匀,发育的空间良好。

(七)采收

番木瓜由开花至果实成熟的时间,短则110 d,长则210 d以上。如过早采收,果实难以成熟,过熟采收则不耐贮运。掌握适时采收的标准如下。

1.果皮颜色

番木瓜果皮色泽的变化是由粉绿(嫩绿)→浓绿、绿、浅绿→一果端黄绿色→一果端黄色。要在果实中部的两个心皮间出现黄色条纹斑后,果皮部分变黄时采收。如远销外地,可在黄色条斑出现前采收。

2.果汁

随着果实趋于成熟,乳汁颜色由白变淡,至轻微混浊的半透明状,汁液数量少,流速慢,较易凝集,果实在树上成熟时,乳汁基本消失,此时采收可供就地食用。近地销售,可在此时采收。

采收果实要轻放,避免碰伤果皮。采果后,要削平残留在茎上的果柄,以免影响其他果实的生长。

过早采下的果实,果皮尚带浅绿色时,可试用乙烯利进行人工催熟,高温的7～8月,可用500～600 mg/kg浓度催熟;低温的10～11月,可用1 000～2 000 mg/kg浓度催熟。

第四节 番石榴

番石榴全身都是宝,果味独特,鲜美,富含有益于人体的各种营养成分。果实除鲜食外,可供制果脯、果酱、果酒和蜜饯等。果汁和叶片有降低血糖作用,民间用番石榴果实治糖尿病;叶片和树皮含多种挥发性和非挥发性物质,用于伤口止血、治牙痛等。

番石榴具有适应性强,结果早,丰产稳产,易成花,花期长,果实成熟采收期长,易进行产期调节等特点。现成为热带、亚热带普遍种植的果树。

番石榴原产于热带美洲,传入我国已有800多年历史。我国台湾、广东、广西、福建、海南、云南、四川等省区均有栽培。

一、主要优良品种

番石榴为桃金娘科番石榴属果树。该属约有150个种,其中果实供食用的有番石榴、草莓番石榴、巴西番石榴和哥斯达黎加番石榴等。其中番石榴是分布最广、栽培最多的一个种。主要栽培品种介绍如下。

(1)宫粉红番石榴。又称菊咀红、短身红。果实洋梨形,中等大,单果重85 g,果身较短,肉厚,肉质嫩滑、清甜,初熟时果皮白色,近果顶部分逐渐转为粉红色,达全果一半红时为适熟,此时萼片仍保持绿色。

(2)廿一世纪番石榴。又称台湾番石榴,原产台湾。该品种果实较大,平均128 g,果形端正,皮黄绿色,肉厚脆甜,果心肉质嫩滑可口。种子较少且种壳较薄脆,口感良好。果实耐藏性好,在8℃下贮藏3周无不良气味。

(3)七月红番石榴。又称七月熟番石榴。果实卵形或洋梨形,单果重91 g,果肉厚,嫩滑、清甜,初熟时果面洁白,适熟时果顶淡玫瑰红色。本品系耐肥、耐风雨,丰产,适应性较强,收获期长,自大暑至秋分均有果上市,也较耐贮运。是广东等地栽培最多、出口最多的品系。

此外,还有全红番石榴、珍珠番石榴、水晶番石榴等优良品种。

二、生物学特性

(一)生长结果特性

1. 根系生长

番石榴没有主根,以水平根为主。根系发达,侧根、小根多而密,但较浅生,约有70%的根群分布在30 cm深的土层中。由于根多而密,吸收力很强,耐湿性、耐旱性均强,故番石榴在旱坡、湿地均可栽培。

2. 枝梢生长

番石榴生长壮旺,如温度适宜、养分充足周年均可抽生新梢。芽具早熟性,成枝力强,顶端优势明显,一年中可多次长出新梢。在广西南部,幼龄树每年可抽梢3～4次,多者可达5～6次。第一次抽梢在2月上旬,第二、第三次新梢陆续在4～7月份抽发,其中6月上旬抽出的新梢最长,主要分布在树冠外围。结果树每年抽发2次以上结果枝,尤以2年生枝基部所抽发的结果枝粗壮,结的果也大。

番石榴虽有顶芽自枯现象,但由于枝梢延伸生长的能力强,强壮枝梢可延伸生长达100 cm以上。为此,要及时摘心、短截,促进枝梢及早老熟和粗壮。长约30 cm的粗壮枝梢是下一次结果的优良结果母枝。

番石榴为混合花芽,即抽生新梢并在其上开花结果。故只要有新梢萌发,就有可能成为结果枝。结果枝除着生于上一次老熟的枝梢外,也着生于2～3年生枝,且这些枝上抽发的新梢结果性能最好。故要特别注意对这些结果母枝的培养,在生长季节要摘心、短截,既促进分枝,又防止离心生长过快,保持较厚的绿叶层。

3. 花芽分化

番石榴一年四季都可花芽分化,属于多次分化型。每次新梢萌发都能开花结果。根据这个特性,可人为地调节它的开花期和产果期。

4. 开花与结果

番石榴只要树体健壮,养分积累充足,有新梢萌发,便有部分新梢上进行花芽分化着生花蕾。花蕾着生于新梢2～4节的叶腋间,随新梢的生长而发育,当新梢已具5～8对叶、叶片开展并由青黄色转为浅绿色时,花蕾即行抽出。由于叶片对生,花蕾通常也对生,且每叶腋上可单花,也可2花或3花。番石榴的花为完全花,能自花孕果,坐果率高达95%以上。

番石榴四季开花结果,但主要集中在4～5月份及8～9月份,前者称正造花,后者称翻花。正造花早熟品种在清明、谷雨间,迟熟品种在立夏、雨水间,花期15～20 d。正造果结果多,则翻花少;降雨多水充足,新梢萌发多,翻花也多。因此,可利用番石榴这种特性进行产期调节,提高经济效益。

自开花至成小果历时约 20 d，再经 20 d 小果开始转蒂（幼果下垂），进入迅速膨大期。此时期若养分、水分不足，固然影响坐果及果实发育；但肥水过多，刺激营养生长，与果实争夺养分，也会引致落果、减产。由小果发育至果实成熟，正造果为 60～70 d，翻花果要 80～100 d。

（二）对环境条件的要求

1. 温度

番石榴耐寒力强，能忍受短期轻霜，故也适于南亚热带栽培。在 −2～−1℃ 时幼龄树会冻死，成年树出现冻害；−4℃ 时成年树地上部大部分受冻枯死。但其受冻后恢复力强，翌年春自树干基部或地下部萌芽发梢，经 2～3 年生长形成新的树冠，正常开花结果。

番石榴在 15 ℃时开始营养生长，上升到 28℃时生长最快。最低月平均气温在 15℃以上的地区为番石榴栽培生态最适宜区，最低月平均气温在 10℃以上才可作经济栽培。温度低生长缓慢甚至停止，叶呈紫色，光合能力差，不利于开花坐果和果实发育。果实成熟期气温低于 15℃则品质不良。日夜温差大，有利于养分积累，提高果实品质。同一品种的番石榴冬果比夏果小，但种子明显减少，肉质香脆。番石榴能耐短期 45℃的夏季高温，但高温持续时间长，且伴随干旱，则对生长、开花坐果及果实发育不利。

2. 水分

番石榴耐湿性强，即使较长时间受渍，也能正常生长，结果良好。番石榴也很耐干旱，在瘦瘠旱坡上的番石榴，即使半年不雨，又未灌溉，也未见枯死，比大多数热带果树耐旱。年降雨量 1 000～2 000 mm 且分布均匀的地区，都能丰产。

3. 光照

番石榴喜光也较耐阴，但阳光充足，优质丰产。

4. 土壤

番石榴适应性强，对土壤要求不严格，肥沃松软的沙质土和黏质土，瘦瘠的丘陵坡地赤红壤土，都能生长。在 pH 4.5 的酸性土和 pH 8.2 的碱性土壤上，均能良好生长。

三、生产技术

（一）育苗

番石榴的苗木繁育方法较多，有实生、扦插、圈枝和嫁接法育苗；由于其根系能发生根蘖，故也可用分株法。但生产上较常用的是嫁接育苗和圈枝育苗。

1. 嫁接育苗

番石榴嫁接一般用本砧，当砧木苗茎粗达 0.7 cm 时，便可供嫁接。一般用芽接、枝接法嫁接。以春季、秋季嫁接最佳。嫁接前 10～15 d 摘去接穗叶片，待芽将萌发时才剪取供嫁接，效果最好。嫁接后加强肥水管理，促进苗木生长，培养约 1 年，便可出圃定植。

2. 圈枝育苗

圈枝育苗是珠江三角洲较常用的方法。一般选直径 1.2～1.5 cm 的 2～3 年枝，在距梢端 40～60 cm 处作环状剥皮，宽 2～3 cm，包上生根基质，经 50～60 d 新根长密集时即可锯离母株，进行假植，待发两次新梢并转绿后供种植。

(二)建园

1. 园地选择及开垦

番石榴在气候适宜区内，适应性强，但应选择土层深厚、肥沃、排水良好的沙质土、沙质壤土，并有水源可供灌溉。由于番石榴果实不耐贮运，故果园应建于大、中城市附近及交通方便地区。

2. 种植

种植密度因品种、土质、栽培管理方式和管理水平而定。早熟品种及山地土质较瘦者可较密，一般株行距(3～3.5)m×4 m；中、迟熟品种及平地土质较肥者，株行距 4 m×5 m 或 4 m×6 m。为夺取早期丰产，并实施强剪栽培的，可适当密植，株行距为 2.5 m×3 m 或 2 m×3 m。

番石榴在春、夏、秋季均可种植。但以春植成活率高。广东一般习惯于 3～4 月种植，广西一般在 2～3 月种植。

(三)肥水管理

1. 施肥

科学施肥是提高番石榴果实品质的重要栽培技术措施。施肥应以有机肥为主，配合施用化肥，以能满足番石榴对各类营养元素的需求为度。多施钾肥能增加总固形物含量，多施氮肥则降低总固形物含量。

番石榴全年都能开花、结果，因此，施肥应根据培育哪一次花为重点来决定。一般年施肥 4～5 次，通常在花芽分化前、幼果期、裸膨大期及采收后各施一次。开花前施有机肥、氮肥为主，幼果生长及果实膨大期以磷、钾肥为主，秋后以钾肥为主。

在粤中地区对中、迟熟品种主要培育正造果，故施肥主要是春萌芽前、果实发育及采果后各施 1 次，对有翻花果的早熟品种，在正造果及翻花果采收后各施

1 次。

在广西，2 月上旬施促梢肥，3 月施促花肥，5 月施壮果、促二造果果枝萌发肥，7 月再施壮果肥，9～10 月施二造果壮果肥，12 月施过冬重肥，施肥次数多，施肥量也大。

2. 水分管理

番石榴虽较耐旱耐湿，但在雨季要注意排水、旱季注意灌水，以利其正常的开花结果，尤其是培育冬、春果，供水更为重要。9 月中下旬后进入旱季，应视土壤干湿情况，对保水力差的沙质土、砾质土进行全园灌水，并用杂草等覆盖树盘。

(四)整形修剪

1. 开心形修剪法

在幼树离地面 40～50 cm 高时，将主干剪去，促使长出新梢，选用 4～5 枝新梢构成主枝，诱引向四周发展，并采用摘心或短截的方法，使新梢开花结果，同时剪除交叉枝、徒长枝及病虫枝等不必要的枝条，养成中央空虚向四周开张的树形，并注意树形勿过大以免主枝间生长势不平衡，这样既可增进树冠采光、通风，又有利于喷药、疏果、套袋及采收等管理工作。

2. 屈株形修剪法

番石榴种植后，于离地面 40～50 cm 处剪去主干，促使新芽发出，新芽发生后保留 6～8 枝构成主枝，将直立主枝利用塑胶带或竹杆诱引向四周伸长，利用短截促进新梢长出，并疏剪密集及过多枝条，维持较低结果部位，以利管理作业。为促使新梢上花蕾发生，可将成熟枝条基部老叶去除，扭伤枝条，以利于花芽分化。

(五)花果管理

1. 疏花

番石榴易成花，一般只要有健壮的新梢抽生，其上必有花。为了减少营养消耗，达到丰产稳产和果大质优，必须进行疏花。疏花在盛花期进行，一般保留单生花，双花疏去其中 1 小花、弱花，3 花疏去左右花。

2. 疏果

番石榴在自然情况下坐果率较高，开花时只要气候良好，有花必有果。为了达到优质丰产，提高经济效益，必须进行疏果。疏果是在果实结果后 1 个多月、幼果纵径 3～4 cm、果实开始下垂时进行。除去发育不良的畸形果、病虫果，依植株生长势、枝梢生长情况、叶片大小和厚薄，确定合理的留果量。一般粗枝叶大的结果枝留果 2 个，枝较弱叶较小的结果枝只留 1 个果。

3. 套袋

套袋是番石榴优质高产高效益栽培的一个重要环节。疏果后立即进行果实套袋，由于番石榴幼果皮薄易擦伤，所以，一般使用双层聚丙烯材料，内层用白色泡沫网筒，外层用白色透明薄膜袋。

(六)产期调节

番石榴具有产期调节的生物学特性，根据市场的供求情况进行产期调节，实现优质、高产、高效益的栽培目的。

1.摘心

番石榴在新梢伸长生长时，花蕾随即抽出。通过摘心，调节新梢生长期，就能调节花期。如计划在8月份开花，则在7月上旬对非结果枝摘心，并于7月中旬施促梢壮果肥一次，促其抽发新梢，抽生花蕾。

2.疏蕾、疏花和疏果

若生产冬春果为主的，则采用“清明除，白露萌”的方法。即在“清明”前后摘除所有的花果，并结合修剪、施肥，促发新梢，在9月上中旬(白露)开花，12月至翌年1月果实成熟，生产冬春果。对于营养生长过旺的果园，在清明前后要留30%～40%果压树，否则易造成营养生长更旺，发生白露花少无果的现象。因此，应根据树体生长状况，酌情疏花和疏果。

3.喷施植物生长调节剂或肥料

(1)用100～150 mg/L的二苯乙酸钠喷施番石榴植株，可减少着果率74%～86.6%。

(2)用15 %～25%的尿素喷施植株叶片，至叶片滴水为止，可使植株叶片全部灼伤脱落，35 d后可萌发新梢，由于尿素水溶性很高，均匀地黏附在叶片上，叶片脱落后可做肥料，不损伤植株茎枝。

(3)用0.05%～0.06%的乙烯利喷施叶片，使整株叶片脱落，35～40 d后再萌芽开花。采用药剂处理，树体影响很大，必须在肥水很充足、管理措施密切配合的情况下进行。

第五节 樱桃

樱桃分布在北半球温带地区，世界上主要在北半球分布，在国内主要产于辽宁、河北、陕西、甘肃、山东、河南、江苏、浙江、江西、四川。樱桃成熟期早，有早春第一果的美誉。樱桃成熟时颜色鲜红，玲珑剔透，味美形娇，营养丰富，医疗保健价值颇高，外观内在品质俱佳，被誉为“果中珍品”。

一、主要优良品种

樱桃属于蔷薇科李属樱桃亚属落叶乔木果树，本属植物有 120 种以上，其中产于我国有 76 种。我国栽培的樱桃有中国樱桃、甜樱桃、酸樱桃和毛樱桃。

(一)中国樱桃

(1)莱阳矮樱桃。莱阳矮樱桃又名中华矮樱桃，原产于山东省莱阳市。果个大，平均单果重 2.94 g，果圆球形，深红色。果肉淡黄色，质地致密，风味香甜，果柄短，在山东莱阳 5 月中旬成熟。果实生长期约 50 d。自花结实，丰产性好。

(2)郑州红樱桃。果实圆形或扁圆形，浓红色，果实淡黄微带红，果汁较多，味甜可口，果个中等，平均单果重 1.5 g。果实生长期 45～50 d。郑州地区 4 月底 5 月初成熟。自花结实，进入结果期早，采前基本不落果。

(3)大窝娄叶樱桃。原产于山东枣庄。果实较大，平均单果重 2～2.5 g。果形圆球形或扁球形，暗紫红色，果肉淡黄微带红色，果汁中多，肉质较致密，有弹性，离核。味甜，有香味，品质上等。5 月上旬成熟，较耐贮运。萌芽力和成枝力强。

(4)黑珍珠。果实初成熟时红色，完全成熟时紫红色，延迟采收，果实变为紫色，有光泽。果实近圆形，单果重 3～5 g，品质佳，在郑州地区 4 月下旬开始成熟，果实较抗裂果，采收期不裂果。叶片深绿色，有较厚的蜡质层，抗病性强。

(二)甜樱桃

1. 大紫

又名大红袍、大红樱桃。原产俄罗斯，1890 年前后引入我国山东烟台。果实较大，单果重 6.0 g，大者 9.0 g 以上；心脏形至宽心脏形，果皮初熟时为浅红色，成熟后叶紫红色，充分成熟时为紫色，有光泽；果肉浅红色至红色，质地软，汁多，味甜，果核大，果实发育期 40 d，5 月下旬至 6 月上旬成熟，成熟期不太一致，应分期采摘。

2. 红灯

大连市农业科学研究所于 1963 年由那翁×黄玉杂交育成的新品种，1973 年命名为红灯。果实平均单果重 6.0 g 左右，最大单果重可达 10 g。果实心脏形或宽心脏形，果皮初熟时浅红色，成熟后为紫红色或深紫红色，有光泽，皮薄易剥离。果肉浅红色至红色，质地软，汁多，味甜，品质中上。果核大。成熟期不太一致，应分批采收。

此外，还有芝罘红、佐藤锦、雷尼、宾库、拉宾斯、斯坦勒、先锋、意大利早红等优良品种。

二、生物学特性

(一)生长结果习性

1. 根系

中国樱桃根的垂直分布,一般多集中在 20 cm 左右深的土层中,要求土质疏松,排灌条件良好。重黏土不适宜种樱桃。由于樱桃不耐运输,应在交通方便的地点建园。

2. 芽的类型和特性

樱桃的芽按其性质可分为花芽和叶芽两类。一般顶芽都是叶芽,花芽为纯花芽。樱桃的侧芽都是单芽。

樱桃萌芽力较强,中国樱桃和酸樱桃成枝力较强;甜樱桃成枝力较弱,一般在剪口下抽生 3～5 个中、长发育枝,其余的芽抽生短枝或叶丛枝,基部极少数芽不萌发而变成潜伏芽(隐芽)。幼龄期萌芽力和成枝力均较强,进入结果期后逐渐减弱,盛果期后的老树往往抽不出中、长发育枝。甜樱桃的芽更有生长季萌芽力较高,但成枝力较弱的特点。在盛花后,当新梢长至 10～15 cm 时摘心,摘心部位以下仅抽生 1～2 个中、短枝,其余的芽则抽生叶丛枝,在营养条件较好的情况下,这些叶丛枝当年可形成花芽。在生产上,可以利用这一习性,通过夏季摘心来控制树冠,调整枝类组成,培养结果枝组。

樱桃的潜伏芽寿命较长。

3. 枝条的种类和特性

樱桃的枝条按其性质可分为营养枝(也称发育枝)和结果枝两类。盛果期以前的幼树,是以营养枝占优势;进入盛果期后,营养生长减弱,生殖生长加强,生长量减少,生长势减缓,出现各级枝条上同时具有叶芽和花芽并存的现象。

樱桃的枝按其长短和特点分为混合枝、长果枝、中果枝、短果枝和花束状果枝五种类型。

混合枝是由营养枝转化而来的,一般长 20 cm 以上,仅枝条基部的 3～5 个侧芽为花芽,其余各芽均叶芽,能发枝长叶,也能开花结果,具有开花结果和扩大树冠的双重功能,但这种枝条上的花芽质量一般较差,坐果率也低。

长果枝一般长度为 15～20 cm,除顶芽及其邻近几个侧芽为叶芽外,其余侧芽均为花芽。结果以后,中下部光秃,只有叶芽部分继续抽生不同长度的果枝。一般长果枝在初果期的幼树上占的比例较大,进入盛果期后,长果枝的比例大减。

中果枝的长度为 5～15 cm,除顶芽为叶芽外,侧芽均为花芽。中果枝一般着生在二年生枝的中上部，数量较少，也不是樱桃的主要结果枝类型。

短果枝的长度在 5 cm 左右，除顶芽为叶芽外，侧芽均为花芽。短果枝一般着生在二年生枝的中下部，数量较多，花芽质量高，坐果率强，果实品质好，是樱桃结果的重要枝类。

花束状果枝的长度小于 5 cm，节间短，数芽密挤簇生，除顶芽为叶芽外，侧芽均为花芽。这类枝是甜樱桃进入盛果期以后最主要的结果枝类型，花芽质量好，坐果率高。花束状果枝寿命较高一般可维持 7～10 年以上的结果能力。若管理不当，树体出现上强下弱或枝条密挤通风透光不良时，内膛及树冠下部的花束状果枝就易枯死，造成结果部位外移。

中国樱桃在初果期以长果枝结果为主，进入盛果期以后变成以中、短果枝结果为主。

樱桃的新梢在芽萌动后立即有一个短促的生长期，长成 6～7 片叶，成为 6～8 cm 长的叶簇，新梢开花期间新梢生长缓慢，甚至完全停止生长。谢花后，又与果实第一次速长的同时进入速长期；果实进入硬核期之后新梢继续缓慢生长。果实采收后，新梢又有一个 10 d 左右的速长期，以后停止生长。进入雨季后新梢还会生长。

4. 花芽分化与开花结果

一般在采果后 10 d 左右樱桃树便大量分化花芽，整个分化期 40～45 d。分化时间的早晚与果枝类型、树龄、品种等有关。花束状结果枝和短果枝比长果枝和混合枝早，成龄树比生长旺盛的幼树早，早熟品种比晚熟品种早。根据樱桃花芽分化的特点，要求在采果后及时施肥灌水，为花芽分化提供物质保证。若放松肥水管理，则减少花芽分化量，降低花芽质量。春季日平均温度达 10℃左右时，花芽开始萌动，达到 15℃左右开始开花，花期 7～14 d。中国樱桃比欧洲甜樱桃开花早 25 d 左右，花期易遇晚霜危害。中国樱桃自花授粉结实率很高，不需配置授粉品种。而西洋樱桃的大多数品种自花不实现象明显，若单栽一个品种或混栽几个花粉不亲和的品种，往往只开花不结实。在建立西洋樱桃园时要特别注意搭配有花粉亲和力的授粉品种，并进行花期放蜂或人工授粉。

5. 果实发育

樱桃果实生长发育期较短，中国樱桃从开花到果实成熟为 40～50 d，西洋樱桃晚 12～18 d。果实发育可分为 3 个阶段：第一阶段自坐果到硬核前，为果实膨大期，约 20 d，果实迅速膨大；第二阶段为硬核期，10～15 d，果核木质化；第三阶段果实着色期，果实第二次迅速膨大并开始着色，约 15 d。

(二)对环境条件的要求

樱桃适于年平均气温12℃以上地区栽培,一年中日平均气温10℃以上时间要求有150～200 d,我国大部分地区气温均能满足樱桃生长的要求。樱桃在水分充裕条件下耐高温,但夏季高温干燥则对樱桃生长不利。樱桃在冬季－20℃低温时遭受冻害,中国樱桃一年生苗在－15℃时就会冻死。早春霜冻是影响樱桃产量的最重要因素,樱桃花蕾期耐－5.5～－1.7℃低温,开花期、幼果期耐－2.8～－1.1℃低温。樱桃正常生长发育需要一定的大气湿度,结果期若过于干旱则影响果实发育,造成减产。中国樱桃的栽培区除南方雨量充沛的地区以外,北方多选择山地谷沟空气较湿润的小气候地方栽培,甜樱桃多分布在年降雨量600～700 mm的山东烟台和辽宁大连市两地。樱桃为比较喜光的树种,对土壤要求较高,不仅深厚肥沃,且通气性好。樱桃对盐碱地反应较敏感,要求土壤的pH为5.6～7.0,在盐碱土上栽培不易成功。

三、生产技术

(一)定植

栽植密度应依品种、砧木、土壤条件而不同。在肥沃的平地上,中国樱桃采用Y字形整形密植,可按1 m×3 m,每亩栽220株,若采用自然丛状形或自然开心形整形,可按(2～3) m×(3～4) m。幼年期可再适当加大密度,成园后采取间伐措施处理。

栽植时间一般分为秋季和春季两个时期。在冬季寒冷、干旱、多风的地区宜春栽,春栽应在苗木发芽前。在冬季温暖的地方可秋栽。

(二)土肥水管理

樱桃的土壤管理,据试验观察认为:以春季灌水加覆盖,其他季节进行中耕除草的管理方法较好。由于覆盖减轻了春旱对植株的影响,对果实生长有良好作用。在樱桃采收后,拆除或翻埋覆盖物。据计算,一般成年园每亩应覆盖2 000～2 500 kg麦秆为宜。樱桃树一年应施肥3～4次。

(1)采果后施肥。主要是为恢复树势,促进花芽分化,提高来年产量。在采果后立即施入厩肥、禽畜粪尿,并加入适量化肥。每株视结果多少施禽畜粪30～60 kg。

(2)萌芽开花前施肥。追施速效性氮肥为主的肥料。每株施禽畜粪水15～20 kg,或尿素0.5 kg。

(3)果实速长期施肥。在谢花后,进入果实发育。对结果大树应追施速效性化肥一次，并配合适量的磷钾肥料。

(4)施好基肥。秋季9～10月(南方温暖地区可在10～11月)落叶前施好基肥，以复壮树势，增加植株体内贮藏养分含量。由于樱桃从开花到果实成熟仅需40 d，贮藏养分的多寡在较大程度上影响着果实的大小和品质。因此基肥的施用非常重要，需占全年施肥量的50%～70%。应以有机肥为主，如堆肥、圈肥、鸡粪、腐熟豆饼等，并应适量加入过磷酸钙或钙美磷肥等。

除上述土壤施肥外，在初花期至盛花期相隔10 d一次，连续喷两次0.5%尿素，或600倍磷酸二氢钾液，或0.3%硼砂液，有助于提高坐果率。

(三)整形修剪

1. 整形

(1)自然丛状形。是中国樱桃的常用树形。一般主枝5～6个，向四周开张延伸生长，每个主枝上有3～4个侧枝。结果枝着生在主、侧枝上。主枝衰老后，利用萌蘖更新。此树形的角度较开张，成形快，结果早。但树冠内部易郁闭。

(2)自然开心形。多用于甜樱桃。干高30～40 cm，全树有3个主枝，分枝角度30°。最初保留中心干，待栽植4～5年后，除去中心干为开心形。这种树形，整形容易，修剪量小，树冠开张，通风透光良好，结果早，产量高，果实质量也较好。

此外，还可使用主干疏层性、Y字形等树形。

2. 修剪

(1)幼树的修剪。为了促使幼树早结果，在整形的基础上，对各类枝条的修剪程度要轻，以生长期的摘心为主。以控制枝梢旺长，增加分枝，加速扩大树冠。冬季修剪时间应推迟到萌芽前，以避免剪口失水干枯。除对主枝、延长枝短截和适当间疏一些过密、交叉枝外，其余中、小枝要尽量保留。

(2)结果树的修剪。常在采果后进行夏季修剪。采用疏剪去除过密过强、扰乱树冠的多年生大枝，进行树冠结构调整，促进花芽形成。在疏除大枝时，注意伤口要小，要平，以利尽快愈合。疏除一年生枝时，可先在其基部腋花芽以上剪截，待结果光秃后，再疏除。冬季修剪时，应注意对骨干枝先端和短果枝的2～3年生枝段进行适当回缩，以刺激营养生长和新果枝的不断形成，防止结果部位外移和树冠内部光秃。

(3)衰老树的修剪。主要任务是及时更新复壮、利用生长势强的徒长枝来形成新的树冠。对骨干枝先衰弱而无结果能力的，要及时回缩。利用隐芽回缩更新时，中国樱桃的隐芽寿命为5～10年。为了回缩时有枝更新，回缩处最好有生长较正常的小分枝，这对树体损伤较小。回缩修剪后发出的徒长枝，选择方向、位置、长势适当、向外开展的枝来培养新主枝、侧枝。过多的应疏除，余者短截，促发分枝，然后缓放，使其形成结果枝组。大枝更新时，亦应在采果后进行，以免引起伤口流胶。

(四)花果管理

1. 花期授粉

中国樱桃自花结实率很高，不需配备授粉树。西洋樱桃多数品种自花结实率很低，需要异花授粉才能正常结果，在建园时必须配置适宜的授粉树，同时花期还要进行辅助授粉，以提高坐果率。辅助授粉的方法有果园放蜂和人工授粉两种。此外，在盛花期前后喷施 2 次 0.3%尿素、0.3%硼砂或磷酸二氢钾溶液，对提高坐果率也有明显的效果。

2. 疏花疏果

结合花前和花期复剪疏去树冠内膛细弱枝上及多年生花束状结果枝上的弱质花、畸形花，以改善保留花的营养条件，有利于坐果和果实发育。在疏花的基础上进行疏果，疏去小果、畸形果和下垂果。

第六节　枣

枣是我国的特产果树。果实营养丰富，除富含糖外，还有较多的蛋白质和铁、钙、磷等矿物质，常作为一种滋补食品。此外，维生素 C 和维生素 P(即卢丁)的含量也较多，有较高的医疗药用价值。枣果耐贮运，除鲜食外，可制成多种加工品。

枣树耐瘠、耐旱、耐涝，又耐盐碱和酸性土，对土壤适应性强，南北均可栽培。具有结果早、收益快、用工少和经济寿命长等特点。且可与棉、粮间作，充分利用土地。此外，枣树花期长，花量多，也是一种很好的蜜源植物。

一、主要优良品种

枣为鼠李科枣属植物，我国约产 12 种。栽培上的主要种类仅 1 种，即普通枣。此外，分布较广的酸枣常用做砧木，也有栽培取仁入药的。台湾、云南等地尚有印度枣(毛叶枣)的栽培。

(一)鲜食类

(1)大王枣。也称南阳大王枣，是从桐柏大枣中选育出的一个优系品种，果实近圆形，平均单果重 46 g，最大 86 g，果皮中厚，赭红、果个均匀，核小，肉质厚嫩，汁多甘甜，鲜食品质极佳。鲜枣含糖量 32.3%，干枣含糖 82.7%，可食率 97.2%，果实生育期 110 d。适应性较强，极丰产。适宜鲜食和加工。

(2)大雪枣。又名苹果枣。果实近扁圆形，外观似苹果，果肩如柑橘；色泽艳红，有光泽，平均单果重 38.5 g，最大单果重 80 g，果肉白色，肉厚，核短小，甜脆，可溶性固形物含量 35%，可食率 97.1%，宜鲜食贮藏，品质上等，果实生育期 130 d。

(3)冬枣。别名冻枣，沾化冬枣等，是目前鲜食品质最好的冬枣品种之一。果实近圆形，平均单果重 14 g，最大果重 45 g，大小较整齐。果肉绿白色至黄白色，细嫩多汁，无渣，甜味浓。可溶性固形物含量 35%，可食率 96.9%，品质极上。果实生育期 120 d。

(4)梨枣。果实卵状梨形或椭圆形。平均单果重 26.5 g，最大单果重 62 g，大小较整齐，果面较粗糙糙，光泽较差。果皮较薄，深赭红色，质地疏松，汁液中多，味甜，含可溶性固形物 27.9%，可食率 97.3%，果实生育期 110 d，产量高而稳，丰产性强；适宜鲜食、加工。鲜枣含糖 22.5%。

(二)制干、加工类

(1)金丝新 4 号。金丝新 4 号为自然杂交金丝枣新品系良种单株。果实近长筒形，中部略粗，单果重 10～12 g，果面光滑艳丽。果肉白色，质地致密脆嫩，口感极佳。可溶性固形物含量 40%，制干率 55%左右，成熟后浅棕红色，肉厚富弹性。果实生育期 110 d，抗风、抗病、稳产。金丝枣系列品种为多年来制干品种出口的拳头产品。

(2)屯屯枣。果实扁圆形，平均单果重 22.3 g，最大果重 34 g，大小均匀，果肉厚，绿白色，质地致密，含可溶性固形物 32.4%，干枣含糖 70.2%，可食率 96.7%，制干率 58%。果实生育期 110 d。适应性强，耐旱涝瘠薄。为制干专用品种。

此外，还有骏枣、金丝小枣、赞皇大枣等优良加工类品种。

二、生物学特性

(一)生长结果习性

1. 根系

枣树的根系因嫁接时所用的砧木不同，分为两种类型，即茎源根系和实生根系。枣树根系的分布与树龄、栽培方式和土壤类型有关，一般在 15～40 cm 土层内分布最多，约占总根量的 75%。树冠下为根系的集中分布区，约占总根量的 70%。

2. 芽

枣芽分主芽和副芽，主芽又称正芽或冬芽，外被鳞片裹住，一般当年不萌发。主芽着生在一次枝与枣股的顶端和二次枝基部，主芽萌发可形成枣头，枣股每年生长量仅 1～2 cm。副芽又称夏芽或裸芽。副芽为早熟性芽，当年萌发，形成脱落性和永久性二次枝及枣吊，枣吊叶腋间副芽形成花。

3. 枝

枝条可分枣头、枣股和枣吊三种。叶腋间的芽由主、副芽组成复芽。主芽在形成当年不萌发，次年可形成枣头或枣股，但也可成为隐芽。枣的隐芽寿命根长。副芽当年前发，枣头上的副芽生长为二次枝或三次枝，枣股上的副芽则生成脱落性枝。

枣头是枣树的发育枝，由主芽萌发形成，生长力强，是构成树冠的骨干枝。其中上部的副芽萌发后形成永久性二次枝，呈曲折生长，无顶芽。次春，枣头二次枝上的主芽萌发，形成枣股。故这类永久性二次枝也称结果基枝。

枣股是枣树上特有的一种短缩型结果母枝。主要由枣头和二次枝上的主芽所形成，每年生长量极小，数芽密生。枣股一旦形成，每年即在其上由侧生副芽抽生枣吊开花结果（主芽通常长期休眠），寿命可长达 8～10 年以上。一般以 4～7 年生的枣股结实力最强。且以结果基枝中部冬节上的枣股抽生枣吊较多，长势也强。

枣吊是枣树的结果枝，着果后随果增大而下垂，于晚秋脱落，故又称脱落性枝。在每一枣吊的叶腋间几乎均可着生单花或聚伞花序，以中部花序结果可靠。每一枣吊上一般结 3～4 果，但也有全部脱落的。

4. 花

一般每个枣吊着花 30～50 朵，花期很长，多在 30 d 以上，因此，加强管理，提高枣树产量潜力很大。

5. 木质化枣吊

木质化枣吊是矮化枣树的一种新型结果枝，它基部粗壮发红，叶片大而浓绿，具有很强的结果能力，所结果实个大。木质化枣吊一般长 30～60 cm，单枝坐果多为 5～10 个，最多可达 20～37 个。结果枝可占到总果枝数的 50%～70%，是矮化成龄枣树的一种主要结果枝。

对 5 年以上的矮化枣树，可以通过调控木质枣达到更新结果枝，获得丰产目的。

6. 开花结实

大多数枣品种白花授粉能够结实，但也存在自花结实力低的品种，如义乌大枣、赞皇大枣等，生产上配植授粉品种可以提高着果率。枣树的花芽分化，具有单花分化期短、全树持续期长和一年多次分化的特点，因而花期很长而落花落果严重。自然着果率仅达 1%左右。除与树体营养密切有关外，花期不良气候（低温、干旱、多风、霪雨等)也常是重要因素。

枣树结果早,栽培当年即能开始开花结果。但在生长初期枣头多单轴延长生长,很少分枝,结果较少。枣进入盛果期较晚,需在栽植后15年左右,盛果期则较长,70～80年生树仍可丰产。

(二)对环境条件的要求

1. 光照

枣树为喜光树种,对光照要求较高。树冠外围和阳面由于光照条件好而结果多,品质好。生长在山阴坡或树冠郁闭的枣树,由于光照不良而坐果少,品质差。

2. 温度

枣树为喜温树种,其生长发育需要较高温度。当春季气温升到13～15℃时开始萌芽,17～19℃时进行抽枝和花芽分化,20℃以上开花,花期适温为23～25℃。果实生长发育需要24℃以上的温度,秋季气温降至15℃进开始落叶。枣树能忍耐40℃的高温,也较耐寒,休眠期间能耐－30℃的低温。

3. 湿度

枣树抗旱耐涝。年降水量不足100 mm也能正常生长发育,但以年降水量400～700 mm较为适宜。枣树很耐涝,枣园积水不超过2个月,枣树不会因涝致死。

4. 风

枣抗风力较强,尤其是在休眠期抗风力很强。但在花期遇大风影响授粉受精,易导致大量落花落果。果实发育后期,尤其是成熟前遇五六级以上大风,则易造成大量落果。也易造成骨干枝劈裂。

5. 土壤

枣树对土壤条件要求不严,抗盐碱、耐瘠薄。土壤pH在5.5～8.5范围内,均能生长。因此,山地、平原、河滩、沙地均有枣树分布。但以土层深厚的沙质壤土栽培枣树生长结果最好。

三、生产技术

(一)建园

枣的适应性特别强,山地、丘陵、平原、沙土、壤土、黏土等均可栽种,但必须是排水良好、向阳的地方。可秋栽、冬栽或春栽。以秋栽成活率高。冬栽注意防冻和干旱;春栽在2～3月份,效果也比较好。种植密度一般为2 m×3 m;高密度栽培为1 m×3 m。

大多数品种不需要配置授粉树，但个别品种如梨枣，因为无花粉，必须配置授粉树，否则坐果率差。授粉树与主栽品种配置比例是1∶5。

(二)土肥水管理

1.幼年树管理

应薄肥勤施，用复合肥、多效肥、配方肥、优质农家肥均可，但要注意远距离施入(尤其是碳氨或尿素)，同时施肥次数要多，施肥量要少，做到少量多次。可每隔1个月施一次肥，每次株施尿素25 g加猪粪水1担。目的是促进枝梢迅速生长，形成树冠骨架。

2.成年树管理

(1)基肥。是全年施肥重点，可于秋季结合深翻施入，一般应在9月中旬前施完。施用量按每株施50 kg优质农家肥和0.15～0.25 kg尿素、1～1.5 kg过磷酸钙为宜。

(2)还阳肥或芽前肥。在发芽前20 d左右，对上年结果过多、长势弱的树追施一次以速效氮肥为主的还阳肥或芽前肥，以恢复树势，打好基础。可株施尿素0.15～0.25 kg。

(3)壮果肥。可在果实膨大期(6月下旬至7月上旬)追施以氮、磷、钾复合肥为主的壮果肥，可株施氮、磷、钾复合肥1～2 kg。

(4)叶面喷肥。从花期到幼果期每隔半月连续喷2～3次0.1%尿素和0.3%磷酸二氢钾混合液，花期喷0.1%～0.3%硼砂。

(5)浇水和叶面喷水。花期若遇气温高、天气干旱，必须进行浇水，并在晴天上午10时前或傍晚叶面喷施清水(上午10时至下午3时是花粉散发时间，不宜喷水)，连续喷施清水2～3次(间隔时间为2 d)，以改变局部环境湿度条件，以利花粉萌发，提高坐果率(枣子花期要求空气相对湿度保持在80%左右，否则花柱头很快枯萎)；此外发芽前(或开花前)、成熟前期也应浇水。

(6)间作。枣如种植在平坦肥地中，幼年期可在行间种植矮生作物，如花生、豆类、绿肥等，成年后不宜间作。

(7)松土除根蘖。在秋季必须对树盘松土并除去根蘖。

(三)整形修剪

1.整形

枣树一般采用圆柱形或纺锤形树形。定植当年在50～60 cm处定干，清除距地30～40 cm内的二次枝，中心干上间距20～30 cm留1个主枝，上下主枝错落排列，共留8～10个主枝。

2. 修剪

(1)环剥。在盛花初期(花量 30%～40%时)或花后落果高峰前,对壮树先将主干上粗皮刮除,然后进行环剥(开甲)。第一年环剥口距地面 20～30 cm,环剥宽度为 0.3～0.5 cm,强树宜宽,弱树宜窄。环剥时先刮除粗皮,然后用环剥刀切断韧皮部,深达木质部但不伤及木质部,切时上刀下斜,下刀上斜,要求剥口不留残皮,不出毛茬。剥后用塑料布包扎,保护好伤口,促进伤口愈合。第二年可在其上方 3～5 cm 处继续环剥,至第一主枝为止。

(2)抹芽。5 月上旬枣树发芽后,对各级主侧枝、结果枝组间萌发的新枣头,如不作延长枝和结果枝组的应从基部抹除,以节省养分,增强树势;

(3)摘心。枣头生长至 20 cm 左右时,从第一个枣拐(二次枝)上部摘心,促使下部隐芽萌发形成木质化枣吊,当枣头长至 50 cm 以上时第二次摘心,控制旺长,培养健壮的枣头,对直立的无空间枣头的新稍长至 25～30 cm 时应及时摘心,可减少养分消耗;

(4)疏枝。6～7 月疏除影响通风透光的过密枝和骨干枝上萌发的过密幼枝;

(5)拉枝。6 月下旬将直立的和摘心的枣头拉成水平状,缓和枝势;

(6)冬剪。在 11～12 月进行,以疏枝和回缩为主,主要疏除过密枝、交叉枝及病虫枝,进入盛果期后,要逐年对 3 年生以上的大枝在基部回缩或选用接近中心干处萌发的新生枣头进行更新,以维持适宜的枝龄。

(四)花期放蜂

花期放蜂,增加授粉媒介,可提高坐果率,蜂箱应均匀分布在枣园或枣树行间,间距以 400～800 m 为宜。

(五)喷施生长调节剂

(1)花前两周(5 月下旬),枣树长到 8 片叶时,叶面喷施一次 0.1%的多效唑或 0.2%～0.4%的 B_9,可控制营养生长,促进花芽分化;

(2)盛花期喷 10～15 mg/L 赤霉素,能明显提高枣子坐果率。

(六)枣树嫁接

嫩枝芽接方法是从优质丰产、无病虫的枣树上,选取当年未木质化枣头嫩枝的芽或二次枝上的芽做接芽。削芽时,在选定接芽的上方 0.5 cm 处横切一刀,深达木质部的 1/2,然后从芽的下方 1～1.5 cm 处下刀,由浅入深向上推到横切口,芽即取下。削好接芽后,在砧木离地面 3～6 cm 的地方,选一光滑部位切成 T 字形切口,将接芽插入砧木 T 字形切口内,用塑料布绑缚,露出芽苞即可。接后 7～8 d 检查成活情况,成活的接芽一个月后除去绑缚物,当接芽抽梢生长后,要及时剪去砧木,除去萌蘖。这种嫁接方法有以下好处：

(1)提前和延长嫁接期,一般比其他芽接方法提前一个多月。

(2)因接穗尚未木质化,切芽容易,因而提高了工效。

(3)一根枣头嫩枝可取接芽 10～15 个,比其他芽接法多利用接芽 1 倍以上,可以充分利用接穗。

(4)根据砧木的粗细,灵活使用枣头或二次枝的芽,粗细砧木均可利用,加速了发展建设。

(5)发芽早,成活率高,嫩枝芽接成活率可达 90%以上,比其他芽接法发芽提早 2～3 d,接枝一年可长到 1 m 以上。

第七节 核桃

核桃原产于亚洲西部的伊朗,汉张骞出使西域时传入我国。核桃的药用价值很高,核桃仁有“补气养血,润燥化痰,益命门,处三焦,温肺润肠,治虚寒喘咳,腰脚重疼,心腹疝痛,血痢肠风”等功效。核桃中的磷脂,对脑神经有良好保健作用。核桃油含有不饱和脂肪酸,有防治动脉硬化的功效。核桃仁中含有锌、锰、铬等人体不可缺少的微量元素。

核桃适应性广、抗逆性强,北至辽宁、新疆,南至广东、广西、云南均可栽培。核桃抗旱耐瘠,管理粗放,无论山区、丘陵、平原或沙荒地区,都可栽培。

一、主要优良品种

核桃属核桃科,核桃科共 7 属 44 种,与生产有关的有 3 个属,即核桃属、山核桃属和枫杨属。生产上的栽培种有核桃属的核桃和山核桃,其他多用做砧木。

(1)漾濞核桃。又称大泡核桃。树势中等,树姿开张,树冠圆头形。果圆形或扁圆形,缝合线窄且明显隆起,壳面光滑。果大,单果重 13.8 g,核壳极薄,壳厚仅 1 mm 左右,仁饱满,取仁易,可取全仁,出仁率 55.7%。丰产性好,品质极上等,9 月上旬成熟。该品种为南方地区最优良的核桃品种之一,也是我国出口的当家品种,适宜在南方各省重点推广。

(2)中林 1 号。中国林科院林业研究所育成。果实中等大,圆形,平均单果重 10.45 g,最大 13.1 g,壳面较光滑,壳厚 1.1 mm,缝合线微凸,结合紧密,9 月上中旬成熟。单果仁重 6.6 g,可取整仁,出仁率 57.4%,仁色浅,风味香,品质上等。

该品种连续结果能力强，但果个变小。较抗寒，耐旱，抗病性差。

(3)辽核4号。晚熟品种，平均单果重6.62 g，丰产性强，三年生株产5.5 kg，出仁率57%，抗病性强。

此外，还有元丰、丰辉等优良品种。

二、生物学特性

(一)生长结果习性

核桃为落叶乔木，根系深广，干性较强，枝条顶端优势现象特别明显，中下部侧芽多呈休眠状态或萌发后自行干枯脱落，故树冠中枝条较稀疏。

根据着生芽的种类，可将休眠期一年生的枝条分成生长技、结果母枝、雄花枝几种。凡枝上仅着生叶芽(偶尔也着生雄花芽)的为生长枝。其中位于树冠外围、生长充实者是扩大树冠和形成结果母枝的基础。凡枝条顶部1～3节(有的品种可更多)着生混合芽(雌花芽)，第二年能抽生结果新梢开花结果者为结果母枝。结果母枝上除混合芽外，其下还着生叶芽和雄花芽。凡枝条上只着生雄花芽和叶芽，第二年只产生雄花序而不能结果的称雄花枝。这种枝条一般生长短而弱，多在老弱树及树冠内膛郁闭处着生。雄花序脱落后，顶芽以下即光秃。

核桃枝条中上部的侧芽常为复芽，呈上下叠生排列。有雌花芽与叶芽叠生、叶芽与雄花芽叠生、雄雌花芽叠生、双雄花芽叠生和双叶芽叠生等多种形式。枝条基部的芽则常成隐芽。

枝条一年中可有两次生长高峰，形成春梢和秋梢。枝条分枝角较大，树冠开张。成年树下部弱枝易横向生长，形成强势的背后枝，扰乱树形。

核桃始果年龄与品种和繁殖方式有关。嫁接繁殖的早实核桃栽植后2～3年即可结果，实生繁殖的晚实核桃则需5～10年才能开始结果，嫁接可使结果年龄提前。一般20～30年进入盛果期，经济寿命很长。

核桃雌雄同株异花。风媒。雌花着生在结果新梢的顶部，单生或2～3花簇生。雄花聚集成葇荑花序。同一植株上雌、雄花花期常不一致，有雌、雄异熟现象，影响授粉。花粉生活力常低，有效授粉时间短，是造成低产原因之一。果实生长期较长，前期主要增长体积，中后期是果壳硬化和种仁充实时期。果实外包有肉质总苞，成熟后自然开裂。个别品种具有一定的孤雌生殖的能力。

多数品种生理落果较重，自花后10～15 d开始，到果壳硬化期基本结束。由健壮结果母枝顶芽所抽生的结果枝着果率高，且能连续结果多年；由短弱结果母枝或侧混合芽所抽生的结果枝着果率较低。但目前我国已选育出侧芽着果率高达60%以上的品种。

(二)对环境条件的要求

1. 温度

核桃属于喜温树种,适宜生长的温度范围及无霜期是:年平均温度 9～16℃,极端最低温度 −25～−2℃,极端最高温度 38℃以下,有霜期 150 d 以下。

2. 光照

核桃喜光。进入结果期以后更需要充足的光照条件,全年日照时数要在 2 000 h 以上,才能保证核桃的正常生长发育,如低于 1 000 h,核壳、核仁均发育不良。

3. 土壤

核桃喜疏松土质和排水良好,在地下水位过高和黏重的土壤上生长不良。而在含钙的微碱性土壤上生长最佳。对土壤 pH 适应范围为 6～8。要求肥沃、有机质含量高的土壤。

4. 水分

核桃耐干燥的空气,而对土壤水分状况却比较敏感,土壤过旱或过湿均不利于核桃的生长与结实。所以,山地核桃园须采取水土保持工程措施;而在平地则要解决排水问题。

三、生产技术

(一)繁殖和栽植

嫁接繁殖常用本砧或野核桃。种子秋播或经沙藏后春播。沙藏时间需 60～90 d。如种子干藏春播时,播种前需用温水浸种 5～7 d,每天换水 1 次,以促进种子吸胀,果壳裂口,提高出苗率。嫁接方法以春季枝接(皮下接或劈接)为主。核桃树在休眠期有伤流现象,嫁接的物候适期宜比其他果树推迟,否则影响成活。通常掌握砧木萌芽后至展叶期 10 d 左右。但接穗应提前剪取,并保湿贮于 0～5℃的低温处。芽接在 7～9 月间进行,多用方块芽接法。核桃枝皮内单宁较多,易形成接口的隔离层。故嫁接操作迅速,削面平滑,有利于提高嫁接成活率。

近年提倡室内嫁接,可控制伤口愈合的温湿度条件。砧木苗落时后挖出假植,接穗也在近落叶时剪取贮藏备用。嫁接前 10～15 d,将砧穗双方都放入盛有湿锯木屑的贮藏箱内,置于 25～30℃的室内 2～3 d,促进复苏。尔后进行舌接、绑扎、涂蜡保湿,再置于贮藏箱内促进伤口愈合。待愈合组织生成后,即移至田间假植,气温回升后栽于苗圃。如春暖后在室内嫁接,则不必再经“复苏”。

栽植株行距依品种特性及土壤肥瘠而定。成片栽植的(4～5) m×(5～8) m,果粮间作的行距可扩大到 25～30 m。要求栽植地土层深厚,过于瘠薄之地易形成

“小老树”，不宜栽种。栽植时还要注意配植授粉树。核桃苗木侧根少，不耐移栽，起苗后应迅速定植，苗根不可暴露太久，栽植前后都要注意保湿。

核桃秋植或春植均可。成片栽植时需注意配植授粉品种。

（二）整形修剪

核桃是喜光性树种，尤其是进入结果期后，更需要充足的光照。树形一般采用疏散分层形或自然开心形两种。干性强的品种和立地条件好的采用疏散分层形。树冠开张、干性弱的品种和立地条件较差的情况下可采用自然开心形树形。

幼树修剪中主要对干扰树形的一些枝条进行处理。如早实核桃易产生大量二次枝和雄花枝，有时还易发生徒长枝，需留用的二次枝和徒长枝应及时摘心或短截，培养成结果枝组；其余应及早疏除。对易喧宾夺主的背后枝，位于第一层主枝和副主枝上的一律从基部疏除；位于第二、三层主枝和副主枝上的，根据需要和长势强弱决定去留，留用的背后枝长势旺时可行摘心或重回缩，改造成枝组。

成年大树要及时疏除外围过密枝、下垂枝，并缩剪改造占空间较大的辅养枝，以改进树冠内的光照条件。当树冠中短枝和雄花枝比例增多时，表明树体已渐趋衰弱，应及时进行更新复壮。对结果枝组可去弱留强，回缩更新，并充分利用树冠中发生的徒长枝，加以改造利用，以增加壮旺枝的比例。当出现焦梢或大、中枝枯死时，表明树体已趋衰老。可逐年回缩更新各级骨干枝，利用核桃隐芽寿命长的特点，重新形成新树冠恢复结果能力。

核桃休眠期修剪常因剪口愈合不良而发生伤流现象，严重时影响树势。以秋季采果后、叶片变黄前为修剪适期。此外，发芽后也可修剪。

（三）土肥水管理和疏雄

核桃成年树根深叶茂，对肥水的需要量很大。每年落叶后深翻一次，扩大树盘，并结合施用基肥，生长期间则在雨后深刨和翻压杂草。追肥掌握在发芽前、落花后及硬核期进行 2～3 次。前期以氮肥为主，促进春梢生长和幼果的发育，后期氮磷钾三要素相互配合，促进花芽分化、核仁充实并改进核仁品质。每次施肥后，可结合进行灌溉。核桃对干旱比较敏感，缺乏水源的地区可覆盖保墒。雨季则需排除田间积水。在春梢停长后到秋梢停长前要注意控水，以控制新梢后期的生长。冬春经常发生冻旱“抽条”的地区，初冬应灌冻水一次。

成年核桃树雄花数量甚大，空耗树体养分，当雄花芽开始膨大时，采取疏雄措施（盛果期树可疏除 75%～80%），有利于增加产量。

（四）采收和贮藏

核桃果实以总苞由绿转黄、部分自然开裂时为采收适期。采收过早，总苞不易剥离，出仁率和出油率均降低。采后总苞未自行脱落的须沤制脱皮。即将核桃堆积于场地上，堆高 30～50 cm，上用湿草席等覆盖，经 3～5 d，用棍轻击，青皮即可脱落。也可用 40%乙烯利 500～1 000 倍液浸泡未脱皮的核桃，然后堆放 24 h，再用棍敲打，青皮极易脱落，且核壳光洁，不受污染。

脱皮后的湿核桃，及时用水冲洗，并立即漂白。出口外销的核桃必须经过漂白，以增进美感。先将漂白粉配成 80 倍的溶液，然后将核桃放入，不断搅拌，8～10 min 后捞出核桃，再用清水冲洗干净，摊放席箔上晾干。晾干时应勤加翻动，避免背光面发黄，影响品质。当核仁变脆、断面洁白，隔膜易碎裂时，即可置冷冻干燥通风处收藏。贮藏期间经常检查，注意防潮和防止鼠害。遇有个别霉烂变质时，要取出晾晒。

第八节 板栗

板栗原产我国，又名栗子，我国栽培板栗有悠久的历史，最早的栽培主要是在黄河流域一带。板栗在我国栽培分布广，南北均有分布，集中分布在黄河流域及长江流域各省。

板栗营养丰富，既可生食、炒食和煮食，又能制成香甜的糕点、糖果等，是传统的主要干果。其木材坚硬、致密、耐水耐湿，可用于造船，做地板、桥板，制作家具。板栗的枝叶、树皮、总苞含鞣酸较多，可提取工业原料。

板栗生长快，栽培管理容易，适应性强，抗旱抗涝，耐瘠薄，丰产、稳产，寿命长，适宜在荒山大量发展。板栗是优良的果树，也是退耕还林的优良造林树种。

一、主要优良品种

板栗属于山毛榉科栗属。全世界有十几种，其中供果树栽培的有板栗、锥栗、茅栗、日本栗和美洲栗等，我国原产的是板栗、锥栗和茅栗。其中板栗为主要栽培种。

(1)九家种。树形紧凑而小，较直立。枝梢粗短、直立，节间短，树势较强。总苞椭圆形，刺簇稀，棚皮薄，出子率高达 60%。坚果圆形，果顶微凸，果面茸毛短，果皮赤褐色，单果重 12 g 左右，每千克 80 粒左右。9 月中下旬果实成熟，果肉味甜质糯，品质佳，耐贮藏。该品种树体小，易丰产，适于密植。

(2)处暑红。树形开张，树冠半圆头形。枝条稀疏、开张，树势较强。总苞椭圆形，刺簇密，刺长而硬，棚皮厚，出子率达35%～40%。坚果圆形，果皮红褐色，有光泽，单果重17.9 g，每千克60粒左右。9月上中旬果实成熟。果肉香甜细腻，不耐贮藏。该品种较丰产，果大，美观，抗逆性和适应性较强，成熟期早，适宜菜用。

(3)魁栗。树形开张，树冠半圆形。枝条开张，分枝力强，树势中等。总苞长圆形，刺簇密，刺长而硬，棚皮厚，出子率达50%左右。坚果个大而均匀，果皮红褐色，茸毛少，有光泽，平均单果重25 g，每千克40粒左右。9月下旬成熟。

此外，还有红光、大红袍、油栗、青扎、毛板红、尖顶油、它栗、明拣栗等优良品种。

二、生物学特性

板栗为多年生高大乔木，树冠圆头形，适宜条件下，树高可达20 m左右。定植后5～8年开始结果，进入盛果期较晚，早期经济效益不明显。板栗经济寿命长，管理得当，盛果期可维持百年以上，一般为60～80年。

(一)生长结果习性

1.根系

板栗是深根性果树，根系深，分布广。根系集中分布于30～60 cm的土层内。根系受伤后，愈合与发新根能力较弱。板栗根常与菌根共生成为外生菌根。板栗根系年周期内有两次生长高峰期，第一次出现在地上部旺盛生长之后，大约在每年6月上旬，第二次高峰期出现在枝梢缓慢生长之后到停长前，约在9月份。

2.芽

板栗芽按其性质不同分为混合花芽、叶芽和隐芽三种。

混合花芽着生于结果母枝的先端和中上部，萌发后抽生结果枝或雄花枝。根据抽枝的性质又分为完全混合芽、不完全混合芽。完全混合芽(雌花芽)，着生于枝梢先端及其之下2～3节，芽体大、饱满，外被茸毛少，萌发后抽生带有雌雄两性花的结果枝；不完全混合芽(雄花芽)，着生于完全混合芽之下的各节或弱枝的顶端及上部，芽体比完全混合芽稍小，萌发后只能抽生带有雄花序的雄花枝。

叶芽芽体小，圆锥形，着生于生长枝的叶腋或结果枝的中下部，萌发后抽生生长枝。

隐芽着生于枝梢的基部，一般部萌发处于休眠状态。隐芽寿命较长，休眠多年，一经刺激可抽生新梢，可用于更新树冠。

板栗枝条有顶芽自剪现象，顶部的芽均为侧芽。枝条上的芽有明显的异质性和较强的顶端优势，若任其自然生长，会造成上强下弱，树冠外围过密而内膛光秃，生产上应注意这一特性，加强修剪调控。

3.枝梢

板栗的枝条分为生长枝、结果母枝、结果枝和雄花枝等四种类型。

(1)生长枝。枝上着生的均为叶芽或隐芽,无花芽。依其强弱又分为以下三种:

普通生长枝生长强健,组织充实,芽体较饱满,年生长量10～30 cm,一般着生于一年生枝的中上部,幼年、成年树及旺树的普通生长枝较长,衰弱树则较短。可用来构成树体骨架,培养结果枝组。

纤弱枝多着生于一年生枝的中下部,枝条细长,不充实,易枯死,长度在10 cm以下。纤弱枝不能形成结果母枝,且消耗养分,应及时疏除或重截促发强枝。

徒长枝枝条生长旺盛,节间长,组织不够充实,着生的芽体小,长度可达100 cm以上。徒长枝多是隐芽受刺激后抽生而成,易扰乱树形,消耗养分,应加以控制。成年树适当控制,培养为结果枝组;衰老树可用于更新树冠。

(2)结果母枝。着生完全混合芽的枝条,通常是头年的结果枝或生长健壮的生长枝转化而来,有时也可由雄花枝转成。结果母枝的顶端抽生结果枝,中下部抽生雄花枝或较弱的生长枝。强壮的结果母枝长度在15 cm以上,着生3～5个雌花芽,能同时抽生成结果枝,次年连续结果能力强。弱的结果母枝长度不超过15 cm,只有一个雌花芽,能抽生成结果枝,但是连续结果能力差。

(3)结果枝。由头年生枝条上部的完全混合芽发育而成,枝条着生雌花簇和雄花序构成的混合花序。全枝分为四段,基部数节的叶腋间着生叶芽;基本向上的中部10节左右的叶腋间着生雄花序,花序脱落后无芽,称为空节;其上方的1～3节的叶腋间着生混合花序,叶腋间无芽,待果实采收后仅留下果柄痕迹;最先端的一段为尾枝,叶腋间均有芽,在结果枝生长健壮时有的可分化成花芽,下一年连续结果,枝条成为结果母枝。

结果枝按其长度分为长果枝(20 cm以上)、中果枝(15～20 cm)和短果枝(15 cm以下)三种,不同的品种结果特性不同。短果枝型的有九家种、毛红板等,中果枝型的有明拣栗,长果枝型的如处暑红、青扎等。

(4)雄花枝。由不完全混合芽抽生而成,枝上只枝上叶片和雄花芽。其生长通常较弱,多发于结果母枝的中下部。雄花枝一般长势弱,连续结果能力差。

板栗萌芽后,新梢开始生长,半个月左右进入旺盛生长期,之后逐渐放缓,经历2～2.5个月后即停长生长。板栗一般一年抽稍一次,部分强旺枝条和结果枝能2～3次生长。

4.开花

板栗是雌雄同株异花植物,通常雄花先开,8～10 d后雌花才开。雄花序为葇荑花序，由300～500朵小花组成，花粉小，可随风传粉，花粉有特殊香气，也可吸引昆虫传粉。雌花常3朵聚生于外被刺的总苞中，着生于结果枝先端的1～3条雄花序的基部。

萌芽后1～1.5个月进入花期，花期维持15～30 d。开花后，花粉生活力强，雌花柱头授粉时间长，适宜授粉期为柱头露出后9～13 d，此时授粉结实率高。花粉散布有效范围在20 m以内，应合理配置授粉树。

5.果实发育

从果实开始发育到总苞裂开，坚果成熟，一般需要3～4个月，可分为两个阶段。第一阶段7月下旬至8月上旬，是果实体积迅速增大期，总苞干物质增加快，坚果干物质增加缓慢；8月中旬后进入第二阶段，果实体积增大缓慢，总苞内的营养物质逐步转移到坚果，坚果体积增大，干物质积累变多，直至成熟。

板栗坐果率较高，通常有两次生理落果现象，第一次在谢花后20 d左右，主要原因是授粉受精不良；第二次在8月上中旬，是由于果实干物质积累迅速而营养物质供应不足造成。

6.花芽分化

板栗的雌花与雄花是分别分化的，雄花在前，雌花在后。雄花分化期长，从头年7月前后即新梢停长后开始，经过休眠期到当年开花前。越冬后，雌花在已形成的雄花序基部开始分化，雌花分化较晚，但分化速度快，当年萌芽前完成其分化过程。

板栗于11月间开始落叶，由于黄叶在树上停留时间较长，落叶持续时间长，集中落叶期在12月后。落叶后板栗进入休眠期，休眠期要求的适宜温度在0℃左右。

(二)对环境条件的要求

1.温度

板栗对温度的适应范围较广，在年均温－3～25℃的地区均可栽培，但一般要求10～17℃。生长期(4～10月)的日均温为10～20℃，冬季温度不低于－25℃，超过－30℃时遭冻害。开花期适温为17～27℃，低于15℃或高于27℃均将影响授粉受精和坐果。8～9月间果实增大期，坚果适宜生长温度是平均气温20℃以上。

2.水分

板栗对水分要求不严格，年降雨量在500～2 000 mm的地方均可栽种，但以年降雨量500～1 000 mm的地区最适合。花期遇雨或降水过多，导致授粉受精不良，坐果率低，易加重生理落果和造成空苞，果实发育后期，如水分充足，有利于坚果的充实生长和产量的提高。

3. 光照

板栗是较喜光性的树种，生长和结果要求光照充足。若日照不足，树体生长直立，叶薄枝细，产量低，品质差。

4. 土壤

板栗对土壤的要求不严，但以土层深厚、富含有机质、通气良好的沙质或黏质壤土为宜。在黏重、通气性差、雨季排水不良的土壤上生长不良。板栗对土壤酸碱度敏感，适宜的 pH 范围为 4.6～7.5，最适宜为 pH 5.5～6.5 的微酸性土壤，pH 超过 7.5，生长发育不良。

三、生产技术

(一)育苗

1. 砧木苗的培育

板栗砧木的种类很多，目前常用实生板栗（又称本砧）作为嫁接砧木。应选择生长健壮，无病虫害的母株采种，种子经过播前处理，3 月中、下旬采用点播方式播种。播种量根据种子大小确定，一般每亩播种 125～150 kg。秋季砧木粗度达到 1 cm 以上，即可嫁接。

2. 嫁接

嫁接可在春季和秋季进行，生产上多采用春接，春季嫁接在树液开始流动到萌芽展叶期。嫁接方法方法很多，目前多采用切接、劈接、腹接及带木质部芽接。

(二)栽植

园地应选择土层深厚，背风向阳，排水良好，光照充足，交通便利的地方。土壤富含有机质，地下水位低，pH 6 左右的微酸性沙质或黏质壤土。

春季、秋季均可栽植，南方地区以秋植为主。地势平缓、土层深厚的园地可稀植，栽植密度(3～4) m×(5～6) m；也可适当密植，提高产量，栽植密度 3 m×4 m。板栗是异花授粉树种，自花结实率低且雌雄花期不一致。因此，建园时应合理选择、配置授粉品种，配置比例为 8∶1，也可多个优良品种组合混栽。板栗根系愈合及发根能力弱，栽植时尽量避免伤根太多。

(三)施肥

板栗生长发育，除需要氮、磷、钾元素外，还需配合适量的钙、镁及锰、锌、硼等微量元素。板栗为高锰植物，需锰量比其他果树大而且重要，钙也是板栗需要量较大的元素之一，花期适量施硼是降低板栗空苞率的有效措施。

(1)基肥。基肥的施用主要在秋季,宜早不宜迟。生产上基肥通常是结合深翻改土同时进行。成年树基肥以有机肥为主,辅以适量的速效性肥料。每株施腐熟有机肥 100 kg,尿素 0.2 kg、磷肥 0.5 kg、硼砂 0.15 kg。

(2)追肥。常分两次进行,第一次花期追肥在开花前,在 3～4 月间施用,以速效性氮肥为主,每株施尿素 0.5 kg。7～8 月间,当果实迅速膨大前进行第二次追肥,施用速效性的完全肥料,每株施尿素 0.5 kg、过磷酸钙 1.5～2.5 kg、钾肥 0.5～1 kg。另外,适时进行根外追肥,花期喷 0.1%～0.2%硼砂,以提高坐果率;8 月中旬和 9 月上旬,各喷施 1 次 0.2%磷酸二氢钾。

(四)整形修剪

1. 整形

板栗常用树形有自然开心形和主干疏层延迟开心形两种。

主干疏层延迟开心形主干高 50～60 cm,有中心干。主枝 5～7 个,分为 2～3 层,第一层 3 个,第二层 1～2 个,第三层 1 个,层间距 1～1.2m。主枝枝角保持在 50°左右,第一层主枝配置 2～3 个侧枝,二三层主枝配置 1 个侧枝或直接着生结果枝组,树高 3～3.5 m。本树形树冠较大,内膛分层通透,树势强健,结果面积大,易丰产,适宜稀植。

2. 修剪

分冬季修剪和夏季修剪。修剪的任务是控制结果部位外移而内膛光秃,调节树势,促进抽生强健的结果母枝,保证高产稳产优质。冬季修剪一般采用以下修剪措施:

(1)结果母枝修剪。生长充实的一年生枝,一般不修剪,过密时疏除其中较弱的枝。生长过旺的结果母枝可在其下方留 1～2 枝,培养成结果母枝,以缓和长势。连年结果的过弱母枝,可回缩,并用下方枝条替代。树势较弱时,弱枝较多,应疏除细弱发育枝和雄花枝,集中养分抚育强枝,恢复树势,以利于形成强壮的结果母枝。

(2)雄花枝修剪。雄花序脱落后形成空节,宜使结果部位外移,长度 10 cm 以上的雄花枝,留基部 2～3 芽短截,短于 10 cm 且粗壮的可不剪,次年抽生结果枝。

(3)生长枝修剪。长度 30 cm 以上的生长枝留基部 2～3 芽短截,不足 20 cm 的生长枝且生长健壮的不剪。

(4)徒长枝的修剪。生长不强的徒长枝,实施甩放。长势强旺的徒长枝,夏剪时摘心,冬剪短截,促其分枝,次年去直留斜、去强留弱,培养成结果母枝或用于更新复壮。

夏季修剪主要工作有抹芽、摘心及去雄,目的是减少无效养分消耗,促进开花坐果,提高产量。

(五)采果与采后处理

板栗成熟与品种和环境等诸多因素有关，当栗棚由绿色变为黄褐色，有30%～40%栗棚顶部裂开，坚果颜色变深，栗棚一触即落时即可采收。应做到适时采收，过早采收坚果未成熟，含水量高，不耐贮藏，过迟总苞裂开，坚果自行脱落，造成损失，采收方法有打苞法和捡拾法。

采收的栗棚，集中堆放于地势高、通风好、背阴凉爽的地方。堆放高度不宜超过 50 cm，堆放时不能紧压，应保持疏松透气并用草席覆盖。堆放期间适时洒水保湿，以总苞湿润为宜。经过 3～5 d 后熟，将总苞与坚果分离，室内薄层摊铺散发部分水分，晾干至鲜果重量减少 5%～10%为止，然后分级、包装、贮藏或销售。

第九节　猕猴桃

猕猴桃在我国已有 1 300 多年的栽培历史，目前猕猴桃在新西兰、意大利等国成为果品产业的支柱产业之一。其果实营养丰富，维生素含量在水果中最高，是苹果、梨、葡萄、柑橘等大宗水果的几十倍到上百倍。多食有抗感冒、预防和治疗白发、便秘、癌症、动脉粥样硬化引起的心脑血管病、高血压、护颜及抗衰老等作用。还富含葡萄糖、柠檬酸、苹果酸、果胶、单宁等；含钾、钙、碘、锌等元素和 14 种氨基酸。被誉为世界性首屈一指的保健食品，更是野外航空航天高原作业的理想食品。

一、主要优良品种

猕猴桃属猕猴桃科猕猴桃属植物，为落叶性藤本果树。有 54 个种和变种，我国有 52 个。其中果实最大、经济价值最高的是美味猕猴桃和中华猕猴桃两个种。

(一)美味猕猴桃

植物体各部分有硬质的糙毛或长硬毛，较难脱落，小枝的毛脱落后易见痕迹，果熟时硬毛犹存。美味猕猴桃一般生长旺，结果以长果枝为主，果肉绿色，品质优，成熟期较晚，一般较耐贮藏。

1. 海沃德

新西兰奥克兰育苗商怀特·海沃德从我国引进的美味猕猴桃野生种子实生后代中选育而出，果实广卵形或椭圆形，平均果重 80～100 g，最大果重 200 g，果肉翠绿色，质细多汁，味美，微香，含可溶性固形物15%以上，有机酸1%，极耐贮运，11月上中旬果实成熟，适于鲜食。

2.米良1号

由湖南省吉首大学从野生猕猴桃中选育成。果实长圆柱形，果皮棕褐色，平均果重87 g，大的135 g，果肉黄绿色，汁多，含可溶性固形物16.5%，总酸1.25%，果实成熟期10月上中旬。该品种丰产，抗旱性强。

3.徐香

由江苏省徐州市果园从海沃德实生系中选出。果实圆柱形，果皮黄绿色，被褐色硬毛，平均单果重75～110 g，果肉绿色，汁多，可溶性固形物含量13.3%以上。

此外，还有秦美、红阳、金魁等优良品种。

(二)中华猕猴桃

果实表面无硬质刺毛，幼果期薄被白色茸毛，且早落，成熟时容易脱净或尚带柔软茸毛，果肉一般黄绿色，不及美味猕猴桃色绿。果实维生素C含量较高，但贮运性较差。树势中庸，结果一般以短、中枝为主，投产早，产量高，较早熟。中华猕猴桃野生群主要分布在我国的陕西、河南、安徽、江苏、浙江、湖北、湖南、江西、广东、广西和福建等省(区)。

1.魁蜜

果实扁圆形，平均果重92.2～106.2 g，大的183.3 g，果肉黄色或绿黄色，质细多汁，酸甜或甜，风味浓，微香，含可溶性固形物12.4%～16.7%，有机酸0.8%～1.5%，维生素C 93.7～147.6 mg/100 g；丰产稳产，适于密植；9月上中旬果实成熟，适于鲜食。

2.金丰

果实椭圆形，平均果重81.8～103.3 g，大的163 g；果肉黄色，质细汁多，微香，含可溶性固形物10.5%～15.0%，有机酸1.06%～1.65%，维生素C 50.6～89.5 mg/100 g；9月底至10月上旬果实成熟，适于鲜食与加工。

3.庐山香

果实近圆柱形，较匀称，果皮黄绿色，平均单果重87 g，最大果重140 g，果肉淡黄色，汁多，可溶性固形物13.5%以上，总酸1.48%。

4.早鲜

果实长圆柱形，平均果重75～94 g，果肉绿黄色，质细多汁，酸甜适口，含可溶性固形物12.0%以上，该品种适应性强，结果早，丰产稳产，9月上旬成熟，为早熟品种。缺点是采前落果严重。

二、生物学特性

(一)生长结果习性

1.根

根系生长在坚硬土层内的分布较浅;生长在疏松的土壤内的分布较深。一般地说,猕猴桃是浅根植物,不耐干旱。根据浅根的特点,在栽培管理上要注意深翻改土,引根深入,并注意保持土壤湿润。

2.枝蔓

猕猴桃是落叶藤本植物,其蔓可长达10个或几个。主蔓上长出侧蔓,其一年生蔓充实饱满形成混合芽的叫结果母蔓,翌年从结果母蔓长出结果蔓开花结果,根据枝条生长势和结果与否可分为:①徒长蔓。常自主蔓或侧蔓基部隐芽或枝蔓优势部位发生,生长旺,常直立生长,有的长达7 m,节间较长,组织不充实,上部有时分生二次枝。②普通生长蔓。生长势中等,长10～30 cm,能形成良好的结果母蔓。③结果曼。根据枝蔓长短,可分为徒长性果枝(长20～30 cm)、中果枝(长10～20 cm)、短果枝(长5～10 cm)和短缩果枝(长1～5 cm)。

3.花

中华猕猴桃的花在形态学上是两性花,外表上有明显的子房和雄蕊,但是雄株上的花其子房是不孕的,雄花花粉多而子房退化。子房为多心皮合成,并具辐射状的多花枝。雌花的花粉是无效的。因此,在定植时,必须同时栽植雌、雄株,以保证授粉。目前,在幼树的雌、雄株进入开花之前,还没有有效的鉴别雌、雄的方法。花着生在新梢的叶腋处,雄株1个花序一般有1～3朵花;雌株仅有一朵花,很少有两朵花的,有3朵花的更少。品种不同,花序的花朵数有时有差异。如海沃德品种1个结果枝上有时开1～7朵花,其中一部分花退化了,最多结4～5个大小正常的果实。

4.果实

果实自子房受精后到成熟,需要120～140 d。中华猕猴桃的种子小,黄褐色,每克有种子850粒左右,千粒重1.2 g左右。

(二)对环境条件的要求

年平均温度11.3～16.9℃;极端最高温度不超过42.6℃,极端最低温不低于－15.8℃;初冬无急剧寒流,使气温突然下降到－12℃以下;≥10℃有效积温在4 500～5 200℃;生长期日均温不低于10～12℃,无大风;晚霜期绝对气温不低于－1℃;无霜期160～240 d;年日照时数1 300～2 600 h;自然光照强度42%～

45%；年降雨量 1 000 mm 左右；相对湿度 70%以上；土层深厚，疏松肥沃，富含有机质，pH 5.5～6.8，排水良好的山地森林土，红、黄、棕、黑沙壤或壤土。完全满足这些条件的地方不多，干旱的北方如有灌溉条件，湿润的南方有排灌措施，有大风的地区设有防护林，则也可以栽培。

三、生产技术

（一）育苗

生产上多采用嫁接或扦插法繁殖苗木。

砧木则多用种子育苗。播种前 40～50 d 将种子先放在温水中浸泡 2～3 h，然后置小容器中低温沙藏。播种前将种子放在 100 L/kg 赤霉素溶液中浸泡 6 h，可提高种子出苗率。当苗基部直径达 0.6～1 cm 时，可供嫁接用。在 6～8 月间可用嵌芽接，春季可用切接法，注意避开伤流期。

扦插法也常用来繁殖猕猴桃苗木。在生长期间，进行带叶绿枝扦插比春季硬枝扦插更易生根。但插床上须搭荫棚，做好保湿降温工作。在进行嫁接及扦插时，都要注意将雌雄株分接、分育，不要混杂。

（二）栽植及架式

中华猕猴桃和美味猕猴桃性喜温暖湿润的气候条件，在疏松肥沃、水源充足、富含腐殖质的土壤中生长良好，适应性较广。江淮流域，特别是丘陵山区最宜发展栽培。

栽植猕猴桃时，雌雄株一般按 8∶1 的比例配植，雄株要分布均匀。栽植距离依架式而异，单篱架式栽培，行间保持 3～5 m，株间保持 2～4 m，每公顷栽植 500～1 600 株。水平棚架式栽培，行距保持 4～6 m，株距保持 4～5 m，每公顷栽植 330～620 株。目前生产上多采用单篱架式。此外，还有在单篱架的柱顶上架设 1～1.5 m 长的横梁，上拉铁丝，形成 T 形小棚架的。这种架式可充分利用空间，提高单位面积产量。国外近年则采用 V 形架式，留两主枝分向左右攀缘在 60°倾斜的支架上，适于密植高产和机耕。江苏邗江县果农采用直立单干形整形法，对主要枝蔓采用弓形引缚或吊挂，尤宜密植栽培。架材投资较少。

（三）整形修剪

1. 整形

猕猴桃通常采用的架式有 T 形架、棚架和篱架。整形依架式而异。篱架式栽培时，可采用双臂式水平整形。定植时选留一个生长势强的枝蔓做主干，在第一道铁丝下方 10～15 cm 处短截。第二年冬剪时由剪口芽抽生的枝条继续保持直立延伸，在第二道铁丝下方剪截，其下选留两个枝条分向左右作为第一层主蔓。以后各年都按整形要求分生第二、三层主蔓，向两侧引缚。各层主蔓上每隔 30～40 cm 选留结果母枝。新梢生长旺盛时也可早期摘心，促发分枝，使形成各层主蔓及结果母枝。

2. 修剪

(1)冬季修剪。根据枝条的结果习性，对能成为结果母枝的健壮枝条一般剪留 10～15 节。枝条数量较多时则对部分枝条留 3～4 芽短截，作为预备枝。幼树适当多留结果母枝可达早期丰产。已经结过果的长、中果枝常能连续结果，冬剪时依枝条强弱在最后结果部位以上留 2～4 芽短截。短果枝结果后一般不加短截，以免干枯，生长衰弱的需疏除。对连续结果 2～3 年后的枝条应缩剪到干部健壮部位及时更新。对徒长枝可根据其抽生的部位或疏剪，或留 5～6 芽短截，作为更新枝。所有细弱枝和密生枝在冬剪时都应疏除。

(2)夏季修剪。在枝梢尚未木质化和卷绕前应经常摘心并加绑缚，摘心根据架面空间一般留长 15～20 节。如抽生二次梢或三次梢，则留 2～4 叶反复摘心。旺势枝从基部疏除，或在 1 m 左右处环缢，以抑制生长和促使下部芽子饱满。全树新梢旺长时，可在新梢迅速生长前喷布比久、乙烯利或多效唑等生长延缓剂，对长果枝和徒长性果枝在最上部果实前留 7～8 叶摘心，或将先端弯曲固定以抑制顶端优势。结果母枝上抽生芽梢过于密集时需适当疏除，大约每隔 30 cm 选留 1 个结果新梢。

(四)花果管理

猕猴桃属虫媒花。花期遇有低温、连阴雨天气影响昆虫活动时，应进行人工辅助授粉。天气正常着果过多时，则应及早疏花疏果。同一枝条上疏去基部的花蕾和幼果，留中上部果。中、长果枝一般每枝留 2～5 果，短果枝上每枝留 1 果或不留果。

追肥在萌芽前 15～20 d 和着果后果实生长前期施用，以促进花芽分化、花器发育、新梢生长和果实的迅速膨大。

第十节 石榴

石榴，别名安石榴、海石榴 。石榴为石榴科石榴属，作为果树栽培仅一个种。

有一些观赏形变种，如花石榴、矮石榴、银叶石榴等。石榴在北京以南，海南岛以北等地都有分布。产区主要有山东、陕西、山西、河南、安徽、四川、云南、广西、新疆、江西等地。

一、主要优良品种

(1)大青皮甜。是山东峄城产区的主栽品种，占当地栽培总数的80%以上。果实扁球形，单果重400～600 g，最大果重1 520 g。果面黄绿色，向阳面有红晕。子粒粉红色或鲜红色，味甜多汁，品质极上。成熟期9月上中旬，耐贮运。该品种树体高大，树势较强，丰产，适应性强。但内膛小枝易枯死，大枝光腿现象明显。多年生枝结果后易弯曲下垂。

(2)泰山大红石榴。原产山东泰安。果实大，近圆形，单果重400～500 g，最大果重750 g。果皮鲜红，果面光洁而有光泽，外形极美观。果皮中厚，质脆。子粒鲜红色，粒大肉厚，味甜微酸，仁小半软。风味极佳，品质上等。成熟期遇雨无裂果现象，果实耐贮藏。在泰安果实于9月下旬至10月初成熟，较耐贮运。树体高大，树势健壮，早实丰产稳产，抗旱，耐瘠薄。

(3)天红蛋。产于陕西临潼。果实扁圆球形，单果重250～350 g，最大果重600 g。果面底色黄白，具粉红或红色彩霞，光洁，外形美观。子粒粉红色，味甜多汁，品质上等。9月上中旬成熟。树冠较大，树势强健，耐瘠薄，抗旱耐寒。果实采收期遇雨易裂果。

(4)甜绿籽。为云南蒙自优良主栽品种。植株较小，小乔木，树形丛生，树势中等，适应性强，极易栽培，抗寒能力强。长势较强，生长健壮。苗木定植后3年开始结果，5年进入盛产期，产量高。该品种3月开花，8月初成熟。可延迟到中秋节采摘。成年树单株产量50～60 kg。果实圆形中等大，果皮黄绿着红色，平均单果重248 g，最大果重800 g，核软，果肉淡红色至红色，味纯甜，汁多味清甜爽口，品质上乘，肉厚核软小，可食部分占87.5%，是目前云南红河州种植面积最广的石榴品种。

此外，还有峄县软仁石榴、青皮软子石榴、甜光颜、建水大粒酸石榴等优良品种。

二、生物学特征

(一)生长结果习性

石榴根系发达，扭曲不舒展，上有瘤状突起，全年内大致有3次生长高峰。石榴枝条纤细、长短不一，而且生长势也有差异。长枝和徒长枝生长旺盛，节间较长，但其先端多自枯或成针状，没有顶芽。生长较弱、节间较短、基部簇生数叶的短枝，先端有一个顶芽，若当年营养良好就可转化为结果母枝，若当年营养不良则再度形成短枝。石榴结果是在结果母枝上抽生结果枝而结果。一般幼树以短果枝和中长果枝结果为主，盛果期树则以叶从枝和短果枝结果为主。石榴花在形态上表现为4种类型，即完全花、中间型花、退化花、单性雄花。完全花属正常花，花冠大，萼筒呈葫芦状，俗称大屁股花，坐果能力较强；中间型花，萼筒呈直筒状，有一定的坐果能力；退化花，花冠小，萼筒呈喇叭形(钟形)，俗称尖屁股花，花谢后即脱落，一般无坐果能力；单性雄花，花冠细长，花萼呈柱形，无坐果能力。异花授粉可提高果实的产量和品质。

(二)生态习性

石榴对土壤要求不严，能够适应的土壤 pH 范围为 4.5～8.2，一般以上层深厚的沙壤土或壤土为好，在质地黏重、不透水的土壤上生长发育差，容易产生裂果。石榴较耐干旱，在生长期要求有适度的水分环境。现蕾至初花期过分干旱会引起落蕾、落花。果实膨大初期遇干旱会抑制果实发育。盛花期遇阴雨、低温天气，蕾、花和幼果会大量脱落。采收期连阴雨则容易引起裂果，果实外观质量差，不耐贮藏。秋季多雨时枝条发育不充实，停止生长晚，冬季易发冻害。石榴生长在亚热带及温带，性喜温，生长期内的有效积温要求在 3 000℃以上，冬季低温不能低于－17℃，－19℃被认为是露地越冬的临界温度。在石榴生长发育的中后期，良好的光照条件既可促进树体的生长，又可促进果实着色，提高果实品质，但是光照过强易造成果实日灼和产生果锈。

三、生产技术

(一)选用良种，培育壮苗

石榴通常采用扦插繁殖，插穗必须从品种纯正、丰产、生长健壮的母株上采取发育充实的1～2年生枝，将其剪成15 cm左右的枝段，进行扦插。

(二)施足底肥，适时移栽。

春、夏、秋三季都可定植，营养袋苗木一般宜在5月中下旬至6月上旬定植。采用集约栽培方式的石榴园，株行距一般用(2～3) m×4 m；间作栽培园，株行距一般3 m×(5～6) m。栽苗定植时，要选用根量多、发育充实、苗高60 cm以上的壮苗，栽植深度要比原埋土深度深2～3 cm，栽后随即灌水。对地上部分要加以修剪整理，疏剪掉丛状的萌蘖枝和主干上的部分分枝。石榴自花授粉结实率低，要注意配植授粉树，最好几个优良品种等量混植。种植坑以 1 m^2 为宜，再按每亩土杂肥 5 000 kg、优质复合肥 30～35 kg 的比例与土混合拌匀，填压在沟(坑)底，厚 35 cm 左右。然后填熟土 40 cm，放苗定植。栽后浇透定根水。

(三)搞好整形修剪

整形以单主干自然开心形较好。即栽后选留一个主干，并在高度 60～80 cm 处剪断，即所谓定干。长出后选留 3～5 个强健枝做长主枝，不留中干，其余枝可疏除或加以控制暂时保留以辅养树体。各主枝间隔为 15～20 cm，最低一枝距地面约 30 cm。各主枝向四周方向生长，各主枝的生长势要均衡，但需注意角度开张。因石榴树生长旺，枝条直立，必要时进行撑拉。于冬剪时根据需要主枝延长枝可剪去 1/3，促其下部多生分枝，如此剪法继续 2～3 年，即可完成树体骨架。石榴长势旺盛，发枝力强，有丛生的特点，所以整形修剪极为重要。修剪一般在发芽前进行，宜疏不宜截。修剪对象主要是主干上的挡光枝和树冠内直立枝、竞争枝、徒长枝、横生枝、枯死枝。春、夏、秋三季中生长的多余的分蘖及丛生枝也应及时剪除。由于石榴枝干柔韧，进入结果期后可任其生长，枝干会自然开张，只对内膛的徒长枝，横生枝加以控制即可。

(四)重施采果肥，薄施追肥

采果肥一般在采果后 10～15 d 内施下，以农家肥为主。青年树每亩 1 000 kg 左右，成年树 2 000～2 500 kg，用量与结果产量相当。根据不同石榴品种、产量水平和土壤供肥能力确定各种肥料的适宜用量。一般亩产 2 500 kg 石榴园，较适宜的氮、磷、钾用量和配合比例为：纯氮 21.2 kg、纯磷 18.4 kg、纯钾 9.6 kg/亩。追肥每亩用量为基肥的 10%～15%，分 3 次施下。催芽肥以氮肥为主，花肥、果肥以磷、钾肥为主。在生长季还应进行多次根外追肥，用 0.3%～0.5%的尿素或 2%的磷酸二氢钾喷布叶片。当微量元素缺乏症显示时要及时喷施微肥。石榴发芽后，要及时中耕除草，保持果园清洁疏松，幼年树还应间作一些花生、大豆等豆科作物，以改良土壤、增加收入。

(五)保花保果，果实套装

石榴花量大，但坐果率低，在栽培管理中除加强土、肥、水和树体管理外，提高坐果率还要做好以下几方面的工作：

(1)花期禁用对授粉昆虫有害的化学药剂。石榴为虫媒花，果园放蜂能提高授粉受精的质量，提高坐果率。叶面喷 50 mg/L 赤霉素可提高坐果率。

(2)疏花疏果。疏除不完全花和过密的完全花,多留头花和二花,疏除过晚的花;疏除畸形果、病、虫果及过密的正常果,大年只留单果,小年可留双果。

(3)盛花期叶面喷追肥。肥料为0.1%～0.3%硼酸,0.2%～0.5%尿素,0.2%～0.5%的磷酸二氢钾,可单独或混合施用,单独用时浓度可较混合用时高。

(4)套袋解决石榴果实受病虫危害,减少裂果,延时采果效果十分明显。采用具有透光性能的蜡质黄色、白色纸纸袋或塑膜袋。套袋应在坐果后果实如鸡蛋大时开始进行。套袋前喷洒杀虫剂和杀菌剂铲除病虫源。

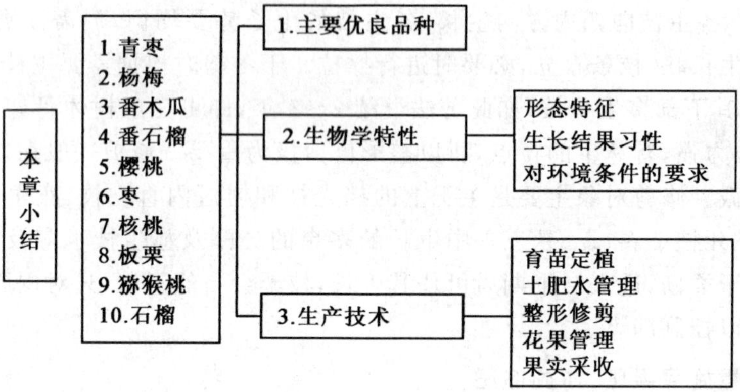

复习思考题

1.毛叶枣的生长结果习性有哪些特点?

2.简述毛叶枣优质栽培的技术措施。

3.杨梅生长结果有何特点?

4.分析杨梅大小年结果的原因及其克服措施。

5.简述番木瓜生长结果习性。

6.简述番木瓜优质栽培的技术措施。

7.简述番石榴生长结果习性。

8.番石榴如何进行产期调节?

9.简述樱桃结果习性。

10.简述樱桃优质栽培的技术措施。

11.枣的生长结果习性有哪些?

12.枣如何进行整形修剪?

13. 简述核桃生长结果习性。
14. 简述核桃优质栽培的技术措施。
15. 简述板栗的生长结果习性。
16. 试述生产上采取哪些措施可以预防板栗空苞？
17. 简述板栗整形常用树形结构及特点。
18. 如何根据猕猴桃的生长结果习性进行整形修剪？
19. 简述石榴优质栽培的技术措施。

参考文献

[1] 蔡冬元，等. 果树栽培(南方本). 北京：中国农业出版社，2001
[2] 韩振海，陈昆松. 实验园艺学. 北京：高等教育出版社，2006
[3] 林尤奋，等. 果树生产技术与实训. 北京：中国劳动社会保障出版社，2005
[4] 于泽源，等. 果树栽培. 北京：高等教育出版社，2005
[5] 傅秀红. 果树生产技术(南方本). 北京：中国农业出版社，2007
[6] 张彦萍. 设施园艺. 北京：中国农业出版社，2002
[7] 王耀林，等. 设施园艺工程技术. 郑州：河南科学技术出版社，2000
[8] 曲泽洲，等. 果树种类论. 北京：农业出版社，1990
[9] 中国农业科学院. 中国果树栽培学. 北京：农业出版社，1987
[10] 杜澍. 果树科学实用手册. 西安：陕西科学技术出版社，1986
[11] 刘权. 南方果树整形修剪大全. 北京：中国农业出版社，2000
[12] 吴光林. 柑橘生产新技术. 上海：上海科学技术出版社，1986
[13] 贾敬贤. 梨树矮化密植栽培. 北京：金盾出版社，1995
[14] 王少敏，赵峰. 水果套袋栽培新技术. 北京：中国农业出版社，2005
[15] 张兴旺. 云南果树栽培实用技术. 昆明：云南科技出版社，1994
[16] 李莉. 无公害果品生产技术手册. 北京：中国农业出版社，2003
[17] 汪景彦，等. 苹果优良品种及其丰产优质栽培技术. 北京：中国林业出版社，1993
[18] 张力，等. 梨优良品种及其丰产优质栽培技术. 北京：中国林业出版社，1993
[19] 陈忠杰. 果树栽培学各论(南方本). 3版. 北京：中国农业大学出版社，2003
[20] 农业部发展南亚热带作物办公室组. 中国热带、南亚热带果树. 北京：中国农业出版社，1998
[21] 李金和，施清. 果树栽培(南方本). 北京：中国农业出版社，2001
[22] 梁立峰. 果树栽培学实验实习指导(南方本). 北京：中国农业出版社，2001

[23] 郑诚乐. 荔枝无公害高效栽培. 北京:金盾出版社,2004
[24] 徐仕金,等. 荔枝生产关键技术彩色图说. 广州:广东科技出版社,2003
[25] 曾文献,李金和. 龙眼栽培二百题. 北京:农业出版社,1993
[26] 柯冠武. 龙眼无公害生产技术. 北京:中国农业出版社,2003
[27] 许秀淡,郑少泉. 龙眼丰产栽培技术原色图说. 北京:中国农业出版社,1999
[28] 蒋际谋,陈秀萍. 枇杷优质栽培百问百答. 北京:中国农业出版社,2006
[29] 吴少华,等. 枇杷无公害高效栽培. 北京:金盾出版社,2004
[30] 陈青西. 台湾青枣无公害栽培. 福州:福建科学技术出版社,2006
[31] 李健. 新兴果树毛叶枣栽培技术. 北京:中国农业出版社,2000
[32] 徐宏汉,周绂. 南方梨优良品种与优质高效栽培. 北京:中国农业出版社,2001
[33] 杨健. 梨标准化生产技术. 北京:金盾出版社,2007
[34] 赵瑞艳. 果树栽培. 北京:高等教育出版社,2005
[35] 曹玉芬,聂继云. 梨无公害生产技术. 北京:中国农业出版社,2003
[36] 杨庆山. 果品无公害生产技术. 郑州:河南出版集团中原农民出版社,2007
[37] 田莉莉,等. 落叶果树芽休眠调控研究进展. 中国南方果树,2003(6):61-62
[38] 陈春富. 台湾青枣产期提前栽培技术. 中国南方果树,2003(1):52-53
[39] 钟思强,等. 氯酸钾在龙眼正造催花上的应用研究. 中国南方果树,2004(1):29-30
[40] 吴汉珠,等. 攀西地区发展反季节枇杷的前景和存在问题. 中国南方果树,2004(6):64-65
[41] 刘一民,等. 早春枇杷成熟期调节技术. 中国南方果树,2004(2):44-45
[42] 杨治元. 美人指葡萄促早熟栽培措施及效果简介. 中国南方果树,2006(2):57
[43] 华敏,等. 龙眼调花技术研究初报. 中国南方果树,2007(1):38-40